电液伺服阀建模与Simulink仿真

李跃松　朱玉川　著

机械工业出版社

本书是一本介绍电液伺服阀建模和仿真的著作，内容包括：电液伺服阀的构成、分类、性能描述方法及选用；力矩马达和力马达等电液伺服阀常用电-机转换器的结构、工作原理、数学模型、参数优化及物理建模仿真；滑阀、双喷嘴挡板阀、射流管阀和偏导射流阀等液压放大元件的数学模型、静态性能、设计准则、物理建模及仿真；直动式电液伺服阀、双喷嘴挡板力反馈和双喷嘴挡板电反馈两级电液伺服阀、射流管力反馈和射流管电反馈两级电液伺服阀、偏导射流力反馈两级电液伺服阀等常见电液伺服阀的结构、工作原理、数学模型、设计方法、物理模型，以及基于数学模型和物理模型的静、动态性能仿真。

本书可供从事电液伺服阀和电液伺服控制系统设计的人员以及高等院校流体传动与控制专业的师生阅读和参考。

图书在版编目（CIP）数据

电液伺服阀建模与 Simulink 仿真/李跃松，朱玉川著．—北京：机械工业出版社，2020.8

ISBN 978-7-111-66108-5

Ⅰ.①电…　Ⅱ.①李…②朱…　Ⅲ.①电-液伺服阀-研究　Ⅳ.①TH134

中国版本图书馆 CIP 数据核字（2020）第 127582 号

机械工业出版社（北京市百万庄大街 22 号　邮政编码 100037）
策划编辑：张秀恩　责任编辑：张秀恩　刘本明
责任校对：梁　静　封面设计：陈　沛
责任印制：郜　敏
北京中兴印刷有限公司印刷
2020 年 11 月第 1 版第 1 次印刷
169mm×239mm · 12.5 印张 · 254 千字
0001—1500 册
标准书号：ISBN 978-7-111-66108-5
定价：69.00 元

电话服务	网络服务
客服电话：010-88361066	机　工　官　网：www.cmpbook.com
010-88379833	机　工　官　博：weibo.com/cmp1952
010-68326294	金　　书　　网：www.golden-book.com
封底无防伪标均为盗版	机工教育服务网：www.cmpedu.com

前　言

电液伺服阀是电液伺服控制系统的核心控制部件，其作用是将系统的电气部分和液压部分连接起来。它既是电液转换元件，又是功率放大元件，其功用是将小功率的电气控制信号成比例地转换为大功率液压能，从而实现对液压执行元件位移（或转速）、速度（或角速度）、加速度（或角加速度）和力（或转矩）的控制。因而电液伺服阀的性能直接关系到整个电液伺服控制系统的控制精度和响应速度，也直接影响到电液伺服控制系统的可靠性和寿命。因此，电液伺服阀的建模和仿真分析是电液控制系统设计和研究的基础，备受电液伺服控制研究者和使用者关注。

目前，针对电液伺服阀建模、仿真和设计的专著和教材较少，电液伺服阀的相关内容一般都放在电液控制系统相关书籍的某一章节中介绍，且数学模型推导均以双喷嘴挡板力反馈两级电液伺服阀为主。然而电液伺服阀类型除双喷嘴挡板力反馈两级电液伺服阀外，主要还有双喷嘴挡板电反馈两级电液伺服阀、射流管力反馈两级电液伺服阀、射流管电反馈两级电液伺服阀、偏导射流力反馈两级电液伺服阀和直动式电液伺服阀等。本书将对这些电液伺服阀的结构、工作原理、典型产品、数学模型、设计方法及静、动态性能仿真分析进行介绍。

另外，由于电液伺服阀集机械、电子、液压、传感和控制等多学科先进技术于一体，涉及电、磁、热、流体等多物理场，其准确的数学模型十分复杂，工程中一般只能采用线性化模型仿真分析。为使读者从繁琐的数学建模中解放出来，从而专注于物理系统本身的设计，本书基于 Simulink 物理建模给出了常用电液伺服阀的物理模型，并对其稳态和动态性能进行研究，由于不涉及数学推导即可完成电液伺服阀的仿真和分析，因此对工程应用人员来说，具有特别的意义。

本书共分六章：第 1 章介绍电液伺服阀的基础知识，包括其组成、分类和性能参数等；第 2 章主要介绍力矩马达和力马达等电液伺服阀常用电-机转换器，并给出了其数学模型、参数优化准则以及其物理模型；第 3 章分别从数学模型、静态性能、设计准则和物理建模及仿真等方面介绍滑阀、双喷嘴挡板阀、射流管阀和偏导射流阀等液压放大元件的相关知识；第 4 章介绍直动式电液伺服阀的结构、工作原理、数学模型、设计方法和物理模型及仿真分析；第 5 章介绍双喷嘴挡板（包括力反馈和电反馈）两级电液伺服阀的结构、工作原理、数学模型、设计方法和物理建模及仿真分析；第 6 章介绍射流管（包括力反馈和电反馈）两级电液伺服阀、偏导射流力反馈两级电液伺服阀的结构、工作原理、数学模型和物理模型及其仿真。

本书是作者对电液伺服阀方面的科研和教学的工作总结，其中第3章关于射流管阀模型的内容取自作者在南京航空航天大学朱玉川教授指导下完成的博士学位论文，其余内容为作者独立完成。本书的出版经费来源于国家自然科学基金（51605145）。该书的撰写参考了一些国内外同行的文献，在此表示感谢。

本书所有数学模型和物理模型的仿真均基于 MATLAB R2016b 平台完成，仿真文件可以联系作者获取（Email：liyaosong707@163.com）。

限于作者水平，书中难免有不妥和错误之处，恳请读者批评指正。

李跃松

目　录

前　言
第 1 章　绪论 …… 1
1.1　电液伺服阀的概述 …… 1
1.2　电液伺服阀的组成和分类 …… 2
1.2.1　电液伺服阀的组成 …… 2
1.2.2　电液伺服阀的分类 …… 6
1.3　电液伺服阀的性能描述 …… 7
1.3.1　静态特性 …… 7
1.3.2　动态特性 …… 12
1.4　电液伺服阀的选用与安装 …… 13
1.4.1　电液伺服阀的选用 …… 13
1.4.2　电液伺服阀的安装 …… 13
1.5　本章小结 …… 14
第 2 章　电液伺服阀用电-机转换器 …… 15
2.1　铁磁体的非线性磁化模型 …… 15
2.2　力矩马达的数学模型与仿真分析 …… 17
2.2.1　结构与工作原理 …… 17
2.2.2　电路模型 …… 18
2.2.3　磁路模型 …… 20
2.2.4　转矩输出的数学模型 …… 22
2.2.5　仿真分析 …… 24
2.2.6　优化与设计准则 …… 27
2.3　力马达的数学模型与仿真分析 …… 31
2.3.1　结构与工作原理 …… 31
2.3.2　磁路模型 …… 32
2.3.3　力输出的数学模型 …… 33
2.3.4　仿真分析 …… 35
2.3.5　优化与设计准则 …… 38
2.4　常用电-机转换器 Simulink 物理模型 …… 40
2.4.1　Simulink 物理建模介绍 …… 40
2.4.2　力矩马达的物理模型 …… 41
2.4.3　力马达的物理模型 …… 42
2.5　其他电-机转换器 …… 44
2.5.1　双气隙力矩马达 …… 44
2.5.2　永磁动圈式力马达 …… 47
2.6　本章小结 …… 48
第 3 章　液压放大元件 …… 49
3.1　滑阀的数学模型及仿真 …… 49
3.1.1　滑阀的结构和工作原理 …… 49
3.1.2　理想滑阀的静态特性模型及其线性化 …… 51
3.1.3　实际零开口四边滑阀的静态特性模型 …… 57
3.1.4　滑阀所受液体作用力模型 …… 58
3.1.5　滑阀效率与设计准则 …… 63
3.2　双喷嘴挡板阀的数学模型及仿真 …… 67
3.2.1　结构和工作原理 …… 67
3.2.2　静态特性模型 …… 68
3.2.3　静态特性数学模型的线性化与阀系数 …… 71
3.2.4　作用在挡板上的液流力 …… 73
3.2.5　设计准则 …… 74
3.3　射流管阀的数学模型及仿真分析 …… 76
3.3.1　结构和工作原理 …… 76
3.3.2　通流面积模型及其线性化 …… 76
3.3.3　基于动量传递的静态特性模型 …… 79
3.3.4　基于液阻网络桥的数学模型 …… 84
3.3.5　零位阀系数及模型线性化 …… 85

3.3.6 静态特性仿真分析 …………… 87
3.3.7 基于动量传递模型的参数优化 …………… 89
3.3.8 基于液阻网络模型的参数优化 …………… 95
3.4 偏导射流阀的数学模型及仿真 … 97
3.4.1 结构和工作原理 …………… 97
3.4.2 静态特性及阀系数的数学模型 …………… 98
3.4.3 参数优化与设计准则 ……… 101
3.4.4 静态特性仿真分析 ………… 103
3.5 液压放大元件的 Simulink 物理模型 …………… 104
3.5.1 SimHydraulics 介绍 ………… 104
3.5.2 滑阀的物理建模与仿真 …… 105
3.5.3 双喷嘴挡板阀的物理建模与仿真 …………… 106
3.5.4 射流管阀的物理建模与仿真 …………… 107
3.5.5 偏导射流阀的物理建模与仿真 …………… 109
3.6 本章小结 …………… 111

第4章 直动式电液伺服阀 ……… 112

4.1 DDV 的结构与工作原理 ………… 112
4.2 DDV 的数学模型 ………… 114
4.2.1 DDV 控制信号传递图 ……… 114
4.2.2 力马达滑阀组件数学模型 …………… 115
4.2.3 LVDT 型位移传感器数学模型 …………… 116
4.2.4 位置控制器数学模型 ……… 117
4.2.5 DDV 的数学模型 ………… 117
4.3 DDV 的设计与计算 ………… 120
4.4 DDV 数学模型的仿真分析 ……… 123
4.5 DDV 的 Simulink 物理模型 ……… 125
4.6 本章小结 …………… 126

第5章 双喷嘴挡板电液伺服阀 … 128

5.1 结构与工作原理 …………… 128
5.1.1 双喷嘴挡板力反馈两级电液伺服阀 …………… 128
5.1.2 双喷嘴挡板电反馈两级电液伺服阀 …………… 130
5.1.3 双喷嘴挡板电反馈三级电液伺服阀 …………… 131
5.2 双喷嘴挡板力反馈两级电液伺服阀 …………… 133
5.2.1 数学模型 …………… 133
5.2.2 数学模型简化 …………… 140
5.2.3 频宽计算 …………… 145
5.2.4 静态特性的数学模型 ……… 147
5.2.5 设计与计算 …………… 147
5.2.6 性能仿真分析 …………… 152
5.3 双喷嘴挡板电反馈两级电液伺服阀 …………… 153
5.3.1 数学模型 …………… 153
5.3.2 设计与计算 …………… 156
5.3.3 仿真分析 …………… 158
5.4 双喷嘴挡板两级电液伺服阀的 Simulink 物理模型 ………… 160
5.4.1 双喷嘴挡板力反馈两级电液伺服阀 …………… 160
5.4.2 双喷嘴挡板电反馈两级电液伺服阀 …………… 161
5.5 本章小结 …………… 164

第6章 射流型两级电液伺服阀 … 165

6.1 射流型电液伺服阀的结构与工作原理 …………… 165
6.1.1 射流管力反馈两级电液伺服阀 …………… 165
6.1.2 射流管电反馈两级电液伺服阀 …………… 167
6.1.3 偏导射流力反馈两级电液伺服阀 …………… 169
6.2 射流管力反馈两级电液伺服阀 …………… 170
6.2.1 数学模型 …………… 170
6.2.2 设计与计算 …………… 172
6.2.3 性能仿真分析 …………… 175

6.3 射流管电反馈两级电液伺服阀 ······ 177
6.3.1 数学模型 ······ 177
6.3.2 仿真分析 ······ 178
6.4 偏导射流力反馈两级电液伺服阀 ······ 179
6.5 射流型两级电液伺服阀的Simulink物理模型 ······ 181
6.5.1 射流管力反馈两级电液伺服阀的Simulink物理模型 ······ 181
6.5.2 射流管电反馈两级电液伺服阀的Simulink物理模型 ······ 184
6.5.3 偏导射流力反馈两级电液伺服阀的Simulink物理模型 ······ 186
6.6 本章小结 ······ 188
参考文献 ······ 189

第1章

绪　论

1.1　电液伺服阀的概述

电液伺服控制系统集机械、电子、液压、传感和控制等多学科先进技术于一体，其不但是液压技术的一个分支，也是控制领域的一个重要组成部分。其具有抗负载刚度大、控制精度高、响应速度快、体积小、重量轻、输出功率大、信号处理灵活且易于实现各种参量反馈等优点，在对控制系统的输出功率、响应速度、控制精度要求较高的航空、航天、舰船及国防军事工业中有着广泛运用。例如，飞机进气道控制、推力矢量控制、雷达天线定位、坦克稳定器、电液负载模拟器、飞机机翼及起落架收放控制、导弹和运载火箭发射及飞行控制等都离不开电液伺服控制技术，如图1-1所示。目前，电液伺服控制系统已成为武器自动化和工业自动化的一个重要方面，在工业发达国家，电液伺服控制技术的应用与发展被普遍认为是衡量一个国家工业水平和现代工业发展水平的重要标志[1-3]。

电液伺服阀是电液伺服控制系统的核心控制部件，其作用是连接电气部分和液压部分。它既是电液转换元件，又是功率放大元件，其功用是将小功率的电信号转换为与控制信号大小和极性相关的大功率液压能，从而实现对液压执行元件位移（或转速）、速度（或角速度）、加速度（或角加速度）和力（或转矩）的控制。因此电液伺服阀的性能直接关系到整个电液伺服控制系统的控制精度和响应速度，也直接影响到系统的可靠性和寿命[4-6]。

目前，国外已形成完整的电液伺服阀品种和规格系列，并在保持原基本性能与技术指标的前提下，向着简化结构、降低制造成本、产品规格标准化以及提高抗污染能力和可靠性等方向发展。我国从20世纪60年代初开始研制电液伺服阀，目前能够生产电液伺服阀的单位主要有，中航工业南京伺服控制系统有限公司、中航工业西安飞行自动控制研究所、陕西秦峰液压有限责任公司、中国运载火箭技术研究院第十八研究所、中国航天科工集团伺服技术研究所、中国通用技术（集团）北京机床研究所、北京机械工业自动化研究所以及上海衡拓液压控制技术有限公司等。国外生产伺服阀的厂家主要有，美国MOOG公司、Parker公司、Team公司、Eaton Vickers公司、Honeywell公司，德国Bosch公司、Rexroth公司，英国

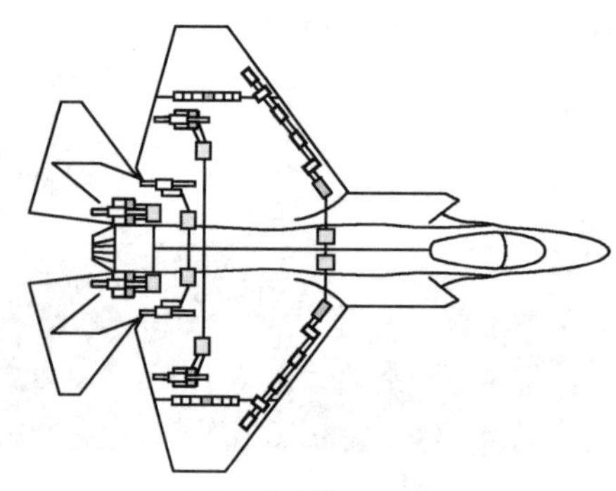

a) F35 战斗机

b) 爱国者导弹

c) 推力矢量发动机

图 1-1　电液伺服控制系统的应用领域

Dowty 公司，俄罗斯的“祖国”设计局、沃斯霍得工厂等。

1.2　电液伺服阀的组成和分类

1.2.1　电液伺服阀的组成

电液伺服阀通常由电-机转换器、液压放大器及反馈机构（或平衡机构）三部分构成[2]。

电-机转换器的作用是把输入的电信号转换为力和力矩，驱动液压放大器运动。电液伺服阀常用电-机转换器为力矩马达和力马达，其中力马达为直线运动，输出为力和位移；力矩马达为旋转运动，输出为力矩和角位移。依据运动部件的不同，力矩马达和力马达又可以分为动圈式和动铁式。与动圈式相比，动铁组件固有频率和功率密度都较高，具有频率高、体积小、重量轻的优点，因此电液伺服阀电-机转换器主要采用永磁动铁式结构。其中，永磁动铁式力马达驱动力大、行程较大，可以直接驱动功率级滑阀。永磁动铁式力矩马达结构紧凑、体积小、固有频率高，但是输出转角线性范围窄，功率小，主要用于驱动双喷嘴挡板阀，以及偏导射流阀、射流管阀等前置级液压放大器。

液压放大器也称液压控制阀，其作用是将机械运动转换成大功率液压能输出。伺服阀用液压放大器主要有滑阀、单喷嘴挡板阀、双喷嘴挡板阀、射流管阀和偏导射流阀等几种类型。其中双喷嘴挡板阀、射流管阀和偏导射流阀主要作为两级或三级电液伺服阀的第一级使用，滑阀主要作为功率级使用，单喷嘴挡板阀因特性较差，很少使用。

双喷嘴挡板阀是通过节流原理来工作的，如图 1-2 所示。其喷嘴与挡板间的通流面积构成可变节流口，通过控制喷嘴与挡板之间的相对位移改变可变节流口的液阻，从而实现负载两端压力的控制。其具有结构简单、运动部件质量小、动态响应快、无摩擦、所需驱动力小、压力增益（也称压力灵敏度）高、线性度好、温度和压力零漂小等优点。其主要缺点是零位泄漏流量大、负载刚性差、输出流量小，喷嘴与挡板间的间隙小，易堵塞，抗污染能力差，对油液过滤精度要求较高[4]。

射流管阀是基于动能与压力能转换原理工作的，首先油液的压力能在射流喷嘴处转化为喷射动能，然后在接受器上的接受孔内重新恢复成压力能，此压力能的大小与接受孔接收到的动能成正比。通过控制射流喷嘴与两接受孔的重叠面积，使两个接受孔接收到的能量发生变化，便能实现对负载两端压力的控制，如图 1-3 所示。其缺点是射流管的惯量大、刚度差，受回油冲击易发生振动，整个射流阀内部流动情况复杂，特性不易通过理论精确预测，且供油压力较大时，射流管轴向有较大的轴向力[3]。

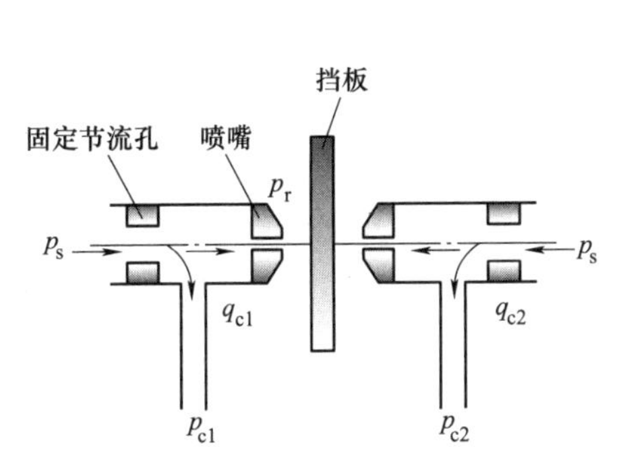

图 1-2 双喷嘴挡板阀结构简图

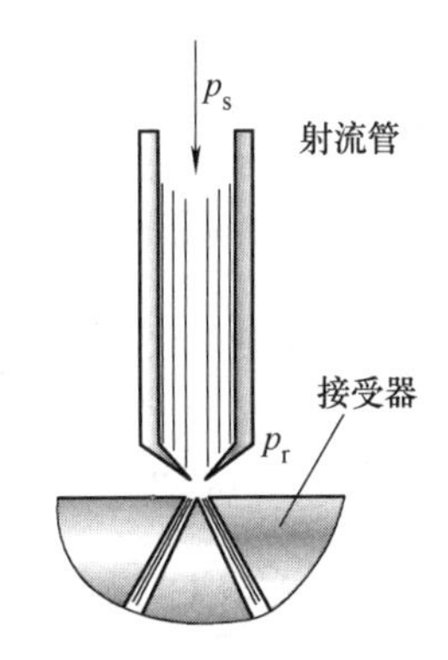

图 1-3 射流管阀结构简图

射流管阀的最小尺寸为喷嘴直径，通常接近 200μm，而双喷嘴挡板阀的最小尺寸是喷嘴与挡板间的间隙，通常小于 60μm，而电液伺服阀的抗污染能力一般是由其最小尺寸决定的，因此射流管阀对油液的清洁度要求不高，抗污染能力强，具有可靠性高、使用寿命长的优点。波音公司对 9000 台射流管电液伺服阀的使用情况进行了 7 年的追踪调查，结果显示仅有 84 个阀出现故障，其中 83 个是因密封圈老化漏油所致。另外，由于射流管阀的压力效率及容积效率一般在 70% 以上，有时可达到 90%以上，而双喷嘴挡板阀的效率只有 50%，故射流管阀输出控制力大，对功率主阀的控制能力较强，因此其可以驱动直径较大的阀芯，使得功率主阀的抗污染能力也得到提高[7-13]。

当射流管阀的射流喷嘴被杂物完全堵死时，两个接受孔均无能量输入，接受孔内压力相等，在反馈杆的作用下，其控制的第二级滑阀的阀芯将在零位上，因此射流管阀具有“失效对中”能力，并不会发生“满舵”现象。而双喷嘴挡板阀在工作时，如有一侧发生杂物堵塞喷嘴现象，便会造成一侧压力上升，使第二级滑阀阀芯向一边移动，阀芯的偏移会形成单方向的流量输出，使执行机构向一边偏移直到最大位置，产生“满舵”现象[7,8]。

长久工作后，双喷嘴挡板阀冲蚀磨损点在挡板上，如图 1-4 所示，若冲蚀量等于喷嘴挡板间隙，压力增益将降低 50%，泄漏流量和功率损失都将增加一倍。如图 1-5 所示，射流管阀的冲蚀磨损点在两接受孔的中心位置的斜劈上，产生磨损后左右接受孔仍然是对称的，压力增益和流量增益均没有明显影响，泄漏量保持不变。

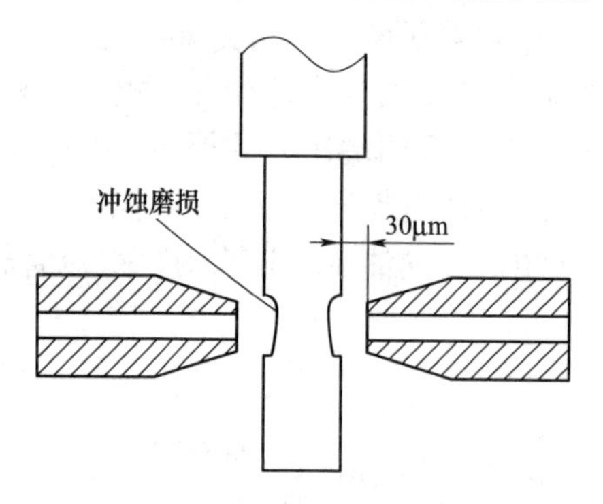

图 1-4　双喷嘴挡板阀冲蚀磨损点

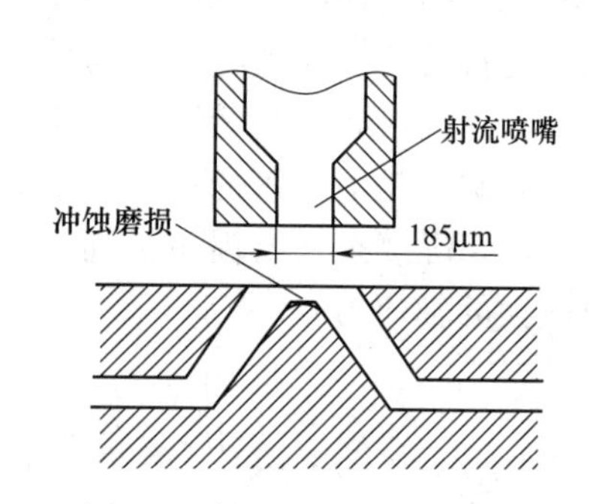

图 1-5　射流管阀冲蚀磨损点

综上所述，相比双喷嘴挡板电液伺服阀，射流管电液伺服阀可靠性较高。目前，波音和空客等公司的民用客机和世界上主要军用飞机电液伺服系统中的双喷嘴挡板电液伺服阀已逐渐被射流管电液伺服阀所取代，见表 1-1[1]。

表 1-1　射流管电液伺服阀在航空航天中的运用情况

运用机型	射流管电液伺服阀生产公司	运用场合
F-22	美国 Honeywell 公司	F119 发动机
V-22 战机	美国 Parker 公司	飞行控制执行器
波音 737~787 客机	美国 Parker 公司	副飞行控制执行器
X-47 无人机	美国 Parker 公司	自动刹车模块
H-60、S-92 直升机	美国 Parker 公司	飞机刹车控制系统
阵风战斗机	欧洲 IN-LHC 公司	M88 涡扇发动机
SH-60H、卡-62R 直升机	欧洲 IN-LHC 公司	发动机燃油控制

（续）

运用机型	射流管电液伺服阀生产公司	运用场合
苏-27 飞机，运载火箭	俄罗斯“祖国”设计局	广泛采用
Mc Donnel-Douglas	ABEX 公司	舵机、副翼、直接起飞控制
阿帕奇直升机	欧洲 IN-LHC 公司	辅助动力单元
航空航天中大量使用	美国 MOOG 公司	属于军品级，应用场合不详

偏导射流阀的结构简图如图 1-6 所示，其由射流盘和偏导板组成。其同样是基于动能和压力能转换原理工作的，但其动能的分配是通过射流盘中间偏导板的运动来实现的。因此其也具有抗污染、抗冲蚀磨损以及“失效对中”的优点。由于偏导板惯量小于射流管运动的部件惯量且配流喷嘴孔和射流盘上的接受孔均为矩形，因此与射流管阀相比，其响应速度更快、线性度更好。其缺点是性能在理论上不易精确计算，低温和高温时性能不稳定，结构较为复杂[14-15]。

滑阀的结构简图如图 1-7 所示，其是基于节流原理工作的。通过改变液流回路中节流孔（液阻）的大小进行流体的控制。当阀芯处于中位时，四个节流口都正好处于封闭的状态，无控制压力输出；若阀芯向左发生微小位移，则节流窗口便有开口量，控制压力输出。滑阀的优点是流量增益和压力增益高、输出流量大，节流边为矩形或圆周开口时输出特性线性度好，对油液清洁度要求较低；缺点是体积大、结构工艺复杂，阀芯与阀套的配合精度要求高，运动件惯量大，液动力大，径向力不平衡，运动所需驱动力大[16-20]。

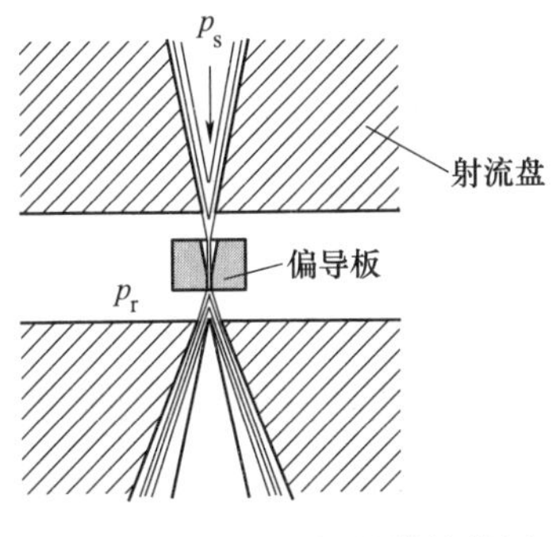

图 1-6　偏导射流阀的结构简图

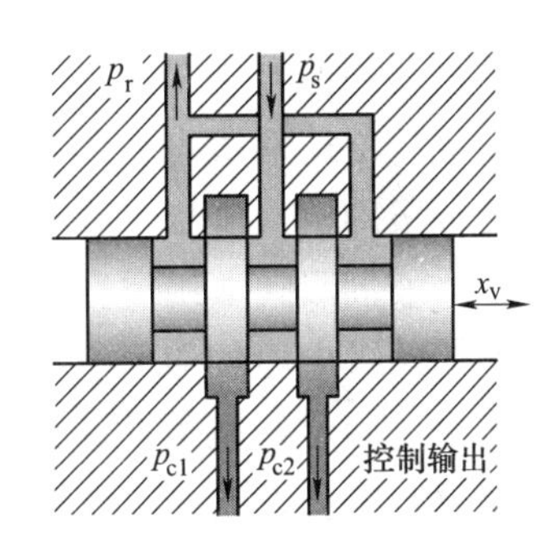

图 1-7　滑阀的结构简图

反馈机构的作用是用来将电液伺服阀构成一个闭环控制系统，使阀的输出流量或输出压力与输入电气控制信号成比例。两级力反馈电液伺服阀通常采用反馈杆将功率滑阀的阀芯位移以力的形式反馈到力矩马达衔铁组件上。电反馈电液伺服阀通常采用位移传感器将输出级（功率级）的阀芯位移或输出压力以电信号形式反馈到力矩马达输入端。

1.2.2 电液伺服阀的分类

电液伺服阀主要依据液压放大器级数、使用功能、反馈形式和第一级结构形式进行分类。

按液压放大器的级数可分为单级、两级和三级电液伺服阀。其中单级电液伺服阀的功率级液压放大器由电-机转换器直接驱动，此类阀结构简单、价格低廉，但其输出压力和流量受制于电-机转换器的功率，相同规格下，体积较大；两级电液伺服阀由两级液压放大器构成，其克服了单级电液伺服阀的缺点，流量可达200L/min，能满足大部分电液控制系统的要求；三级电液伺服阀通常由一个两级伺服阀作前置级控制第三级功率滑阀，功率级滑阀的阀芯位移通过电气反馈形成闭环控制，实现功率级滑阀阀芯的定位，其通常只用在大流量（200L/min以上）的场合。

按使用功能可分为电液流量伺服阀、电液压力伺服阀、电液压力流量伺服阀（PQ阀），其中电液流量伺服阀使用最广，生产量最大，可以应用在位置、速度、加速度（力）等各种控制系统中，为本书主要介绍的对象。

按反馈形式可分为滑阀位置反馈电液伺服阀、负载流量反馈电液伺服阀、压力反馈电液伺服阀。具有滑阀位置反馈或负载流量反馈是电液流量伺服阀，阀的输出流量与输入信号成比例。具有负载压力反馈是电液压力伺服阀，阀的输出压力与输入电流成比例。由于负载流量与负载压力反馈电液伺服阀的结构比较复杂，使用得比较少，而滑阀位置反馈电液伺服阀用得最多。滑阀位置反馈又可以分为弹簧对中式反馈、力反馈、电反馈和直接位置反馈，其中电反馈电液伺服阀一般具有优异的静动态性能[9]。

按第一级的结构形式可分为滑阀电液伺服阀、单喷嘴挡板电液伺服阀、双喷嘴挡板电液伺服阀、射流管电液伺服阀和偏导射流电液伺服阀[10]。

目前，电液伺服阀常用类型主要为双喷嘴挡板力反馈两级电液伺服阀、双喷嘴挡板电反馈两级电液伺服阀、射流管力反馈两级电液伺服阀、射流管电反馈两级电液伺服阀、偏导射流力反馈两级电液伺服阀和直动式电液伺服阀等。其中同种流量规格下，常见力反馈两级电液伺服阀的主要性能比较见表1-2。电反馈与力反馈电液伺服阀的主要性能比较见表1-3。由表1-2比较结果可知，射流式（包含射流管和偏导射流）电液伺服阀抗污染能力强，具有失效对中能力，可靠性高，但特性不易预测，设计复杂度高；电反馈伺服阀静态性能比力反馈伺服阀好，但尺寸大于力反馈伺服阀。直动式电液伺服阀无前置级，结构上最为简单，无前置级泄漏，静态性能优异且具有失效对中能力，但是体积大、质量大、动态性能稍差[19]。

表 1-2 常见力反馈两级电液伺服阀的主要性能比较

性能	类型		
	射流管式	偏导射流式	双喷嘴挡板式
第一级节流孔尺寸	较大	较大	非常小
抗污染能力	较强	较强	非常差
失效模式（孔口堵塞时）	失效对中		满舵
第一级压力增益、流量增益和压力恢复系数	射流管阀和偏导板阀约是双喷嘴挡板阀的两倍		
第一级压力反馈	无	无	有（会引起不稳定）
第一级磨损对整个阀性能的影响	低	低	高
动态性能	差	中	好
可靠性	高	高	低
模型准确度	低	低	高
低温性能	好	差	好

表 1-3 电反馈与力反馈电液伺服阀的主要性能比较（额定压降 7MPa，额定流量 40L/min）

性能	类型		
	直动式电液伺服阀	力反馈两级电液伺服阀	电反馈两级电液伺服阀
滑阀阀芯驱动力	可达 200N（力马达驱动）	可达 500N（液压力驱动）	可达 500N（液压力驱动）
滞环	0.2%	2%	0.2%
阶跃响应时间（100%输入）	15ms	10ms	3ms
相频宽（相位滞后 90°对应频率）	50Hz	100Hz	200Hz
结构复杂度	低	中	高
价格	低	中	高
尺寸	大	小	中

1.3 电液伺服阀的性能描述

电液伺服阀是一个非常精密且结构复杂的伺服控制元件，它的性能指标对整个电液伺服系统的性能有着至关重要的影响，因此其性能要求也十分严格。国家标准和有关标准对电液伺服阀的主要特性指标参数均有相应的技术规范。下面以电流为输入的电液流量伺服阀为例，对其主要性能指标进行介绍，其中大部分内容也同样适用于电液压力伺服阀。

1.3.1 静态特性

电液伺服阀的静态特性是指在稳态条件下，其负载流量、负载压力等稳态参数和输入电流之间的相互关系。电液流量伺服阀的静态特性主要包括负载流量特性、空载流量特性、压力特性、内泄漏特性等[5,6]。

1. 负载流量特性（压力–流量特性）

负载流量特性曲线如图 1-8 所示，它完全描述了电液伺服阀的静态特性。曲线

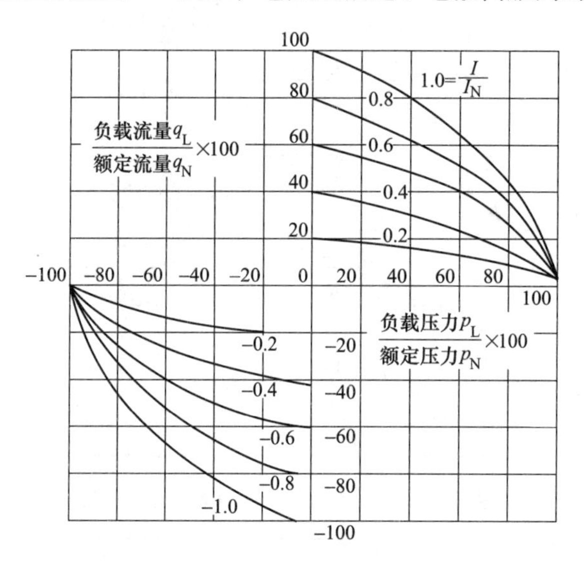

图 1-8　负载流量特性曲线

某点上的斜率为此点上电液伺服阀的流量–压力系数。负载流量特性曲线可供系统设计者考虑负载匹配和用于确定估计电液伺服阀的规格。目前，电液伺服阀的样本负载流量曲线较多采用对数坐标绘制，如图 1-9 所示，对数坐标的优点是负载流量和阀压降成线性[21]。

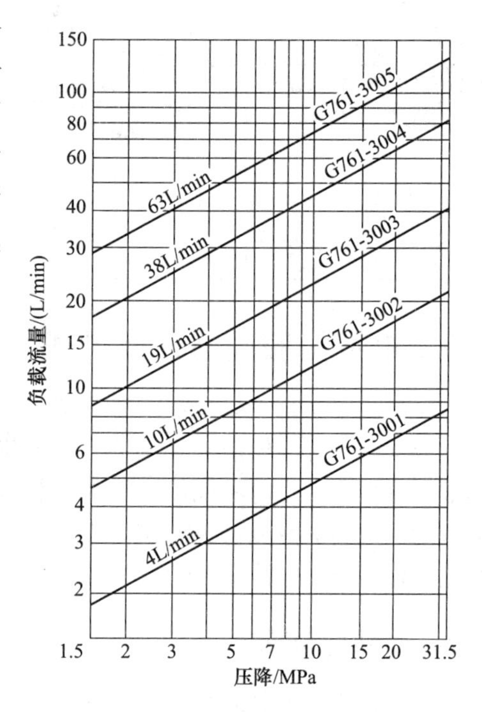

图 1-9　MOOG G761 电液伺服阀的负载流量特性曲线

电液伺服阀的规格也可以用额定电流、额定压力、额定流量来表示。

（1）额定电流　产生额定流量或额定控制压力所需的任一极的输入电流(不包括零偏电流)，其单位为 mA。通常，额定电流是对单线圈连接、并联接法或差动连接而言的，如果线圈采用串联接法，其额定电流为标定额定电流的一半。对电反馈伺服阀尤其是内置放大器的电反馈伺服阀，额定流量对应的为额定输入电压，其单位为 V。

（2）额定压力　产生额定流量的供

油压力，其单位为 Pa。

（3）额定流量　在规定的阀压降下对应于额定电流的负载流量，其单位为 m^3/s。通常，在空载条件下规定电液伺服阀的额定流量（空载额定流量），此时阀压降等于额定供油压力，也可以在负载压降等于2/3供油压力的条件下规定额定流量，这样规定的额定流量对应阀的最大功率输出点。电液伺服阀的额定流量与额定电流之比称为额定流量增益。

2. 空载流量特性

空载流量曲线（简称流量曲线）是在额定压力下，负载压力为零，输入电流在正、负额定电流间连续变化，一个完整循环后，所得的输出流量与输入电流的关系曲线，其曲线呈回环状，如图1-10所示。流量曲线上某点或某段的斜率就是该点或该段的流量增益。

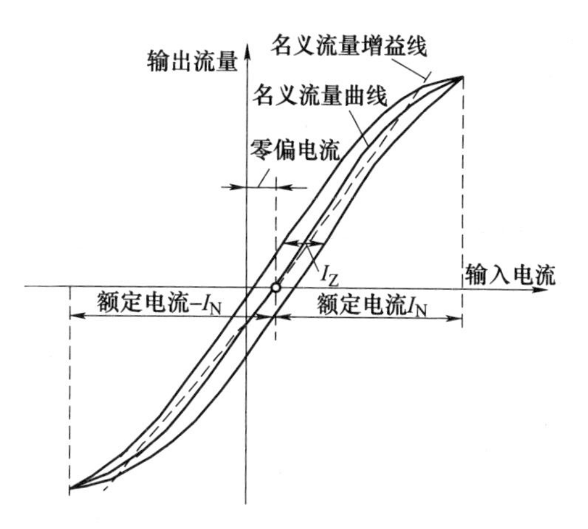

图1-10　滞环、零偏、名义流量曲线

流量曲线可分为零区、控制区和饱和区。其中零区特性反映功率滑阀的开口情况。由于电液伺服阀经常在零位附近工作，因此零区特性特别重要。

流量曲线中的虚线称为名义流量曲线（或公称流量曲线），如图1-10所示。从名义流量曲线的零流量点向两极各作一条与名义流量曲线偏差为最小的直线，这就是名义流量增益线。两个极性的名义流量增益线斜率的平均值就是名义流量增益。由于阀的滞环通常很小，可以把流量曲线的任一侧当做名义流量曲线使用。

流量曲线非常有用，它不仅给出阀的极性、额定空载流量、名义流量增益，而且从中还可以得到阀的滞环、线性度、对称度和分辨率，并揭示阀的零位特性[6]。

（1）滞环　在正负额定电流之间，产生相同输出流量的往、返输入电流的最大差值 I_Z 与额定电流 I_N 的百分比，如图1-10所示，滞环为 I_Z/I_N。电液伺服阀的滞环一般不大于5%，其中电反馈电液伺服阀的滞环不大于0.5%。

电液伺服阀滞环产生的原因，一方面是力（矩）马达磁路的磁滞；另一方面是伺服阀中的游隙。磁滞回环的宽度随输入信号的大小而变化，当输入信号减小时，磁滞回环的宽度将减小，因此磁滞一般不会引起系统的稳定性问题。游隙是由于力（矩）马达中机械固定部分的间隙以及阀芯与阀套间的摩擦力产生的。油液变脏时造成滑阀摩擦力增大，会使游隙大大增加，会引起系统不稳定。

（2）线性度　名义流量曲线的直线性，用名义流量曲线与名义流量增益线的最大偏差电流值与额定电流的百分比表示，如图1-11所示。

（3）对称度　其表示两极性名义流量增益的一致程度。用两者之差对较大者的百分比表示，如图 1-11 所示。

（4）分辨率　分正向分辨率和反向分辨率，正向分辨率为沿着输入电流变化方向，输出流量发生变化所需最小电流与额定电流的百分比；反向分辨率为逆着输入电流变化方向，输出流量发生变化所需最小电流与额定电流的百分比。通常分辨率用反向分辨率来衡量，或者用从输出流量的增加状态回复到输出流量减小状态所需的电流最小变化值与额定电流之比来衡量。电液伺服阀的分辨率一般小于1%。电反馈伺服阀的分辨率小于0.4%，甚至低于0.1 %。影响分辨率的主要因素是阀的静摩擦力和游隙。油脏时滑阀中摩擦力增大，分辨率将降低。

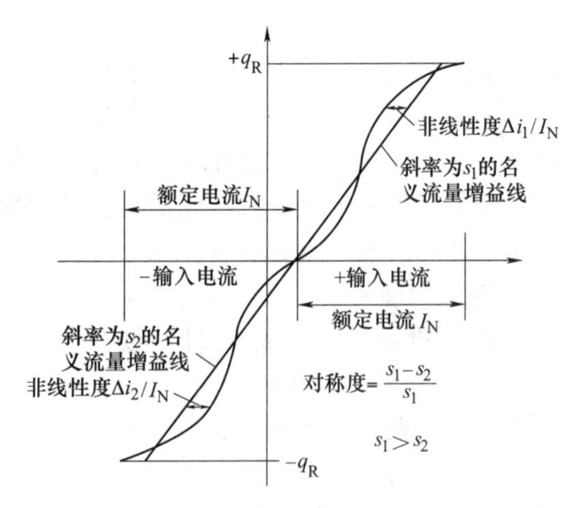

图 1-11　名义流量增益、线性度、对称度

为了提高电液伺服阀的分辨能力，可以在输入信号上叠加一个高频幅值的电信号，颤振使电液伺服阀处在一个高频幅值的运动状态之中，这可以减小或消除由于干摩擦所产生的游隙，同时还可以防止阀的堵塞。但颤振不能减小力矩马达磁路所产生的磁滞影响。

颤振频率和幅度与其负载的谐振频率相重合，因为这类谐振的激励可能引起疲劳破坏或者使所含元件饱和。颤振幅度应足够大以使峰间值刚好填满游隙宽度，这相当于主阀芯运动为 2.5μm 左右。颤振幅度又不能过大，以免通过伺服阀传到负载。颤振信号的波形采用正弦波、三角波或方波，其效果是相同的。

（5）遮盖　电液伺服阀的零位是指空载流量为零的几何零位。零位区域是滑阀的遮盖对流量增益起主要影响的区域。电液伺服阀的遮盖用两极名义流量曲线近似直线部分的延长线与零流量线相交的总间隔与额定电流的百分比表示。电液伺服阀的遮盖分三种情况，即零遮盖、正遮盖和负遮盖。在零位区域内，导致名义流量曲线斜率减小的遮盖为正遮盖，导致名义流量曲线斜率增大的遮盖为负遮盖。电液伺服阀的遮盖量通常为-2.5%~2.5%。

（6）零偏　在规定试验条件下尽管调好电液伺服阀的零点，但经过一段时间后，由于阀的结构尺寸、组件应力、电性能、流量特性等可能会发生微小变化，使输入电流为零时输出流量不为零，零点要发生变化。为使输出流量为零，必须预置某一输入电流，即零偏电流，如图 1-10 所示。

把阀回归零位的输入电流值和零位反向分辨率电流值的差值与额定电流的百分比称为零偏。一般要求零偏值不大于 2%（参考文献 2 给出的值为不大于 3%），在整个寿命期内不大于5%。

3. 压力特性

压力特性曲线是在额定供油压力下，输出流量为零（两个负载油口关闭）时，输入电流在正、负额定电流间连续变化一个完整循环，所得的负载压力和输入电流呈回环状的函数曲线，如图1-12所示。负载压力对输入电流的变化率就是压力增益，其单位为Pa/A。电液伺服阀的压力增益通常规定为最大负载压降的±40%之间，负载压降对输入电流曲线的平均斜率。压力增益指标为输入1%的额定电流时，负载压降应超过30%的额定工作压力。压力增益大小与阀的开口类型有关，因此由压力增益曲线可反映阀的零位开口的配合情况。

4. 内泄漏特性

额定压力下，负载流量为零时，从进油口到回油口的内部泄漏流量随输入电流的变化曲线称为内泄漏特性。当处于零位时，电液伺服阀内泄漏流量（零位内泄漏流量）最大，如图1-13所示。

对两级电液伺服阀而言，内泄漏流量由先导级泄漏流量和功率级泄漏流量组成，如图1-13所示。功率级滑阀的零位泄漏流量与供油压力之比可作为滑阀的流量-压力系数。功率级滑阀的零位泄漏流量大小反映了功率级滑阀的配合情况及磨损程度。对新阀可作为滑阀制造质量的指标，对旧阀可反映滑阀的磨损情况。

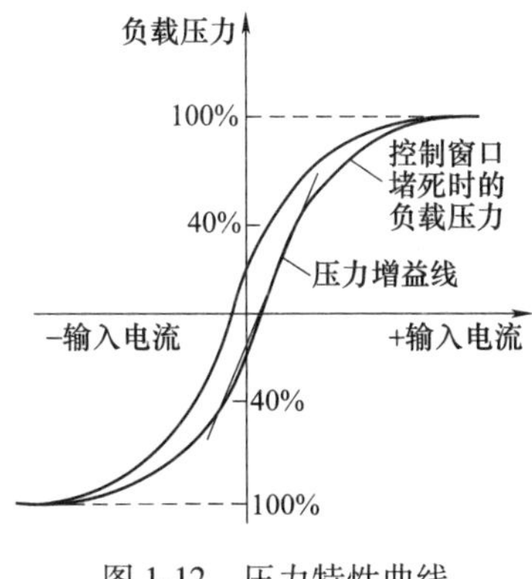

图1-12　压力特性曲线

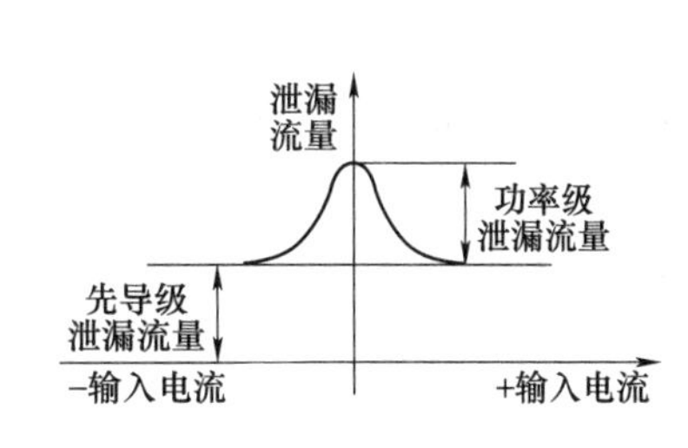

图1-13　内泄漏特性曲线

5. 零漂

电液伺服阀是按试验标准在规定试验条件下调试的，但当工作条件（供油压力、回油压力、工作油温、零值电流等）发生变化时，阀的零位会发生偏移。工作条件或环境变化引起的零偏电流变化量与额定电流的百分比称为零漂。零漂又分为压力零漂和温度零漂；压力零漂又分为供油压力零漂和回油压力零漂。通常，供油压力降低时零偏电流增大，回油压力增大时零偏电流增大。

（1）供油压力零漂　供油压力在0.8~1.1倍额定供油压力的范围内变化时，供油压力零漂不大于2%。

（2）回油压力零漂　回油压力在0～0.7MPa的范围内变化时，回油压力零漂应不大于2%。

（3）温度零漂　工作油温变化56℃，温度零漂不大于2%。

（4）零值电流零漂　零值电流在0～100%额定电流范围内变化时，零值电流零漂不大于2%。

需要说明的是，在系统调整或检查时，可加偏置电流以补偿零偏，而随工作条件变化的零漂是无法补偿的。

电液伺服阀的静态性能指标见表1-4，其是区分伺服阀与比例阀的重要依据，电液伺服阀需要满足其所要求的所有静态性能指标。有些文献上认为电液伺服阀与电液比例阀的区别是重叠量，重叠量小于阀芯行程的3%为电液伺服阀，重叠量大于阀芯行程的3%为电液比例阀。

表1-4　电液伺服阀的静态性能指标

项目	指标	项目	指标
额定流量 q_N/(L/min)	$q_N \pm 10\% q_N$	对称度	≤10%
压力增益/(MPa/mA)	≥30	分辨率	≤0.5%
零偏	≤2%	内泄漏流量/(L/min)	≤3%q_N+0.45
滞环	≤5%	供油压力零漂	≤2%
遮盖	-2.5%～2.5%	回油压力零漂	≤2%
线性度	≤7.5%	温度零漂	≤2%

1.3.2　动态特性

电液伺服阀的动态特性用频率响应（频域特性）或瞬态响应（时域特性）表示。频率响应是输入电流在某一频率范围内做等幅变频正弦变化时，空载流量与输入电流的复数比，包括幅频特性和相频特性，如图1-14所示。瞬态响应是指电液伺服阀施加一个典型输入信号（通常为阶跃信号）时，阀的输出流量对阶跃输入电流的跟踪过程中表现出的振荡衰减特性。反映电液伺服阀瞬态响应快速性的时域性能主要指标有超调量、峰值时间、响应时间和过渡过程时间，如图1-15所示。

电液伺服阀的频率响应随供油压力、输入电流幅值、油温和其他工作条件变化而变化。通常在标准试验条件下进行试验，推荐输入电流的峰值为额定电流的1/2（±25 %额定电流），基准（初始）频率通常为5Hz或10Hz。

电液伺服阀的频宽通常以幅值比为-3dB（即输出流量为基准频率时输出流量的70.7%）时所对应的频率作为幅频宽，以相位滞后90°时所对应的频率作为相频宽。由阀的频率特性可以直接查到其幅频宽和相频宽，取两者较小值作为阀的频宽值。频宽是电液伺服阀响应速度的度量，频宽应根据系统的实际需要加以确定，频宽过低会限制系统的响应速度，过高会使高频干扰传到负载上去。伺服阀的幅值比一般不允许大于+2dB。

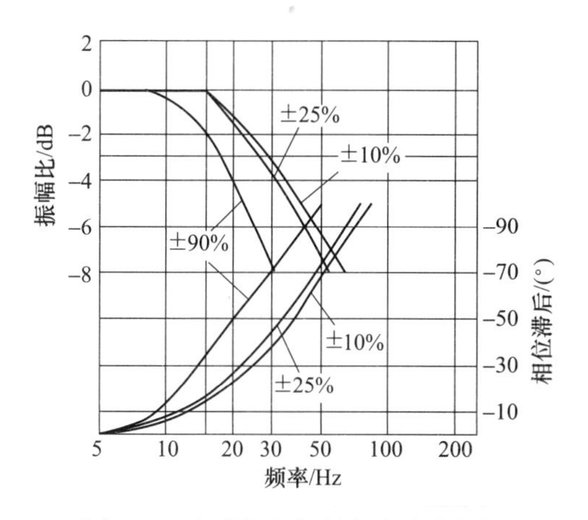

图 1-14　电液伺服阀的频率响应特性

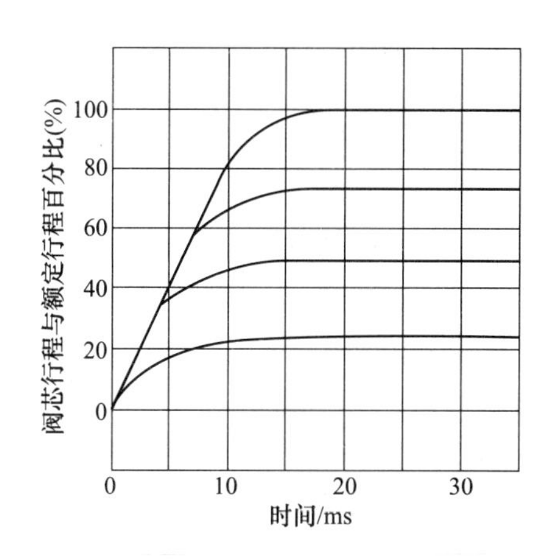

图 1-15　电液伺服阀的阶跃响应特性

1.4　电液伺服阀的选用与安装

1.4.1　电液伺服阀的选用

电液伺服阀的性能是其选用的主要依据。从响应速度优先的原则考虑，伺服阀的前置级优先选择双喷嘴挡板阀，其次是射流管阀，最后是滑阀；从功率考虑，射流管阀的压力效率和容积效率均在 70%以上，应首先选择，其次是选择滑阀和双喷嘴挡板阀；从抗污染和可靠性方面考虑，射流管阀和偏导射流阀的抗污染能力强，可延长系统无故障工作时间，应该首先选择；从性能稳定方面考虑，射流管阀和偏导射流阀的磨蚀是对称的，不会引起零漂，性能稳定，寿命长，应该首先选择；要求流量大、频率较高时，可选用两级电反馈伺服阀。

电液伺服阀规格由负载的压力和流量决定，供油压力一般取负载压力的 1.5 倍，额定流量（q_N）可由下式计算

$$q_N = q_L\sqrt{\frac{p_N}{p_s - p_L - p_r}} \tag{1-1}$$

式中，q_L为负载流量；p_L为负载压力；p_r为回油压力；p_N为电液伺服阀的额定压力；p_s为实际供油压力。为补偿一些未知因素，建议额定流量选择值要比额定流量计算值大 10%。

电液伺服阀的频宽按照伺服系统频宽的 5 倍选择，以减小对系统响应特性的影响，但不要过宽，否则系统抗干扰能力减小。

1.4.2　电液伺服阀的安装

电液伺服阀安装前，液压系统必须进行彻底清洗。其进油口前必须配置公称过滤精度不低于 10μm 的过滤器。使用射流管电液伺服阀的液压系统油液推荐过滤精度

等级为 NAS8 级（对应国家标准 GB/T 14039—2002 中的 16/13 级），长寿命使用时应达到 NAS7 级（对应国家标准 GB/T 14039—2002 中的 15/12 级），一般使用最差不劣于 NAS10 级（对应国家标准 GB/T 14039—2002 中的 18/15 级），使用前通电和通油无先后顺序。双喷嘴挡板电液伺服阀要求油液的污染度等级为 NAS6 级（对应国家标准 GB/T 14039—2002 中的 14/11 级），使用前必须先通油后通电，否则挡板会碰着喷嘴，容易损坏喷嘴节流锐边，损坏伺服阀。

管路冲洗时，不应装上电液伺服阀，可在安装电液伺服阀的安装座上装一冲洗板。如果系统本身允许的话，也可装一换向阀，这样工作管路和执行元件可被同时清洗。向油箱内注入清洗油（清洗油选低黏度的专用清洗油或同牌号的液压油），起动液压源，运转冲洗（最好系统各元件都能动作，以便清洗其中的污染物）。在冲洗工作中应轻轻敲击管子，特别是焊口和连接部位，这样能起到除去水锈和尘埃的效果。同时要定时检查过滤器，如发生堵塞，应及时更换滤芯，且更换下来的纸滤芯、化纤滤芯、粉末冶金滤芯不得清洗后再用，其他材质的滤芯视情况而定。更换完毕后，再继续冲洗，直到油液清洁度符合要求，或看不到过滤器滤芯污染为止。排出清洗油，清洗油箱（建议用面粉团或胶泥粘去固定颗粒，不得用棉、麻、化纤织品擦洗），更换或清洗过滤器，再通过 5~10μm 的过滤器向油箱注入新油。起动油源，再冲洗 48h，然后更换或清洗过滤器，完成管路清洗。

电液伺服阀在安装时，阀芯应处于水平位置，管路采用钢管连接，安装位置尽可能靠近执行元件。安装座表面粗糙度值应小于 *Ra*0.8μm，表面的平面度不大于 0.025mm。不允许用磁性材料制造安装座，周围不允许有明显的磁场干扰。安装工作环境应保持清洁，清洁时应使用无绒布或专用纸张。进油口和回油口不要接错。检查底面各油口的密封圈是否齐全。电液伺服阀有两个线圈，接法有单线圈、双线圈，串联、并联和差动等方式，使用前要注意。每个线圈的最大电流不要超过 2 倍额定电流。油箱应密封，应装有加油及空气过滤用过滤器。禁止使用麻线、胶粘剂和密封带作为密封材料。伺服阀的冲洗板应在安装伺服阀前拆下，并保存起来，以备将来维修时使用。对于长期工作的液压系统，应选较大容量的过滤器。动圈式伺服阀使用中要加颤振信号，有些还要求泄油直接回油箱，必须垂直安装。

1.5 本章小结

电液伺服阀线性好、死区小、灵敏度高，动态响应速度快，控制精度高，体积小、结构紧凑，便于通过电控装置或数字计算机实现各种复杂的控制及远程控制，被广泛地应用于大功率、快速、精确反应的电液伺服控制系统中。

本章首先介绍了伺服阀常用电-机转换器的类型和结构特点，双喷嘴挡板阀、射流管阀、偏导射流阀、滑阀等常用液压放大器的工作原理及优、缺点；接着介绍了负载流量特性、空载流量特性、压力特性、内泄漏特性、零漂、频率响应特性、阶跃响应特性等电液伺服阀的性能指标；最后依据电液伺服阀的特点，给出了电液伺服阀的选用及安装方法。

第2章

电液伺服阀用电-机转换器

电液电-机转换器的作用是将电信号转换为机械运动，来控制液压放大器的运动，其精度、频宽、响应速度等静、动态性能直接决定着电液伺服阀的输出性能，因此建立电-机转换器的数学模型，并对其静、动态性能进行研究是研究电液伺服阀静、动态输出性能的基础。

伺服阀常用电-机转换器主要为力矩马达（输出力矩和角位移）和力马达（输出力和直线位移），本章主要对力矩马达和力马达的结构和工作原理、静态和动态特性数学模型、设计准则、性能仿真与分析、基于 Simulink 的物理建模等内容进行介绍，最后对其他电-机转换器的结构和工作原理进行简单论述。

2.1 铁磁体的非线性磁化模型

力矩马达和力马达均是基于电磁原理工作的，其工作过程中涉及铁磁体的磁化，此磁化是非线性的，因此其输出性能也是非线性的。为了研究力矩马达和力马达的非线性特性，在介绍其输出模型前，先给出铁磁体的磁化理论。

控制电流 i_c 在线圈内产生的控制磁场为

$$H_c = \frac{N_c i_c}{k_f L_c} \tag{2-1}$$

式中，N_c 为控制线圈数；i_c 为控制电流；k_f 为漏磁系数；L_c 为铁心长度。

根据 Weiss 理论可知，铁磁体内的有效磁场并不等于施加的外磁场，外磁场的作用仅仅是改变自发磁化形成磁矩的方向，使磁矩向外磁场平行的方向转动。Sablik 和 Jiles 认为铁磁体内部的有效磁场为

$$H_e = H_c + \alpha' M_c \tag{2-2}$$

式中，α' 是与预压力应力和磁畴间的相互作用有关的物理量；M_c 为控制磁化强度。

其无磁滞磁化强度 M_a 应满足

$$M_a = M_s\left[\coth\left(\frac{H_e}{a}\right) - \frac{a}{H_e}\right] \tag{2-3}$$

式中，a 为无磁滞磁化强度的形状因子；M_s为饱和磁化强度。

由于铁磁体内部的畴壁移动和磁畴转动是不完全可逆的，其控制磁化强度由

可逆磁化强度 M_r 和不可逆磁化强度 M_i 构成，即

$$M_c = M_r + M_i \tag{2-4}$$

式中，可逆磁化强度 M_r 与无磁滞磁化强度 M_a 的关系应满足

$$M_r = c(M_a - M_i) \tag{2-5}$$

式中，c 为可逆系数，其取值为0~1。

由能量守恒定律可得

$$\mu_0\int M_a \mathrm{d}H_e = \mu_0\int M_c \mathrm{d}H_e + \mu_0 k\delta(1-c)\int \mathrm{d}M_i + \frac{\gamma D_G^2}{32}\int\left(\frac{\mathrm{d}B_c}{\mathrm{d}t}\right)^2\mathrm{d}t \tag{2-6}$$

式中，μ_0 为真空磁导率；D_G 为铁心直径；k 为钉扎损耗磁场强度；δ 为表征磁场变化的参数，当外磁场 H_c 增强时取1，当外磁场 H_c 减弱时取−1；γ 为电导率；B_c 为控制磁感应强度。等式左边为磁化能输入，等式右边第一项为存储铁磁体内的磁化能的增量，第二项表示磁滞损耗，第三项表示涡流损耗。

由于磁感应强度和磁化强度之间的关系满足

$$B_c = \mu_0(H_c + M_c) \tag{2-7}$$

因此可得

$$\left(\frac{\mathrm{d}B_c}{\mathrm{d}t}\right)^2\mathrm{d}t = \frac{\mathrm{d}B_c}{\mathrm{d}t}\frac{\mathrm{d}B_c}{\mathrm{d}H_e}\mathrm{d}H_e = \mu_0\frac{\mathrm{d}B_c}{\mathrm{d}t}\frac{\mathrm{d}(M_c + H_c)}{\mathrm{d}H_e}\mathrm{d}H_e \tag{2-8}$$

将等式两边求关于 H_e 的导数可得

$$M_c = M_a - k\delta(1-c)\frac{\mathrm{d}M_i}{\mathrm{d}H_e} - \frac{\gamma D_G^2}{32}\frac{\mathrm{d}B_c}{\mathrm{d}t}\frac{\mathrm{d}(M_c + H_c)}{\mathrm{d}H_e} \tag{2-9}$$

由式（2-4）和式（2-5）可得

$$M_i = \frac{M_c - cM_a}{1-c} \tag{2-10}$$

将其代入式（2-9）可得

$$M_c = M_a - k\delta\frac{\mathrm{d}M_c}{\mathrm{d}H_e} + k\delta c\frac{\mathrm{d}M_a}{\mathrm{d}H_e} - \frac{\gamma D_G^2}{32}\frac{\mathrm{d}B_c}{\mathrm{d}t}\frac{\mathrm{d}(M_c + H_c)}{\mathrm{d}H_e} \tag{2-11}$$

由式（2-2）可得

$$\frac{\mathrm{d}M_c}{\mathrm{d}H_e} = \frac{\mathrm{d}M_c}{\mathrm{d}H_c}\frac{\mathrm{d}H_c}{\mathrm{d}H_e} = \frac{\mathrm{d}M_c}{\mathrm{d}H_c}\frac{1}{1+\alpha'\dfrac{\mathrm{d}M_c}{\mathrm{d}H_c}} \tag{2-12}$$

由式（2-3）可得

$$\frac{\mathrm{d}M_a}{\mathrm{d}H_e} = M_s\left[\frac{1}{a} - \frac{1}{a}\coth^2\left(\frac{H_e}{a}\right) + \frac{a}{H_e^2}\right] \tag{2-13}$$

又因为

$$\frac{\mathrm{d}B_c}{\mathrm{d}t} = \mu_0\frac{\mathrm{d}(M_c + H_c)}{\mathrm{d}t} = \mu_0\left(\frac{\mathrm{d}M_c}{\mathrm{d}H_c}\frac{\mathrm{d}H_c}{\mathrm{d}t} + \frac{\mathrm{d}H_c}{\mathrm{d}t}\right) = \mu_0\frac{\mathrm{d}H_c}{\mathrm{d}t}\left(\frac{\mathrm{d}M_c}{\mathrm{d}H_c} + 1\right) \tag{2-14}$$

因此控制磁场变化较大时的强磁模型为

$$M_c = M_a - k\delta \frac{dM_c}{dH_c} \frac{1}{1 + \alpha \frac{dM_c}{dH_c}} + \frac{k\delta c M_s}{a}\left[1 - \coth^2\left(\frac{H_c + \alpha' M_c}{a}\right) + \left(\frac{a}{H_c + \alpha' M_c}\right)^2\right] - \frac{\gamma \mu_0 D_G^2}{32} \frac{dH_c}{dt}\left(\frac{dM_c}{dH_c} + 1\right)^2 \left(1 + \alpha' \frac{dM_c}{dH_c}\right)^{-1} \tag{2-15}$$

此式存在耦合项且为隐式微分方程，因此无解析解，但若令

$$M_c(t + \Delta t) = M_c(t) + \frac{dM_c(t)}{dH_c(t)}[H_c(t + \Delta t) - H_c(t)] \tag{2-16a}$$

在零初始条件下，进行叠代，可求其数值解。在不计涡流影响时，式（2-15）应忽略涡流项，即为

$$M_c = M_a - k\delta \frac{dM_c}{dH_c} \frac{1}{1 + \alpha \frac{dM_c}{dH_c}} + \frac{k\delta c M_s}{a}\left[1 - \coth^2\left(\frac{H_c + \alpha' M_c}{a}\right) + \left(\frac{a}{H_c + \alpha' M_c}\right)^2\right] \tag{2-16b}$$

2.2　力矩马达的数学模型与仿真分析

2.2.1　结构与工作原理

双喷嘴挡板电液伺服阀、射流管电液伺服阀和偏导射流电液伺服阀一般采用永磁动铁式力矩马达作为其电-机转换器。如图 2-1 所示，虽然各伺服阀的力矩马达外观上有差别，但工作原理和构成一样，都由 N 极导磁片、S 极导磁片、衔铁、控制线圈、永磁铁、弹簧管等组成。

a) 双喷嘴挡板阀力矩马达

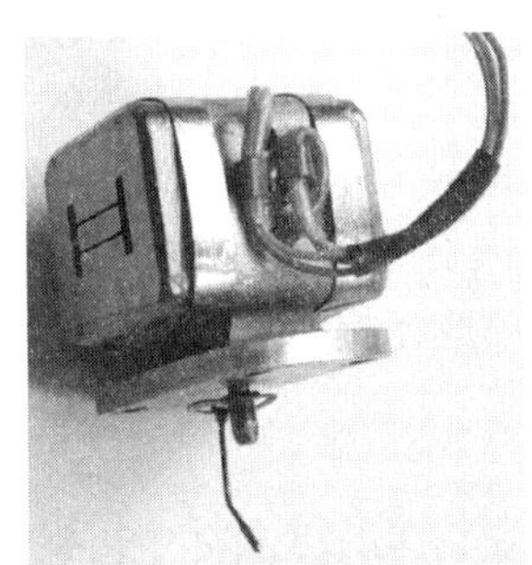

b) 射流管阀力矩马达

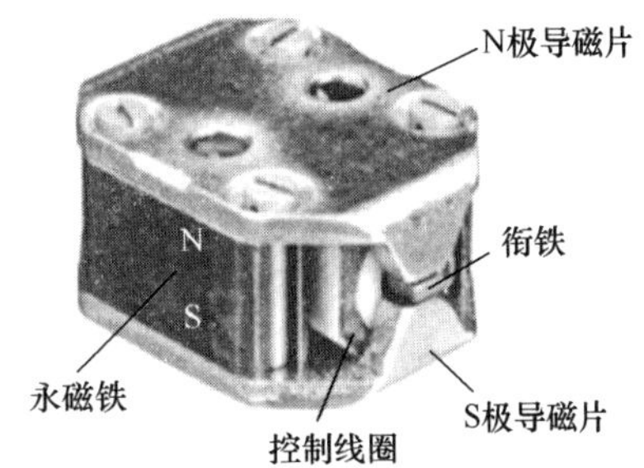

c) 力矩马达构成

图 2-1　永磁动铁式力矩马达结构

如图 2-2 所示，弹簧管是用弹性材料做成的薄壁圆管，一端紧固在衔铁中部，

另一端固定在下一级液压放大元件上。

衔铁固定在弹簧管上端，由弹簧管支承在 N、S 极导磁片的中间位置，可绕弹簧管的转动中心做微小的转动。衔铁两端与 N、S 极导磁片形成四个工作气隙（分别为气隙 1、2、3、4），两个控制线圈套在衔铁上。N、S 极导磁片除作为磁极外，还为永磁铁产生的极化磁通和控制线圈产生的控制磁通提供磁路，如图 2-3 所示。

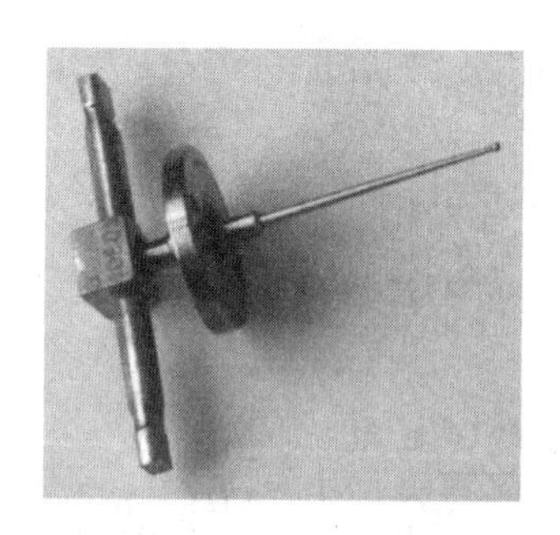

图 2-2　衔铁组件

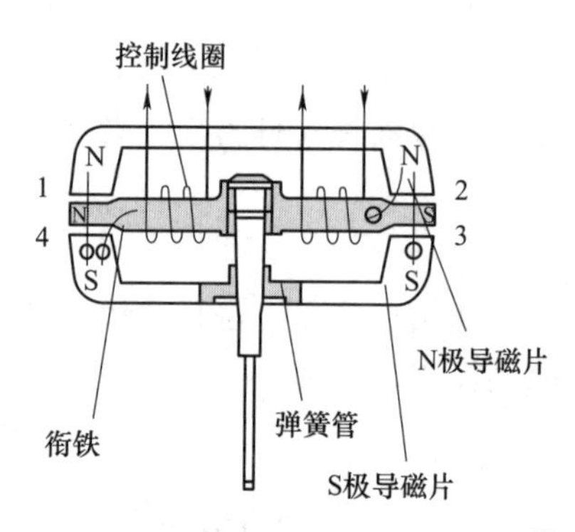

图 2-3　永磁动铁式力矩马达原理图

永磁铁将导磁片磁化为 N 极和 S 极。无电信号输入时，衔铁末端处在两导磁片间隙的中间位置。由于力矩马达结构是对称的，永久磁铁在四个工作气隙中所产生的极化磁通是相等的，因此衔铁两端所受的电磁吸力相平衡，无电磁力矩输出。当有电信号输入时，控制线圈产生控制磁通，其大小和方向取决于信号电流的大小和方向。假设在气隙 1、3 中控制磁通与极化磁通方向相同，而在气隙 2、4 中控制磁通与极化磁通方向相反，因此气隙 1、3 中的合成磁通大于气隙 2、4 中的合成磁通，于是在衔铁上产生顺时针方向的电磁力矩，使衔铁绕弹簧管转动中心顺时针方向转动。弹簧管在衔铁的作用下将发生变形，对衔铁产生逆时针的反向力矩，当弹簧管变形产生的反力矩与电磁力矩相平衡时，衔铁停止转动。如果信号电流反向，衔铁上将产生与信号电流的大小成比例的逆时针方向的电磁力矩，衔铁将绕弹簧管转动中心逆时针方向转动，同样转动到弹簧管变形产生的反力矩与电磁力矩相平衡时的位置停止。因此，衔铁的电磁力矩和转角方向与信号电流的方向有关、大小与信号电流的大小成比例。

2.2.2　电路模型

伺服阀带有标准的 4 芯电气插座（与 MS3106F14S2S 电缆插头相匹配）。力矩马达的四根引线均在插座处，所以可将力矩马达线圈外接为串联、并联、单独使用或差动等四种工作形式，如图 2-4 所示。

当双线圈并联时，输入电阻为单线圈电阻的一半，额定电流为单线圈接法时的额定电流。其特点是工作可靠，一只线圈坏了也能工作，电流和电控功率小，

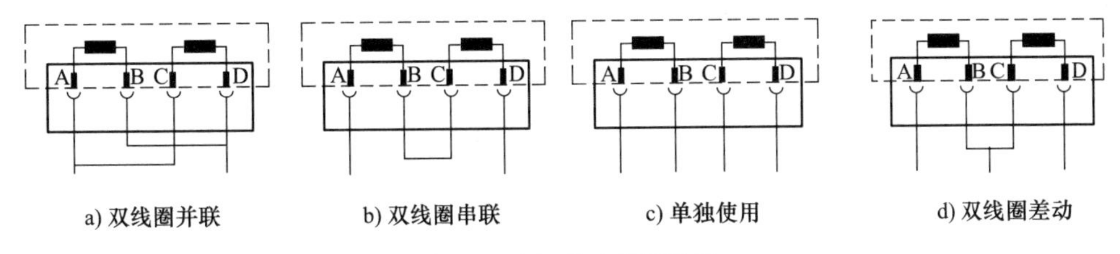

图 2-4 力矩马达线圈接法

但易受电源电压变动的影响。

当线圈串联连接时，输入电阻为单线圈电阻的两倍，额定电流值为并联连接或单线圈工作时额定电流值的一半，此种接线方法额定电流和电控功率小，易受电压变化影响。

双线圈单独使用时，一只线圈接输入，另一线圈可用来调偏、接反馈或引入颤振信号。输入电阻等于单线圈电阻，线圈电流等于额定电流。此种接法可以减小电感的影响。

双线圈差动接法时，差动电流等于额定电流，等于两倍的信号电流。其特点是不易受电子放大器和电源电压波动的影响。下面将以此种接法为例，介绍力矩马达的模型。

如图 2-5 所示，力矩马达的两个控制线圈由一个推挽直流放大器供给控制电流。放大器中有一常值电压 E_b 加到控制线圈上，使得在每个控制线圈中产生的常值电流 I_0 大小相等、方向相反，即 I_0 在两线圈中引起的控制磁通相互抵消，使衔铁不会输出电磁力矩。当给放大器输入控制电压时，控制线圈中将产生控制电流，使一个控制线圈中的电流增加，另一控制线圈中的电流减小，两控制线圈中的电流可分别表示为

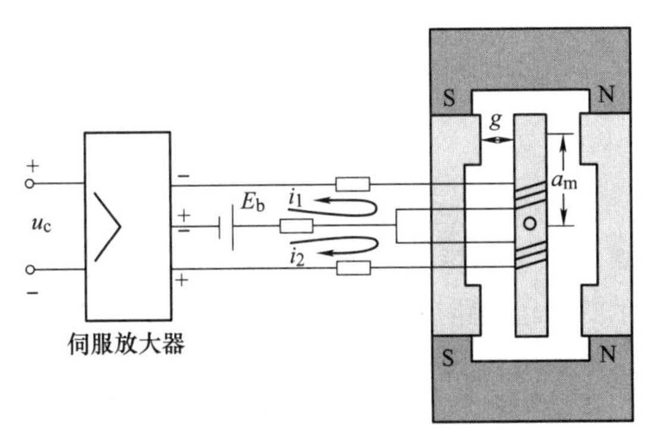

图 2-5 永磁动铁式力矩马达原理图

$$i_1 = I_0 - i \tag{2-17}$$

$$i_2 = I_0 + i \tag{2-18}$$

式中，i_1、i_2 为两线圈的总电流；I_0为每个线圈中的常值电流；i 为输入电流。

因此两个控制线圈中的差动电流为

$$\Delta i = i_2 - i_1 = I_0 + i - (I_0 - i) = 2i = i_c \tag{2-19}$$

差动电流 Δi 即为力矩马达的控制电流 i_c，其在衔铁中产生控制磁场，控制衔铁运动。

由于伺服阀放大器为深度电流负反馈的直流伺服放大器，其固有频率远大于

力矩马达，因此伺服阀放大器可简化为比例环节，其控制电流和伺服阀放大器控制电压间满足

$$i_c = K_u u_c \tag{2-20}$$

式中，K_u 为放大系数；u_c 为控制电压。

2.2.3 磁路模型

由图 2-3 和图 2-5 所示的力矩马达原理图，可建立图 2-6a 所示的力矩马达磁路简图以及与其对应的磁路分析图（图 2-6b）。图 2-6b 中，R_1、R_2、R_3和 R_4为四个工作气隙的磁阻，R_5是衔铁磁阻，R_6和 R_7是导磁片水平方向磁阻，R_8、R_9、R_{10}和 R_{11}是导磁片竖直方向的磁阻，R_{12}和 R_{13}是永磁铁磁阻；M_0 为永磁铁的极化磁动势，$N_c i_c$ 为控制电流产生的控制磁动势[22,23]。

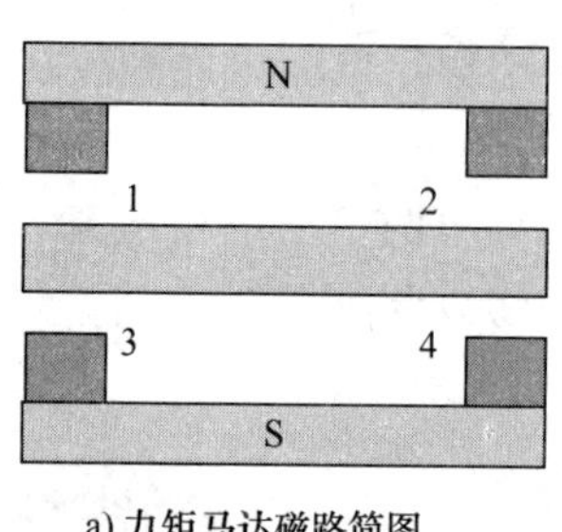

a) 力矩马达磁路简图

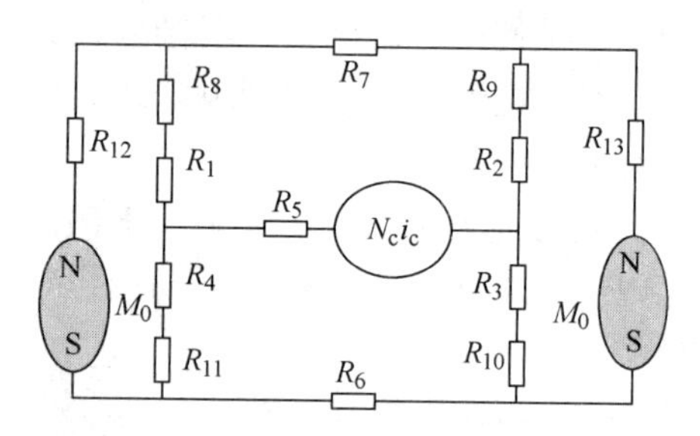

b) 力矩马达磁路分析图

图 2-6 力矩马达磁路图

若磁性材料磁阻远小于工作气隙磁阻，只考虑工作气隙磁阻，则图 2-6 可简化为图 2-7 所示的简化磁路模型图。

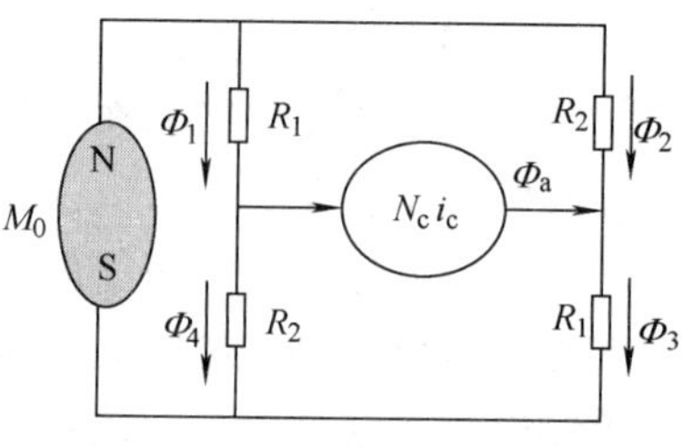

图 2-7 力矩马达简化磁路模型图

由磁阻定义可知，当衔铁位于中间位置时，每个工作气隙中产生的磁阻 R_g 为

$$R_g = \frac{g}{\mu_0 A_g} \tag{2-21}$$

式中，g 为衔铁在中位时四个工作气隙的长度（见图 2-5）；μ_0 为真气磁导率；A_g 为磁极面的面积。

衔铁端部偏离中位 x 后，1、3 之间的气隙磁阻变为

$$R_1 = R_3 = \frac{g - x}{\mu_0 A_g} = R_g\left(1 - \frac{x}{g}\right) \tag{2-22}$$

在 2、4 之间的气隙磁阻变为

$$R_2 = R_4 = \frac{g + x}{\mu_0 A_g} = R_g\left(1 + \frac{x}{g}\right) \tag{2-23}$$

式中，x 为衔铁端部（磁极面中心）偏离中位的位移（见图 2-5）。

由图 2-7 简化磁路模型图和基尔霍夫第二定律可得磁路方程

$$M_0 + N_c \Delta i_c = \Phi_1 R_1 + \Phi_3 R_3 = 2\Phi_1 R_1 \tag{2-24}$$

$$M_0 - N_c \Delta i_c = \Phi_2 R_2 + \Phi_4 R_4 = 2\Phi_2 R_4 \tag{2-25}$$

因此，可得解得通过工作气隙 1 和 3 的磁通

$$\Phi_1 = \frac{M_0 + N_c i_c}{2R_1} = \frac{M_0 + N_c i_c}{2R_g\left(1 - \dfrac{x}{g}\right)} \tag{2-26}$$

通过工作气隙 2 和 4 的磁通

$$\Phi_2 = \frac{M_0 - N_c i_c}{2R_2} = \frac{M_0 - N_c i_c}{2R_g\left(1 + \dfrac{x}{g}\right)} \tag{2-27}$$

式中，N_c为每个控制线圈的匝数；M_0 为极化磁通。

由于衔铁在中位时的极化磁通 Φ_g 和控制磁通 Φ_c 可表示为

$$\Phi_g = \frac{M_0}{2R_g} \tag{2-28}$$

$$\Phi_c = \frac{N_c i_c}{2R_g} \tag{2-29}$$

将极化磁通和控制磁通代入式（2-26）和式（2-27），可将其化为

$$\Phi_1 = \frac{\Phi_g + \Phi_c}{1 - \dfrac{x}{g}} \tag{2-30}$$

$$\Phi_2 = \frac{\Phi_g - \Phi_c}{1 + \dfrac{x}{g}} \tag{2-31}$$

由图 2-7 和基尔霍夫第一定律可知，衔铁的磁通

$$\Phi_a = \Phi_1 - \Phi_2 = \frac{2\Phi_g\left(\dfrac{x}{g}\right) + 2\Phi_c}{1 - \left(\dfrac{x}{g}\right)^2} \tag{2-32}$$

由于力矩马达工作在中位附近，因此 $\left(\dfrac{x}{g}\right)^2 \ll 1$，将其代入式（2-32）可得

$$\Phi_a = 2\Phi_g \frac{x}{g} + \frac{N_c}{R_g} i_c \tag{2-33}$$

2.2.4 转矩输出的数学模型

1. 无磁滞输出模型

衔铁所受的电磁吸力满足

$$F=\frac{\Phi^2}{2\mu_0 A_g} \tag{2-34}$$

式中，Φ 为通过气隙的磁通。

因此可得衔铁在气隙 1、3 处所受吸力 F_1，在气隙 2、4 处所受吸力 F_2分别为

$$F_1=\frac{\Phi_1^2}{2\mu_0 A_g} \tag{2-35}$$

$$F_2=\frac{\Phi_2^2}{2\mu_0 A_g} \tag{2-36}$$

由于 F_1和 F_2产生的电磁力矩相反，因此由控制磁通和极化磁通相互作用在衔铁上产生的输出电磁力矩为

$$T_d=2a_m(F_1-F_2)=\frac{a_m}{\mu_0 A_g}(\Phi_1^2-\Phi_2^2) \tag{2-37}$$

式中，a_m为衔铁转动中心到磁极面中心的距离，其与衔铁端部位移的关系满足

$$\frac{x}{a_m}=\tan\theta \tag{2-38}$$

通常力矩马达工作在中位附近，衔铁转角 θ 很小，因而 $x=\tan\theta\approx a_m\theta$ 。

将式（2-30）和式（2-31）代入式（2-37）可得

$$T_d=\frac{2N_c\Phi_g\dfrac{a_m}{g}\left(1+\dfrac{x^2}{g^2}\right)i_c+4\left(\dfrac{a_m}{g}\right)^2R_g\Phi_g^2\left(1+\dfrac{\Phi_c^2}{\Phi_g^2}\right)\theta}{\left(1-\dfrac{x^2}{g^2}\right)^2}=\frac{\left(1+\dfrac{x^2}{g^2}\right)K_t i_c+\left(1+\dfrac{\Phi_c^2}{\Phi_g^2}\right)K_m\theta}{\left(1-\dfrac{x^2}{g^2}\right)^2} \tag{2-39}$$

式中，K_t为力矩马达的中位电磁力矩系数

$$K_t=\frac{2a_m N_c\Phi_g}{g}=\frac{a_m N_c\mu_0 A_g M_0}{g^2} \tag{2-40}$$

K_m为力矩马达的中位磁弹簧刚度

$$K_m=4\left(\frac{a_m}{g}\right)^2R_g\Phi_g^2=\frac{a_m^2\mu_0 A_g M_0^2}{g^3} \tag{2-41}$$

由式（2-39）可知，只要衔铁略为偏离中位，就算没有输入电流，衔铁也会受电磁力矩之作用而偏转。越偏转则力矩越大，力矩越大则越偏转，直到衔铁碰上导磁体为止。为了使衔铁有确定的偏转角，就必须另设一个机械弹簧与衔铁连

接在一起。衔铁偏转后产生一个和偏转角成正比的机械弹簧力矩与电磁力矩平衡，这时衔铁才能停留在确定的角位移处，磁弹簧的作用与机械弹簧相反，所以可以说它是一个负弹簧。

从式（2-39）可以看出，力矩马达的输出电磁力矩受控制磁通的二次方影响，而控制磁通和控制电流成正比，因此力矩马达的输出电磁力矩和控制电流的关系是非线性的。但若力矩马达设计成$1+(\Phi_c/\Phi_g)^2\approx 1$，则力矩马达的输出电磁力矩和控制电流就可以成为线性关系，所以为改善线性度，一般取$(\Phi_c/\Phi_g)^2\ll 1$。另外，为防止衔铁被永磁体吸附，力矩马达一般设计成$|x/g|<1/3$，可近似认为$1\pm(x/g)^2\approx 1$，所以力矩马达的输出电磁力矩模型［式（2-39）］可简化为

$$T_d=K_t i_c+K_m\theta \tag{2-42}$$

式中，$K_t i_c$是衔铁在中位时，由控制电流i_c产生的输出电磁力矩，称为中位输出电磁力矩；$K_m\theta$是由衔铁偏离中位时，气隙发生变化而产生的附加输出电磁力矩，它使衔铁进一步偏离中位。这个力矩与转角成比例，相似于弹簧的特性，称为输出电磁弹簧力矩。

力矩马达的负载可以等效为由惯量-弹簧-阻尼和外负载构成的二阶系统。因此由牛顿第二定律可得，力矩马达的平衡方程为

$$T_d=K_t i_c+K_m\theta=J_a\frac{d^2\theta}{dt}+B_a\frac{d\theta}{dt}+K_a\theta+T_L \tag{2-43}$$

拉氏变换后，可得

$$K_t i_c+K_m\theta=(J_a s^2+B_a s+K_a)\theta+T_L \tag{2-44}$$

因此力矩马达的动态输出角位移的传递函数为

$$\theta=\frac{K_t i_c-T_L}{J_a s^2+B_a s+K_a-K_m} \tag{2-45}$$

式中，J_a为衔铁组件的等效转动惯量；B_a为衔铁组件的等效阻尼；K_a为衔铁组件的综合刚度；T_L为作用在衔铁上的外负载。

2. 计磁滞影响的输出模型

由于磁路中存在磁性元件，而磁性元件的磁化是磁滞非线性的，因此力矩马达的输出也呈现出磁滞非线性，精确建立力矩马达模型需要考虑磁路中磁性元件的磁滞特性。为建模方便，假设磁化过程满足两个条件：①控制磁通和极化磁通满足线性叠加性；②磁路中所有磁性元件，磁化参数和磁化过程是一样的。

由式（2-33）可得，衔铁中磁通由两部分构成，一部分为线圈产生的控制磁通，另一部分为永磁铁产生的极化磁通。若控制磁通由控制磁场产生的感应强度和衔铁磁通通流面积之积表示，衔铁中的磁通可表示为

$$\Phi_a=B_c A_a+2\Phi_g\frac{x}{g} \tag{2-46}$$

由图2-7可知，衔铁中的磁通满足

$$\Phi_a = \Phi_1 - \Phi_2 \tag{2-47}$$

极化磁通满足

$$M_0 = \Phi_1 R_1 + \Phi_2 R_2 \tag{2-48}$$

联立式（2-47）、式（2-48）可得

$$\Phi_1 = \frac{M_0 + \Phi_a R_2}{R_1 + R_2} = \frac{M_0 + \Phi_a R_2}{2R_g} = \Phi_g + \frac{\Phi_a}{2}\left(1 + \frac{x}{g}\right) \tag{2-49}$$

$$\Phi_2 = \frac{M_0 - \Phi_a R_1}{R_1 + R_2} = \frac{M_0 - \Phi_a R_1}{2R_g} = \Phi_g - \frac{\Phi_a}{2}\left(1 - \frac{x}{g}\right) \tag{2-50}$$

因此，代入式（2-37）可得

$$\begin{aligned}
T_d &= \frac{a_m}{\mu_0 A_g}(\Phi_1^2 - \Phi_2^2) = \frac{a_m}{\mu_0 A_g}(\Phi_1 - \Phi_2)(\Phi_1 + \Phi_2) = \frac{a_m}{\mu_0 A_g}\Phi_a(2\Phi_g + \Phi_a \frac{x}{g}) \\
&= \frac{a_m}{\mu_0 A_g}\left[2A_a B_c \Phi_g + (4\Phi_g^2 + A_a^2 B_c^2)\frac{x}{g} + \frac{4\Phi_g^2 x^3}{g^3} + \frac{4A_a B_c \Phi_g x^2}{g^2}\right] \\
&= \frac{a_m}{\mu_0 A_g}\Phi_g^2\left[2\frac{A_a B_c}{\Phi_g} + \left(4 + \frac{A_a^2 B_c^2}{\Phi_g^2}\right)\frac{x}{g} + \frac{4x^3}{g^3} + \frac{4A_a B_c}{\Phi_g}\frac{x^2}{g^2}\right] \\
&= \frac{a_m}{\mu_0 A_g}\Phi_g^2\left[4\frac{A_a B_c}{\Phi_g}\left(1 - \frac{x^2}{g^2}\right) - 2\frac{A_a B_c}{\Phi_g} + \left(4 + \frac{A_a^2 B_c^2}{\Phi_g^2}\right)\frac{x}{g} + \frac{4x^3}{g^3}\right]
\end{aligned} \tag{2-51}$$

由于 $(x/g)^2 \ll 1$, $(\Phi_c/\Phi_g)^2 \ll 1$, $x \approx a_m\theta$，所以式（2-51）可简化为

$$\begin{aligned}
T_d &\approx \frac{a_m}{\mu_0 A_g}\Phi_g^2\left(2\frac{A_a B_c}{\Phi_g} + 4\frac{x}{g} + \frac{4x^3}{g^3}\right) = \frac{a_m}{\mu_0 A_g}\Phi_g^2\left[2\frac{A_a B_c}{\Phi_g} + 4\frac{x}{g}\left(1 + \frac{x^2}{g^2}\right)\right] \\
&\approx \frac{a_m}{\mu_0 A_g}\Phi_g^2\left(2\frac{A_a B_c}{\Phi_g} + 4\frac{a_m\theta}{g}\right) = 2\frac{a_m}{A_g}\Phi_g A_a(H_c + M_c) + K_m\theta
\end{aligned} \tag{2-52}$$

将式（2-52）代入式（2-43）可得，计磁滞影响下力矩马达输出角位移的传递函数为

$$\theta = \frac{2\frac{a_m}{A_g}\Phi_g A_a(H_c + M_c) - T_L}{J_a s^2 + B_a s + K_a - K_m} = \frac{2a_m B_g A_a(H_c + M_c) - T_L}{J_a s^2 + B_a s + K_a - K_m} \tag{2-53}$$

2.2.5　仿真分析

1. 无磁滞影响的模型仿真

力矩马达的静态角位移特性分为，空载角位移特性和加载角位移特性。空载角位移特性是指在力矩马达输出力矩为零的条件下，力矩马达输出位移与控制电流的关系。加载角位移特性是指在负载力矩作用下，力矩马达输出位移与控制电流的关系。由于加载角位移特性曲线可由空载角位移特性曲线上下平移直接得出，因此本章主要分析空载角位移特性。

由式（2-45）可得力矩马达输出角位移的空载静态特性方程

$$\theta = \frac{K_t i_c}{K_a - K_m} \tag{2-54}$$

由式（2-54）可以看出，不计磁滞和非线性影响时，力矩马达的输出角度与控制电流成正比，其输出转角的增益随着中位电磁力矩系数 K_t 的增大而增大，随着弹簧管刚度 K_a 的增大而变小。但力矩马达正常工作时，要求 $K_a > K_m$，否则力矩马达电磁力矩将大于弹簧管的反力矩，此时衔铁被永磁体吸附。

将表 2-1 中的参数代入式（2-54），仿真可得力矩马达空载角位移的静态特性曲线，如图 2-8 所示。由式（2-42）可得，力矩马达零位移输出时，输出力矩的静态特性曲线如图 2-9 所示，

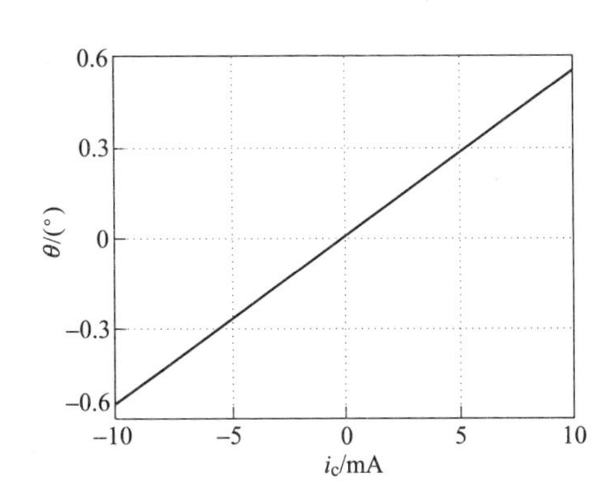

图 2-8 力矩马达空载角位移的静态特性曲线

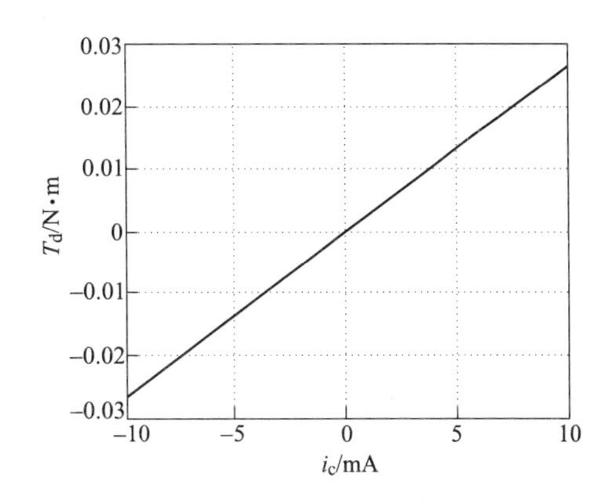

图 2-9 力矩马达输出电磁力矩的静态特性曲线

由图 2-8 和图 2-9 可知，在控制电流为−10～10mA 时，空载时输出角位移为−0.55°～0.55°，输出角位移为零时的输出电磁力矩范围为−0.026～0.026N·m。在 $1\pm(x/g)^2 \approx 1$，$1\pm(\Phi_c/\Phi_g)^2 \approx 1$，$x \approx a_m\theta$ 条件且不考虑磁滞影响时，力矩马达在−10～10mA 控制电流下，其静态特性曲线为线性。

表 2-1 某伺服阀力矩马达结构参数

物理量名称及代号	参数	物理量名称及代号	参数
衔铁组件的转动惯量 J_a	1.78×10^{-7}kg·m²	极化磁通 Φ_g	4.486×10^{-6} Wb
力矩马达磁弹簧刚度 K_m	7.43N·m/rad	衔铁组件的等效阻尼 B_a	0.002N·m·s/rad
衔铁组件的综合刚度 K_a	10.18N·m/rad	饱和磁化强度 M_s	1530000A/m
中位气隙磁阻 R_g	2.46×10^{-7} H^{-1}	无磁滞磁化强度形状因子 a	7200A/m
中位气隙长度 g	0.25mm	钉扎损耗磁场强度 k	2000 A/m
衔铁转动力臂 a_m	14.5mm	可逆系数 c	0.9
中位电磁力矩系数 K_t	2.65N·m/A	参数 α'	0.001
磁极面的面积 A_g	8.1 mm²	控制线圈匝数 N_c	3800 匝

力矩马达的动态性能由传递函数式（2-45）确定，忽略负载后，将表 2-1 中的参数代入式（2-45）可得力矩马达的动态方程

$$\theta = \frac{2.65}{1.78 \times 10^{-7}s^2 + 2 \times 10^{-3}s + 10.18 - 7.43} i_c \qquad (2\text{-}55)$$

通过 MATLAB 仿真可得力矩马达的频率响应曲线，如图 2-10 所示。在 10mA 额定电流下，力矩马达的阶跃响应曲线如图 2-11 所示。

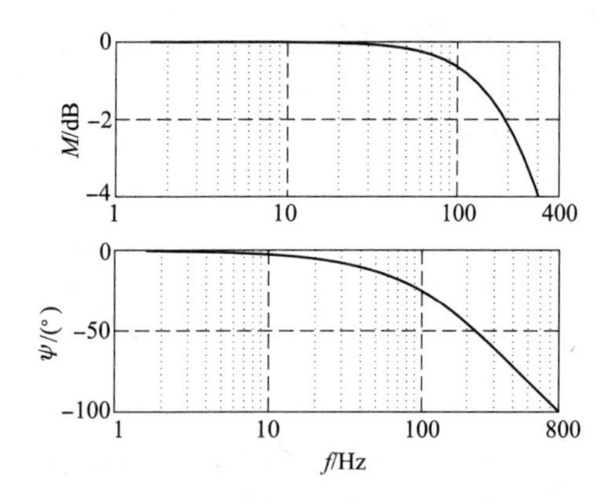

图 2-10　力矩马达的频率响应曲线

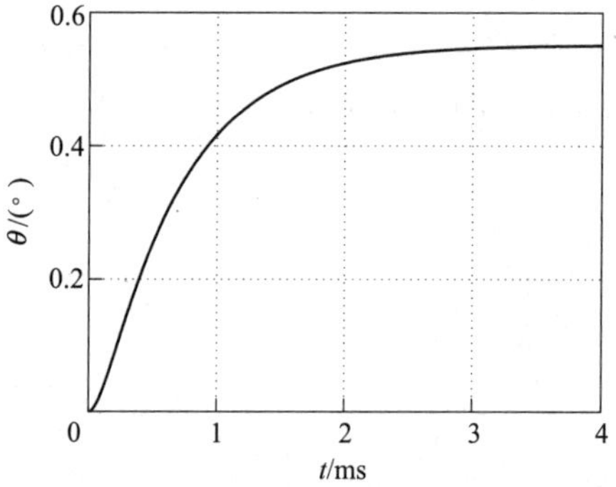

图 2-11　力矩马达的阶跃响应曲线

由图 2-10 可知，在表 2-1 参数下，力矩马达的仿真幅频宽（幅值下降−3dB 的频率点）为 249Hz，相频宽（相位滞后 90°的频率点）约为 626Hz。由图 2-11 可知，在表 2-1 参数下，力矩马达的响应时间<2ms。

2. 计磁滞影响的模型仿真

由于铁磁体的磁化存在磁滞与磁饱和非线性，因此，在控制电流较大时，力矩马达也存在磁滞与磁饱和现象。图 2-12 为由 2.1 节所描述的控制磁场强度和控制磁感应强度之间的关系式建立起来的 Simulink 仿真图，其仿真结果如图 2-13 所示。

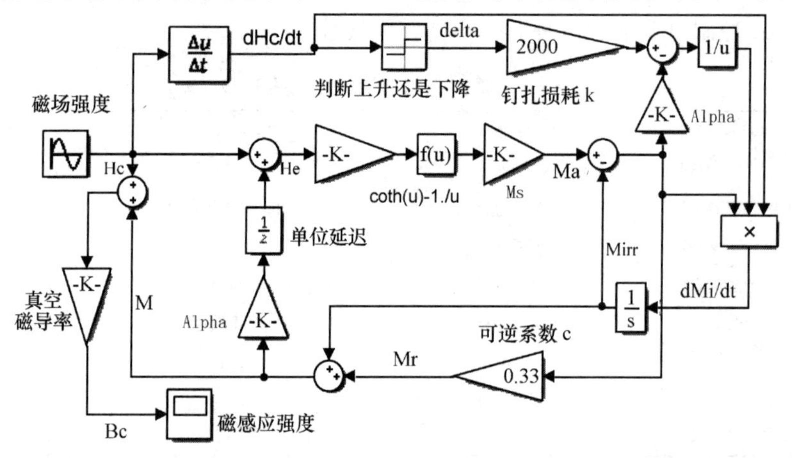

图 2-12　铁磁体磁化的 Simulink 仿真图

由图 2-13 可知，铁磁体在未达到磁饱和之前，控制磁感应强度随着控制磁场强度的增大而增大，但两者之间的关系曲线是非线性的，且存在磁滞滞环。在控制磁场强度等于零的附近，控制磁感应强度随着磁场变化最快，两者之间线性最好。

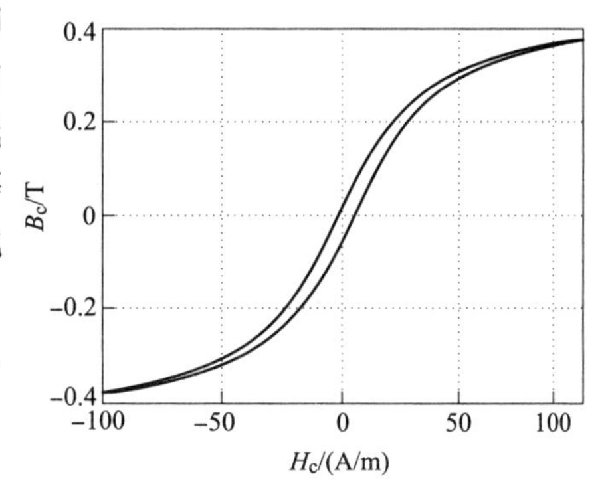

图 2-13 铁磁体磁化的磁滞曲线

由式（2-53）可知，若考虑磁滞影响时，力矩马达的空载静态输出角位移传递函数为

$$\theta = \frac{2a_m B_g A_a (H_c + M_c) - T_L}{K_a - K_m} \tag{2-56}$$

结合图 2-12 所示铁磁体磁化的 Simulink 仿真图可得，计磁滞影响的力矩马达输出特性的数学模型 Simulink 仿真图如图 2-14 所示。

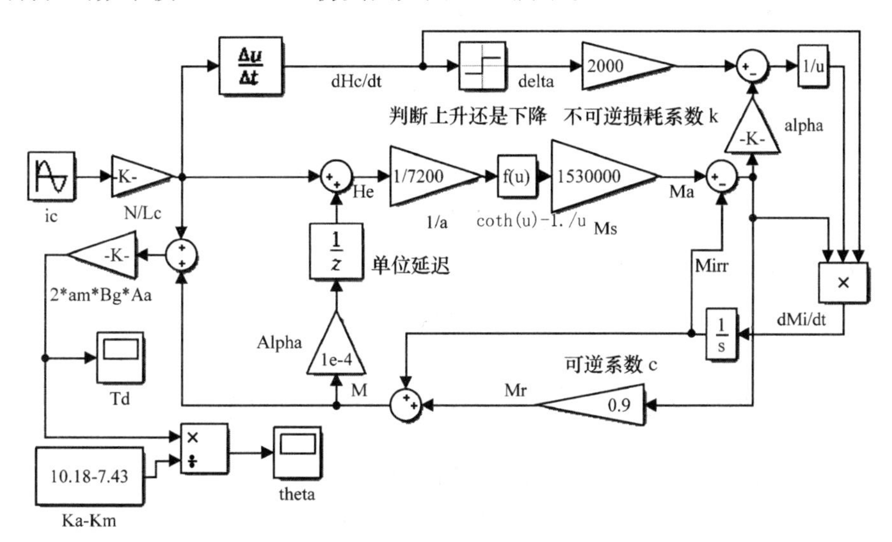

图 2-14 计磁滞影响的力矩马达输出特性的数学模型 Simulink 仿真图

代入表 2-1 中参数，仿真可得空载条件下力矩马达的输出角位移和输出电磁力矩的特性曲线，分别如图 2-15 和图 2-16 所示。在-10～10mA 控制电流时，所给力矩马达的空载输出角位移为-0.517°～0.517°，输出电磁力矩范围为-0.0248～0.0248N·m。

2.2.6 优化与设计准则

由式（2-39）可知，力矩马达静态性能的主要设计参数为中位电磁力矩系数、中位电磁弹簧刚度。

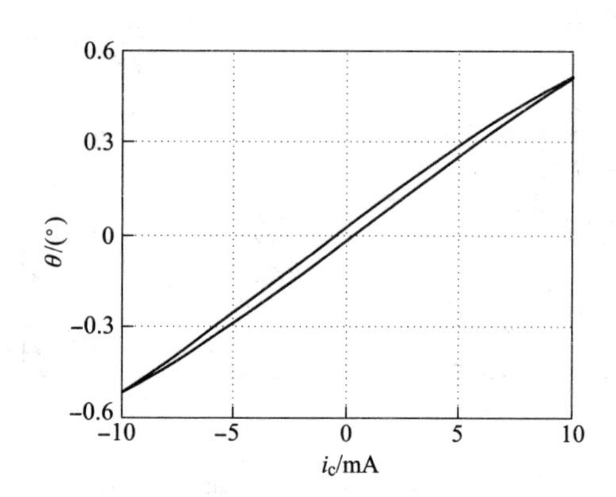

图 2-15　计磁滞影响的力矩马达输出角位移特性曲线

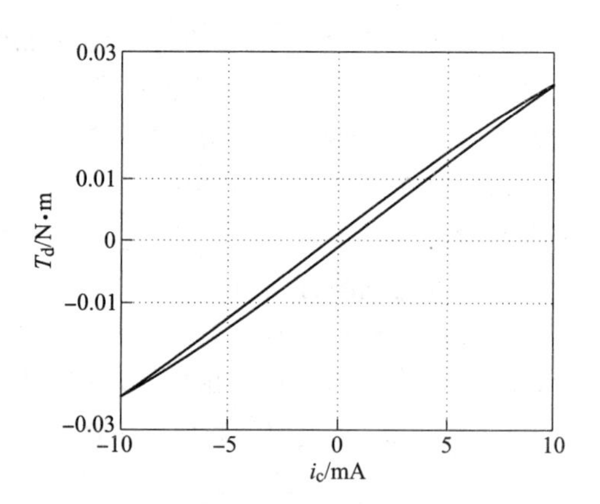

图 2-16　计磁滞影响的力矩马达输出电磁力矩特性曲线

为分析各参数对力矩马达的影响因素，对控制磁通和力矩马达的输出角位移进行无因次处理，令

$$\alpha=\frac{\Phi_c}{\Phi_g}=\frac{N_c i_c}{2\Phi_g R_g} \tag{2-57}$$

$$\beta=\frac{x}{g}\approx\frac{a_m}{g}\theta \tag{2-58}$$

则通过数学代换，力矩马达的输出电磁力矩模型式（2-39）可化为如下形式

$$\frac{T_d}{(g/a_m)K_m}=\frac{(\alpha+\beta)(1+\alpha\beta)}{(1-\beta^2)^2} \tag{2-59}$$

由力矩马达的动态方程式（2-43）可知，在稳态时力矩马达的输出电磁力矩满足

$$T_d=K_a\theta+T_L \tag{2-60}$$

进一步将其代入式（2-59）可得带负载的力矩马达静态方程

$$\frac{K_m}{K_a}(\alpha+\beta)(1+\alpha\beta)=(1-\beta^2)^2\beta+(1-\beta^2)^2\frac{\alpha}{gK_a}T_L \tag{2-61}$$

由于空载曲线比较重要，需要对空载情况下静态方程单独研究。在空载时，由式（2-61）可得，无因次的控制磁通和输出角位移的关系如下。

$$\alpha=\frac{1+\beta^2}{2\beta}\left\{\sqrt{1+\frac{K_m}{K_a}\left[\frac{2\beta(1-\beta^2)}{1+\beta^2}\right]^2-\left(\frac{2\beta}{1+\beta^2}\right)^2}-1\right\} \tag{2-62}$$

取不同的 K_m/K_a 值，可画出无因次的控制磁通和输出位移的关系曲线，如图 2-17 所示。

由图 2-17 可知，当 $|x/g|>1/3$ 时，无论 K_m/K_a 的如何取值，衔铁都处于静不稳定状态。虽然静稳定极限与弹簧参数无关，但使衔铁出现静不稳定的最大控制

磁通随 K_m/K_a 减小而增加，同时此力矩马达的输出增益（或曲线的斜率）随 K_m/K_a 的增大而增大。

由力矩马达的无因次输出模型式（2-62）和图2-17均可以看出，力矩马达的控制磁通和输出位移是非线性的，其线性度主要与 Φ_c/Φ_g 和 K_m/K_a 的取值有关。由前面所述可知，当 $(\Phi_c/\Phi_g)^2 \ll 1$ 时，Φ_c/Φ_g 引起的非线性影响可以忽略，因此力矩马达的线性度主要由 K_m/K_a 来控制，力矩马达一般要求其值小于0.4，但有时可以根据需要适当超过。

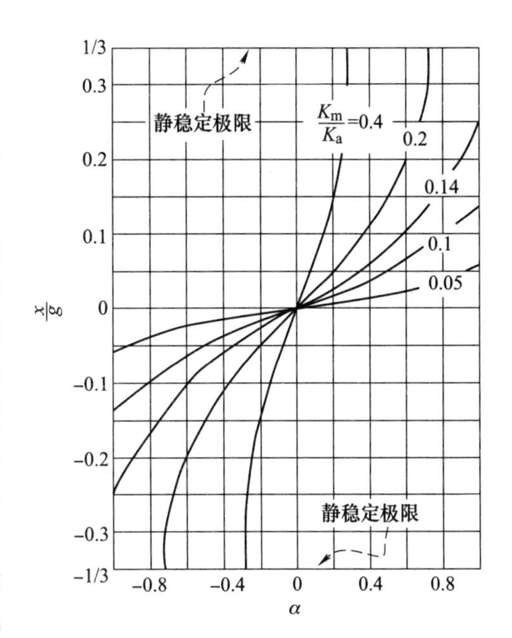

图2-17　力矩马达的无因次特性曲线

由式（2-45）可知，衔铁组件的综合刚度、衔铁组件的等效阻尼等参数影响着力矩马达的动态性能，是力矩马达动态性能的主要设计参数。

由力矩马达输出的动态方程式（2-45）可得电流到输出角位移的传递函数

$$\frac{\theta}{i_c}=\frac{K_t}{J_a s^2+B_a s+K_a-K_m}=\frac{K_t}{K_a\left(1-\frac{K_m}{K_a}\right)}\frac{1}{\frac{s^2}{\omega_m^2\left(1-\frac{K_m}{K_a}\right)}+\frac{B_a}{K_a\left(1-\frac{K_m}{K_a}\right)}s+1} \tag{2-63}$$

式中，ω_m 为衔铁组件的固有频率，其取值为

$$\omega_m=\sqrt{\frac{K_a}{J_a}} \tag{2-64}$$

由式（2-63）所表示的二阶系统可知，提高 ω_m 将能够提高力矩马达的响应速度和频宽。若提高衔铁固有频率，应尽量减小衔铁的转动惯量 J_a，增加弹簧管刚度 K_a。

取 K_m/K_a 的比值为0.2、0.4、0.8，分别代入式（2-63）仿真计算，可得 K_m/K_a 对力矩马达动态响应曲线的影响。由图2-18和图2-19可知，K_m/K_a 对力矩马达的稳定性影响较小，对稳态值影响较大。K_m/K_a 值越小，力矩马达的幅频宽和相频宽越低，响应速度越慢，但相同控制电流下可以产生较大的角位移，即产生相同位移，K_m/K_a 较小时需要的控制电流更小。

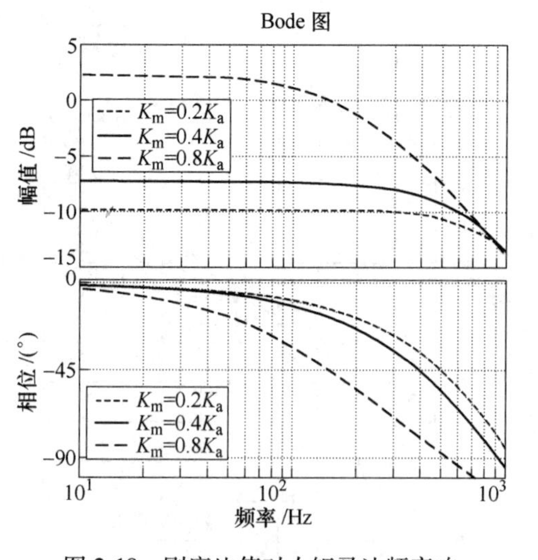

图 2-18　刚度比值对力矩马达频率响应的影响

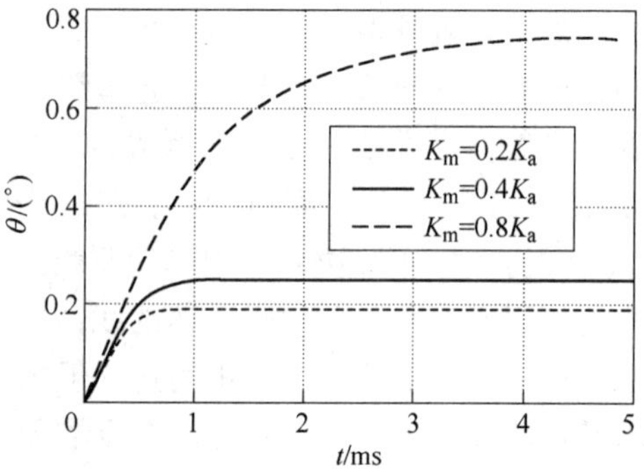

图 2-19　刚度比值对力矩马达时域响应的影响

取衔铁组件的等效阻尼 B_a 分别为 0.0005N · m · s/rad、0.001N · m · s/rad、0.002N · m · s/rad，分别代入式（2-63）仿真计算，可得等效阻尼 B_a 对力矩马达动态性能的影响，如图 2-20 和图 2-21 所示。由频域分析结果可知，等效阻尼 B_a 对力矩马达的幅频宽影响显著但不影响相频宽，等效阻尼越小，力矩马达的幅频宽越大，系统稳定性变差，如在 B_a = 0.0005N · m · s/rad 时，幅频特性曲线出现谐

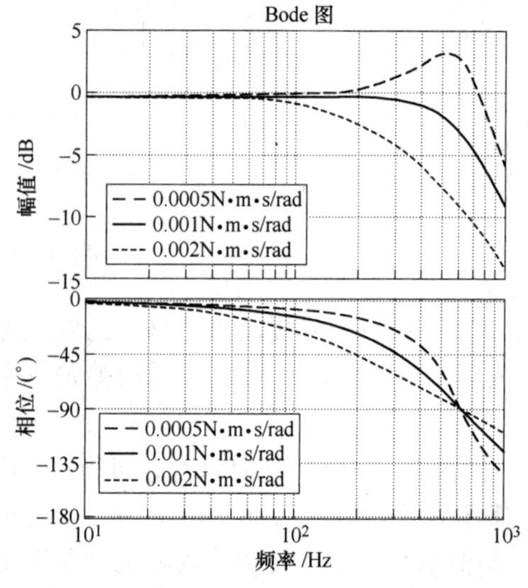

图 2-20　阻尼对力矩马达频率响应的影响曲线

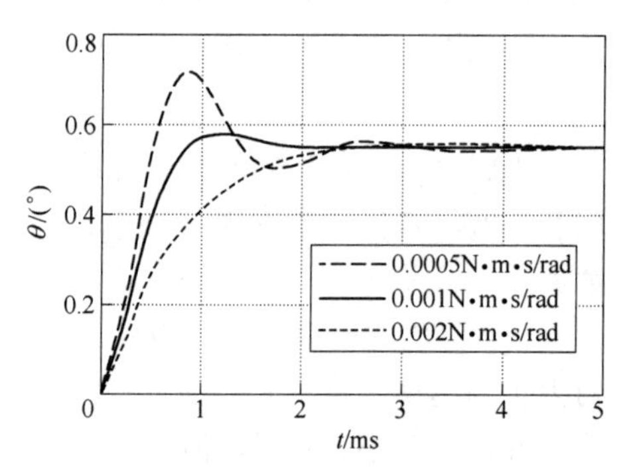

图 2-21　阻尼对力矩马达时域响应的影响曲线

振。由时域分析结果可知，等效阻尼 B_a 对稳态值没有影响，稳态调节时间也接近，但对上升时间和超调量影响显著。$B_a = 0.0005\text{N}\cdot\text{m}\cdot\text{s/rad}$ 时，系统有较大超调，上升时间约为 0.5ms；$B_a = 0.001\text{N}\cdot\text{m}\cdot\text{s/rad}$ 时，系统超调明显降低，但响应时间增大不多，上升时间约为 0.7ms；$B_a = 0.002\text{N}\cdot\text{m}\cdot\text{s/rad}$ 时，系统响应时间较慢，上升时间接近 2ms。

由上分析可得力矩马达的设计准则如下：

1）为降低力矩马达的输出电磁力矩和角位移的非线性，一般取 $(\Phi_c/\Phi_g)^2 \ll 1$，$(x/g)^2 \ll 1$。

2）为防止衔铁被永久磁体吸附，确保力矩马达的稳定性，力矩马达一般设计成 $|x/g| < 1/3$。

3）为提高力矩马达静态特性曲线的线性，要求 $K_m/K_a < 0.4$。

4）为提高力矩马达输出角位移的增益，要求提高刚度比值 K_m/K_a。

5）K_m/K_a 的值越小，力矩马达的频宽越大，响应速度越快，但产生相同角位移，需要更大的控制电流。

6）衔铁组件的等效阻尼越小，稳定性越差。无阻尼时，系统不稳定，频域和时域的响应速度随着等效阻尼的降低而提高。

由上所述可知，力矩马达的有些设计准则是相冲突的，因此设计力矩马达通常采用试验和计算相结合的方法，确定其中难以确定的参数及其结构参数。

2.3　力马达的数学模型与仿真分析

2.3.1　结构与工作原理

本节分析的力马达为永磁动铁式力马达，其通常作为直动式电液伺服阀电-机转换器，其外观和结构分别如图 2-22 和图 2-23 所示。

图 2-22　永磁动铁式力马达外观

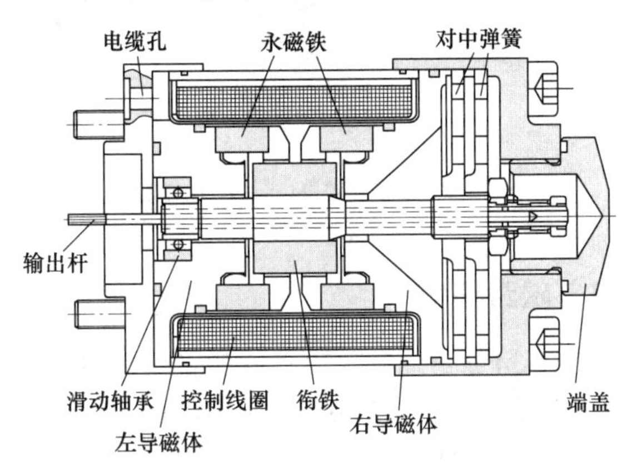

图 2-23　永磁动铁式力马达的结构原理图

此力马达是永磁式差动马达，其仍是基于电磁力原理工作的，主要由控制线圈、两个极性相反安装的永磁铁、衔铁组件（包括衔铁、与衔铁相连的输出杆）、对中弹簧、马达壳体、滑动轴承、端盖、左右导磁体等构成。衔铁组件由螺纹连接到对中弹簧上。通过旋转衔铁组件的螺纹，可以调整由衔铁左、右端面和对应的导磁体端面构成的两个工作气隙之间的距离。对中弹簧要求具有足够大的刚度，保证在衔铁偏离中位的额定工作范围内，力马达能稳定可靠地工作，在切断系统信号电流时，弹簧力足以克服滑阀摩擦力，使阀芯回到中位，使其整个阀具有失效对中功能。为减小衔铁组件在运动过程中受到的摩擦力，在衔铁组件左端采用滑动轴承进行支撑。阀芯与马达之间通过连杆相接，一端与阀芯直接连接，另一端通过螺纹固定在马达衔铁组件上，通过拧动连杆螺纹，可以调节滑阀的液压零位。

如图 2-24a 所示，当输入电流为零时，衔铁位于中位，由于左、右两个工作气隙的距离相等，永磁铁在两个工作气隙处产生的固定磁通也相等，衔铁两端所受磁力相等，方向相反，衔铁所受合外力为零，力马达不输出位移。如图 2-24b 所示，当控制线圈通电，两个工作气隙处产生控制磁通。控制磁通与固定磁通之间相互作用，使马达产生推动衔铁组件运动的驱动力，该力的大小与所输入电流大小成比例。马达运动是双向的，当马达输入电流为正时，马达产生正向驱动力，推动衔铁组件朝正向运动；当马达输入电流为负时，产生负向驱动力，推动衔铁组件反向运动。

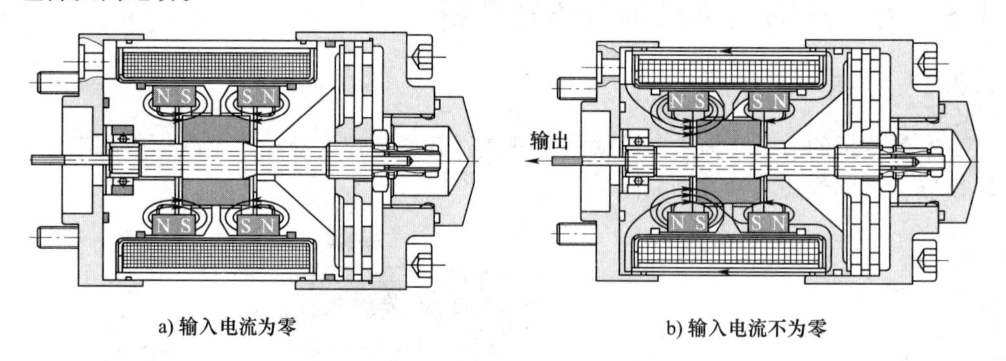

a) 输入电流为零　　　　b) 输入电流不为零

图 2-24　永磁动铁式力马达的工作原理图

2.3.2　磁路模型

由图 2-24 永磁动铁式力马达的工作原理图，可得力马达的磁路简化原理图，如图 2-25 所示。图 2-25 中由外壳、左右导磁体、左右气隙磁阻和衔铁构成控制磁通回路；极化磁通回路分左右两个，左边回路由左边永磁铁、左导磁体、衔铁构成；右边回路由右边永磁铁、右导磁体、衔铁构成。若设 R_1 为左导磁体和衔铁间的磁阻，R_2 为右导磁体和衔铁间之间的磁阻，则依据力马达的磁路简化原理图可得力马达的磁路计算图，如图 2-26 所示。

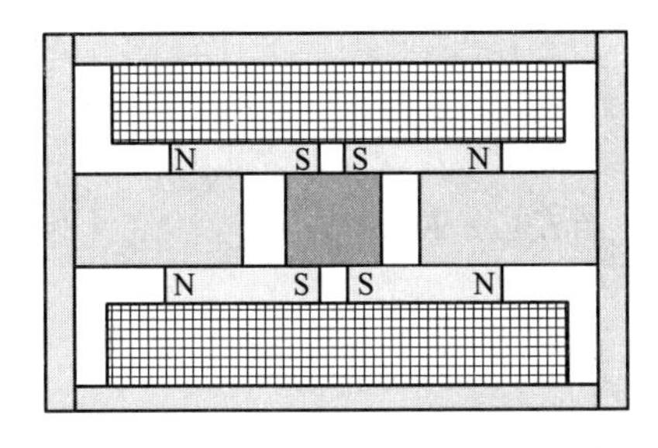

图 2-25　力马达的磁路简化原理图

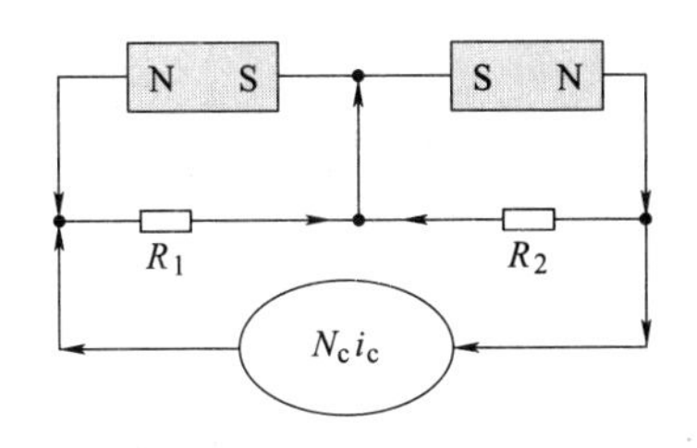

图 2-26　力马达的磁路计算图

假设永磁铁的磁阻远大于气隙产生的磁阻，控制磁通主要从气隙穿过，则由图 2-26 得通过气隙磁阻 1 的磁通

$$\Phi_1 = \frac{M_0}{R_1} + \frac{N_c i_c}{R_1 + R_2} = \frac{M_0}{R_1} + \frac{N_c i_c}{2R_g} \tag{2-65}$$

通过气隙磁阻 2 的磁通

$$\Phi_2 = \frac{M_0}{R_2} + \frac{N_c i_c}{R_1 + R_2} = \frac{M_0}{R_2} - \frac{N_c i_c}{2R_g} \tag{2-66}$$

式中，磁阻 R_1、R_2 取值见式（2-22）和式（2-23）。

由于衔铁在中位时的极化磁通 Φ_g 和控制磁通 Φ_c 取值为

$$\Phi_g = \frac{M_0}{2R_g} \tag{2-67}$$

$$\Phi_c = \frac{N_c i_c}{2R_g} \tag{2-68}$$

将极化磁通和控制磁通代入式（2-26）和式（2-27）可得

$$\Phi_1 = \frac{\Phi_g}{1 - \dfrac{x}{g}} + \Phi_c \tag{2-69}$$

$$\Phi_2 = \frac{\Phi_g}{1 + \dfrac{x}{g}} - \Phi_c \tag{2-70}$$

2.3.3　力输出的数学模型

1. 无磁滞输出模型

由图 2-26 和图 2-24 永磁动铁式力马达的工作原理可知，力马达的输出力 F 为左、右导磁体对衔铁的电磁作用力之差，将式（2-69）和式（2-70）代入式（2-34），可得力马达的输出力

$$F=\frac{1}{2\mu_0A_g}(\Phi_1^2-\Phi_2^2)=\frac{1}{2\mu_0A_g}\left[\left(\frac{\Phi_g}{1-\frac{x}{g}}+\Phi_c\right)^2-\left(\frac{\Phi_g}{1+\frac{x}{g}}-\Phi_c\right)^2\right]$$

$$=\frac{\Phi_g}{1-\left(\frac{x}{g}\right)^2}\frac{N_ci_c}{g}+\frac{2}{\mu_0A_g}\left[\frac{\Phi_g}{1-\left(\frac{x}{g}\right)^2}\right]^2\frac{x}{g}=K_ti_c+K_mx \tag{2-71}$$

式中，电磁力系数

$$K_t=\frac{\Phi_g}{1-\left(\frac{x}{g}\right)^2}\frac{N_c}{g} \tag{2-72}$$

磁弹簧刚度为

$$K_m=\frac{2}{\mu_0A_gg}\left[\frac{\Phi_g}{1-\left(\frac{x}{g}\right)^2}\right]^2 \tag{2-73}$$

由式（2-72）和式（2-73）中可以看出，K_t和K_m不是常数，它们会随着衔铁位移和控制磁通的变化而变化，因此永磁动铁式力马达的输出力与控制电流以及衔铁位移之间的关系是非线性的。

为了采用线性分析方法进行研究，将式（2-72）和式（2-73）可以做进一步的简化，力马达经常工作在零位附近，此时$(x/g)^2\ll1$，代入式（2-72）和式（2-73），可得中位电磁力系数和中位磁弹簧刚度

$$K_{t0}=\frac{\Phi_gN_c}{g} \tag{2-74}$$

$$K_{m0}=\frac{2\Phi_g^2}{\mu_0A_gg} \tag{2-75}$$

永磁动铁式力马达负载可以等效为由惯量-弹簧-阻尼和外负载构成的二阶系统，因此其动态平衡方程为

$$F=K_ti_c+K_mx=m_a\frac{\mathrm{d}^2x}{\mathrm{d}t}+B_a\frac{\mathrm{d}x}{\mathrm{d}t}+K_ax+F_L \tag{2-76}$$

进一步可得动态输出位移的传递函数

$$x=\frac{K_ti_c-F_L}{m_as^2+B_as+K_a-K_m} \tag{2-77}$$

式中，m_a为衔铁组件的等效质量；B_a为衔铁组件的等效阻尼；K_a为衔铁组件的综合刚度；F_L为作用在衔铁上的外负载。

2. 磁滞输出模型

由于铁磁体磁化是磁滞非线性的，因此基于电磁吸力原理工作的力马达输出

也是磁滞非线性的。为方便建模，认为磁化过程满足如下两条假设：①控制磁通和极化磁通满足线性叠加性；②磁路中所有磁性元件，磁化参数和磁化过程是一样的。

由力马达的结构可知，控制磁场在衔铁中产生的磁感应强度近似等于气隙中的控制磁感应强度，因此气隙中的控制磁通

$$\Phi_c = B_c A_g \tag{2-78}$$

式中，B_c为控制磁场在衔铁中产生的磁感应强度，其值由式（2-7）求出。

因此，永磁动铁式力马达的输出力可表示为

$$F = \frac{1}{2\mu_0 A_g}\left[\left(\frac{\Phi_g}{1-\frac{x}{g}}+\Phi_c\right)^2-\left(\frac{\Phi_g}{1+\frac{x}{g}}-\Phi_c\right)^2\right] = \frac{\Phi_g}{1-\left(\frac{x}{g}\right)^2}\frac{2B_c}{\mu_0}+K_m x \tag{2-79}$$

零位附近，取$(x/g)^2 \ll 1$，则式（2-79）可简化为

$$F = \frac{2\Phi_g}{\mu_0}B_c + K_m x \tag{2-80}$$

由式（2-80）可知，同力矩马达的特性，如果没有外力的干涉下，只要衔铁略为偏离中位，就算没有输入电流，衔铁也会受电磁力作用而移动。移动位移越大则力越大，力越大则越移动，直到衔铁碰上导磁体为止。为了使衔铁有确定的移动位移，就必须设计一个机械弹簧与衔铁连接在一起，使衔铁时刻受到与其位移正比，运动方向相反的弹簧力。当衔铁运动到弹簧力与电磁力平衡的位置时，衔铁停止运动，这样就保证了衔铁位移与电磁力成正比。

将式（2-77）中$K_t i_c$用$2\Phi_g B_c/\mu_0$替换，可得计磁滞影响时，永磁动铁式力马达的动态输出位移的传递函数

$$x = \frac{\Phi_g\frac{2B_c}{\mu_0}-F_L}{m_a s^2+B_a s+K_a-K_m} = \frac{2\Phi_g(H_c+M_c)-F_L}{m_a s^2+B_a s+K_a-K_m} \tag{2-81}$$

2.3.4 仿真分析

1. 无磁滞影响的模型仿真

由式（2-77）可得力马达的空载静态输出位移

$$x = \frac{K_t i_c}{K_a-K_m} = \frac{K_{t0}}{1-\frac{x^2}{g^2}}\frac{i_c}{K_a-K_{m0}\frac{1}{\left(1-\frac{x^2}{g^2}\right)^2}} = \frac{K_{t0}i_c}{K_a\left(1-\frac{x^2}{g^2}\right)-K_{m0}\left(1-\frac{x^2}{g^2}\right)^{-1}} \tag{2-82}$$

由上式可知，x 关于 i 的函数不易写成显式形式，将上式转换为如下函数

$$i_c = \frac{x}{K_{t0}}\left[K_a\left(1-\frac{x^2}{g^2}\right)-K_{m0}\left(1-\frac{x^2}{g^2}\right)^{-1}\right] \tag{2-83}$$

将表 2-2 中参数代入式（2-83），取 x 的范围为$-0.5\sim0.5$mm，然后将所得结果坐标轴互换，可得永磁动铁式力马达的空载位移特性曲线，如图 2-27 所示。

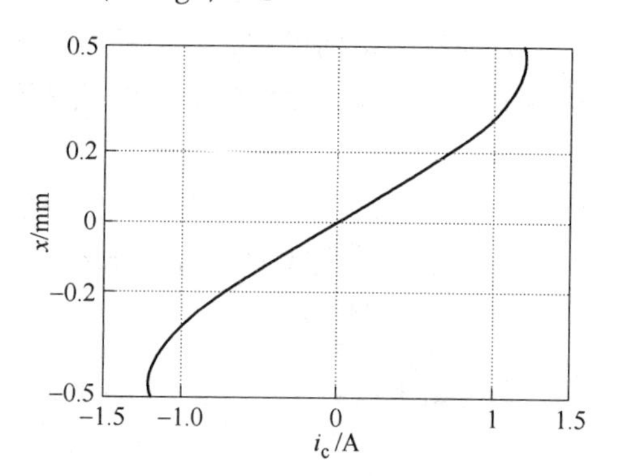

图 2-27　永磁动铁式力马达的空载位移特性曲线

由图 2-27 可知，在表 2-2 参数下，力马达控制电流在$-1\sim1$A 内变化时，力马达输出位移和控制电流的关系曲线接近线性，超过范围非线性明显。因此为提高力马达输出曲线的线性性能，控制电流不应设计的过大，应使力马达工作在线性度较好的区域。因此力马达输出位移在一定范围内，力马达的输出位移和电流的关系曲线可认为是线性的，在此范围内驱动下，力马达输出位移可以写成控制电流的比例形式。

由式（2-82）可得，在零位附近时力马达的空载静态输出位移

$$x = \frac{K_{t0}}{K_a - K_{m0}} i_c \tag{2-84}$$

由式（2-71）可知，在输出位移为零时，力马达的最大静态输出力

$$F = K_{t0} i_c \tag{2-85}$$

将表 2-2 中参数代入式（2-84）和式（2-85）可得，在零位附近，不计磁滞影响的力马达空载静态位移和最大静态力输出特性曲线，如图 2-28 所示。与图 2-27 对比可知，在控制电流为$-1\sim1$A 时，由式（2-84）和由式（2-83）绘制的力马达空载静态特性曲线十分接近，因此力马达输出位移不大时，可用式（2-84）表示力马达空载静态特性。

表 2-2　某型 DDV 的力马达仿真参数

物理量名称及代号	参数	物理量名称及代号	参数
马达等效质量 m_a	0.03kg	磁极面的面积 A_g	200mm^2
控制线圈匝数 N_c	600 匝	极化磁通 Φ_g	1×10^{-4} Wb
复位弹簧刚度 K_a	280N/mm	衔铁组件的等效阻尼 B_a	200N · s/m
中位气隙长度 g	1 mm	饱和磁化强度 M_s	765000A/m

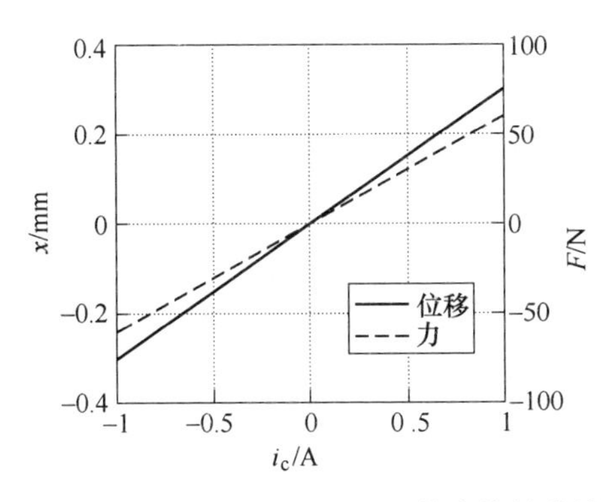

图 2-28　无磁滞影响的力马达静态特性曲线

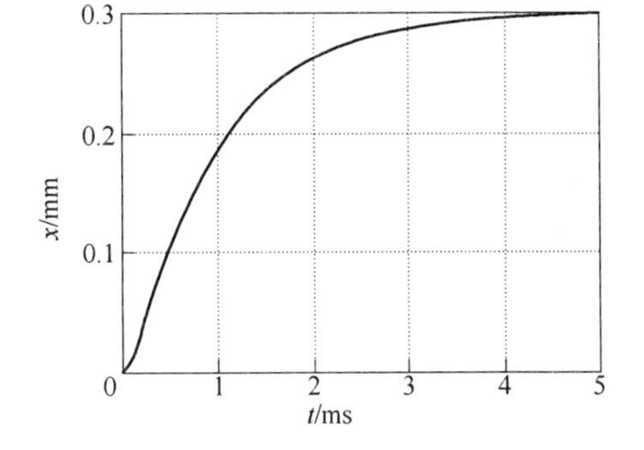

图 2-29　力马达的单位阶跃响应曲线

由图 2-28 可知，在表 2-2 参数下，力马达控制电流在−1～1A 变化时，输出位移范围为−0.3～0.3mm，输出力范围−60～60N。

由上述分析可知，可用线性模型式（2-77），分析力马达的动态性能。将表 2-2 中参数代入式（2-77），可得力马达输出位移的空载动态性能曲线如图 2-29 和图 2-30 所示。在 1A 阶跃电流输入下，所给力马达为过阻尼系统，上升时间约为 3ms，稳态时间小于 4.5ms，稳态位移 0.3mm；幅频宽接近 175Hz，相频宽接近 504Hz。

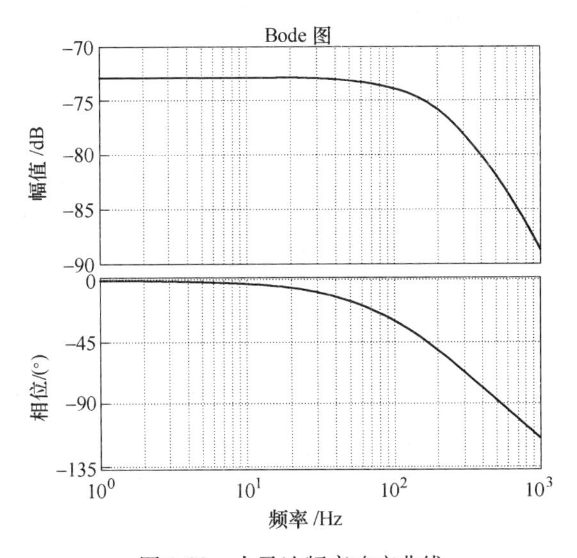

图 2-30　力马达频率响应曲线

2. 计磁滞影响的模型仿真

由于铁磁体磁化是磁滞非线性的，因此基于电磁吸力原理工作的力马达输出也是磁滞非线性的，由式（2-81）可知，计磁滞影响时，在零位附近力马达空载静态输出位移为

$$x \approx 2\Phi_g \frac{H_c + M_c}{K_a - K_{m0}} \tag{2-86}$$

由式（2-80）可知，在输出位移为零时，计磁滞影响的力马达最大静态输出力为

$$F \approx 2\Phi_g (H_c + M_c) \tag{2-87}$$

将表 2-2 中参数代入式（2-86）和式（2-87）并结合图 2-12 所建的仿真图，可得在零位附近，计磁滞影响的力马达空载静态位移和静态输出力特性曲线，如图 2-31 所示。

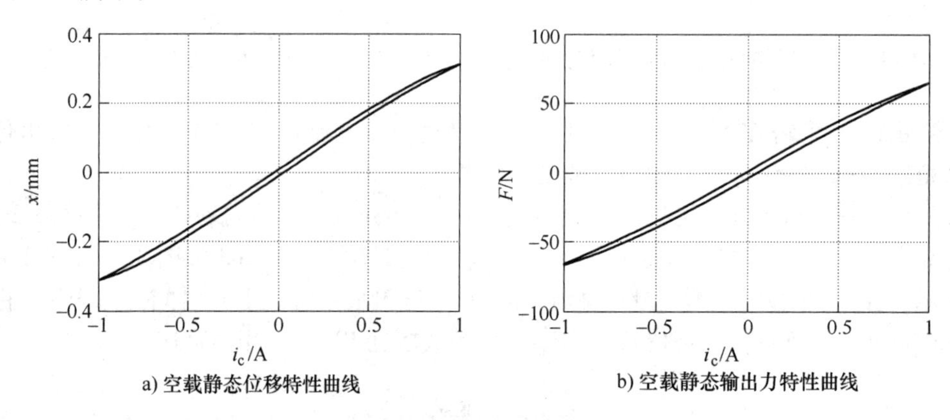

a) 空载静态位移特性曲线　　b) 空载静态输出力特性曲线

图 2-31　计磁滞影响的力马达静态特性曲线

由图 2-31 可知，在表 2-2 参数下，力马达的静态输出位移和输出力在计磁滞影响时，显然线性变差。在−1～1A 控制电流下，输出位移−0.31～0.31mm，输出力−64.6～64.6N。对比图 2-28 可知，力马达的静态特性曲线线性度变差且存在非线性磁滞滞环。

2.3.5　优化与设计准则

由式（2-72）和式（2-73）可知，电磁力系数 K_t 和磁弹簧刚度 K_m 随力马达相对位移 x/g（即力马达位移与中位气隙长度的比值）的变化而变化。为分析这种变化规律，又得到比较通用性的结果，将电磁力系数和磁弹簧刚度也无因次化处理。

由式（2-72）与式（2-74）可知，电磁力系数与零位电磁力系数的比值为

$$\frac{K_t}{K_{t0}} = \frac{1}{1 - \left(\frac{x}{g}\right)^2} \tag{2-88}$$

由式（2-73）与式（2-75）可知，磁弹簧刚度与零位磁弹簧刚度的比值为

$$\frac{K_m}{K_{m0}} = \left[1 - \left(\frac{x}{g}\right)^2\right]^{-2} \tag{2-89}$$

由式（2-88）和式（2-89），可得 K_t 和 K_m 的无因次量与位移的无因次量 x/g 的关系曲线，如图 2-32 和图 2-33 所示。

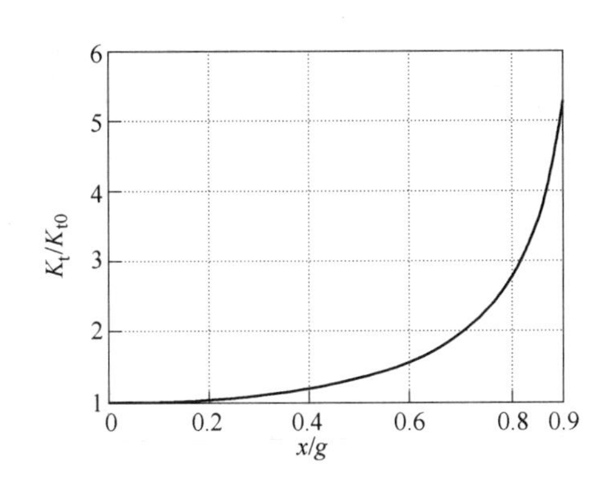

图 2-32　无因次电磁力系数与相对位移的关系曲线

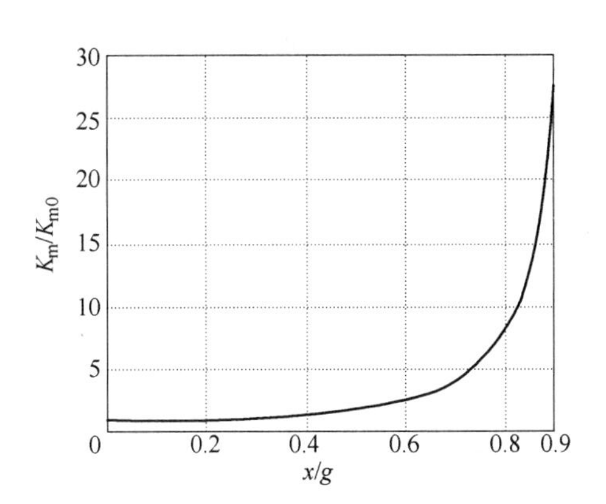

图 2-33　无因次磁弹簧刚度与相对位移的关系曲线

由图 2-32 和图 2-33 可知，力马达的电磁力系数 K_t 和磁弹簧刚度 K_m 均是随着力马达相对位移 x/g 的增大而增大的。但在 $x/g<0.3$ 时，K_t 和 K_m 的无因次量均小于 1.1，因此在力马达输出位移小于 0.3 倍中位气隙长度时，可以认为电磁力系数和磁弹簧刚度为定值，可采用线性模型对力马达特性进行分析。

为得到力马达的设计准则，需要分析其非线性模型。在空载时，力马达输出稳态力 $F=K_a x$，联立式（2-71）可以转化为如下的无因次方程

$$\frac{K_{m0}g}{\left(1-\dfrac{x^2}{g^2}\right)}\frac{\Phi_c}{\Phi_g}+K_{m0}\left(1-\frac{x^2}{g^2}\right)^{-2}x=K_a x$$

化简可得，无因次磁通和无因次位移的关系满足

$$\frac{\Phi_c}{\Phi_g}=\frac{K_a}{K_{m0}}\frac{x}{g}\left(1-\frac{x^2}{g^2}\right)-\frac{x}{g}\left(1-\frac{x^2}{g^2}\right)^{-1} \tag{2-90}$$

取 K_a/K_{m0} 的比值分别为 1、5、10，由式（2-90）可得无因次控制磁通与无因次位移的关系曲线，如图 2-34 和图 2-35 所示。

由图 2-34 可知，控制磁通和输出位移的关系是非线性的。在某些区间段，输出位移和控制磁场还是反相关的。但由图 2-35 可知，相对位移取 $-0.3\sim0.3$ 时，可以明显提高控制磁通和输出位移的线性度。K_a/K_m 的比值越大，位移对磁通的增益越大，相同磁场产生的位移较大。

力马达的动态输出位移的传递函数式（2-77），在空载情况下可转成如下标准二阶系统

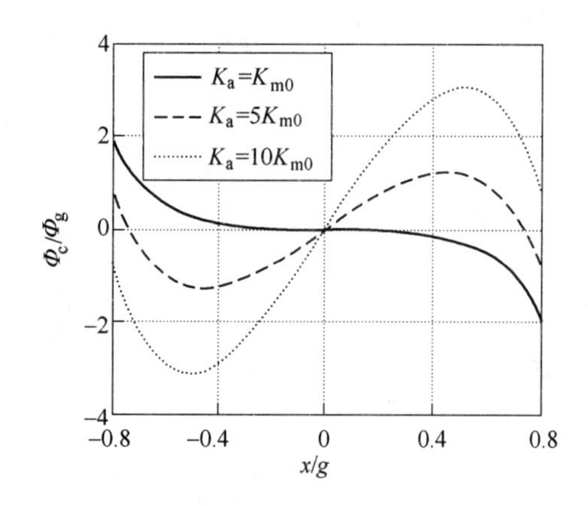

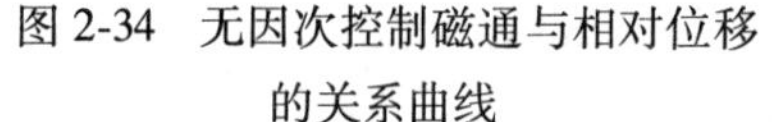
图 2-34　无因次控制磁通与相对位移的关系曲线

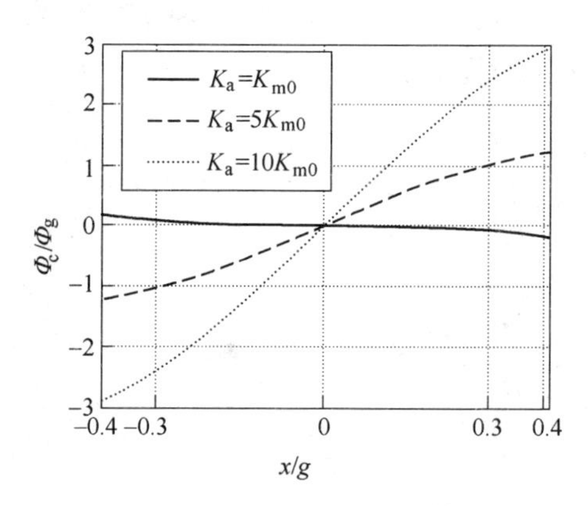

图 2-35　低位移下，无因次控制磁通与相对位移的关系曲线

$$\frac{x}{i_c}=\frac{K_{t0}}{K_a\left(1-\frac{K_{m0}}{K_a}\right)}\frac{1}{\frac{1}{\omega_m^2\left(1-\frac{K_{m0}}{K_a}\right)}s^2+\frac{B_a}{K_a\left(1-\frac{K_{m0}}{K_a}\right)}s+1} \tag{2-91}$$

式中，ω_m 为衔铁组件的固有频率，其取值为

$$\omega_m=\sqrt{\frac{K_a}{m_a}} \tag{2-92}$$

由式（2-91）可知，力马达的传递函数由比例、二阶振荡环节组成，主要性能参数为位移放大系数，衔铁组件的固有频率和衔铁组件的等效阻尼。提高 ω_m 将能够提高力马达的响应速度和频宽。式（2-92）表明，若提高衔铁固有频率，应尽量减小衔铁组件的质量 m_a，增加衔铁组件综合刚度 K_a。

2.4　常用电-机转换器 Simulink 物理模型

2.4.1　Simulink 物理建模介绍

利用 Simscape 工具箱可在 Simulink 环境中迅速创建物理系统的模型。通过 Simscape，可以基于物理连接直接相连模块框图建立物理组件模型。通过将基础组件依照原理图装配，为电动机、桥式整流器、液压致动器和制冷系统等系统建模。用户可以在这个单一平台上建立复杂的、多学科领域的物理模型，并在此基础上进行仿真计算和深入分析，也可以在这个平台上研究任何元件或系统的稳态和动态性能，从而使得用户从繁琐的数学建模中解放出来，从而专注于物理系统本身的设计。

Simscape™产品提供了一个自然、高效方法来构造物理系统的数学模型。通过物理连接来创建多学科领域的物理模型，这些产品可让用户改变系统设计而无需推导就能实现系统级方程。Simscape 组件代表物理元件，如电阻、磁阻、质量块和弹簧等。模型组件之间的连线与实际系统的物理连接对应，表示能量传递。通过这种方法，用户描述的是系统的物理结构，而非底层的数学原理。电子、机械、液压及其他物理连接在多学科领域物理模型上使用不同颜色线条表示它们的物理领域。可以直接看到哪些系统存在于用户的模型中，以及这些系统之间是如何相互连接的。Simulink 功能可让用户利用 Simscape 模型解决具有复杂性的控制设计问题。高级线性化和自动控制调整技术可帮助用户应用复杂的控制策略，并快速找到满足鲁棒性和响应时间目标的控制器增益。分析及顾问工具可确定仿真中的瓶颈，并帮助改善模型。

伺服阀电-机转换器的 Simulink 磁路物理模型所用基本元件见表 2-3。

表 2-3　Simulink 磁路物理模型所用基本元件

元件名称及图形符号	作用	元件名称及图形符号	作用
永久磁铁	用于产生固定磁通	柱形磁阻	用于建立长度、截面积和磁导率确定的导磁体磁阻
固定磁阻	用于建立与形状无关的固定磁阻	可变磁阻	用于建立导磁体长度发生变化的可变磁阻
可控恒流源	用于产生电流驱动线圈产生控制磁场	磁路参考地	磁路模型至少包含一个磁路参考地
线圈	实现电能到磁能的转化	磁-力转换器	用于将磁能转换成吸力

2.4.2　力矩马达的物理模型

由 2.2 节所述力矩马达的结构和工作原理可建立力矩马达的输出力矩的物理模型，如图 2-36a 所示，其中磁路物理模型如图 2-36b 所示。

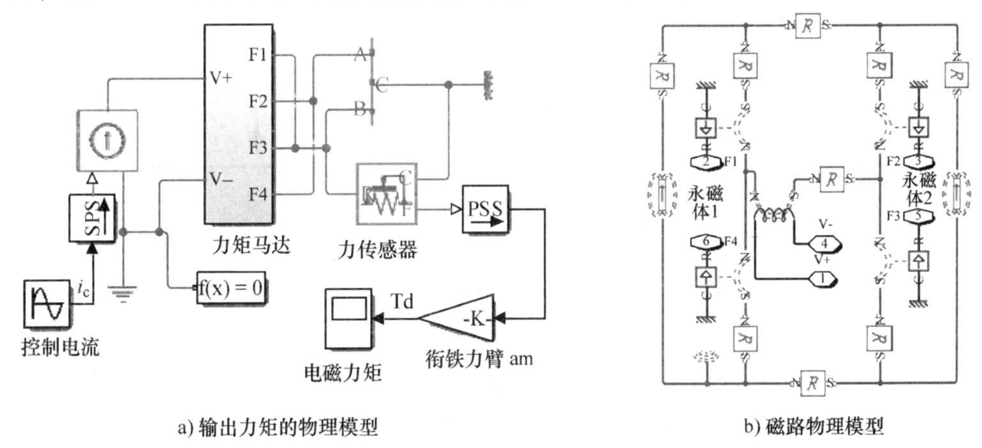

a) 输出力矩的物理模型　　b) 磁路物理模型

图 2-36　力矩马达的 Simulink 物理模型

代入表 2-4 参数仿真可得，力矩马达的空载力矩特性曲线，如图 2-37 所示。由图 2-37 可得，在衔铁位移为零的条件下，控制电流在−10~10mA 变化时，输出电磁力矩为−26.75~26.75N · mm。因此其零位电磁力矩系数为 2.67N · m/A。将表 2-4 中的参数代入式（2-40）计算可得，电磁力矩系数的解析解为 K_t = 2.96N · m/A，两者对比可知，两者的相对误差为 10.86%。

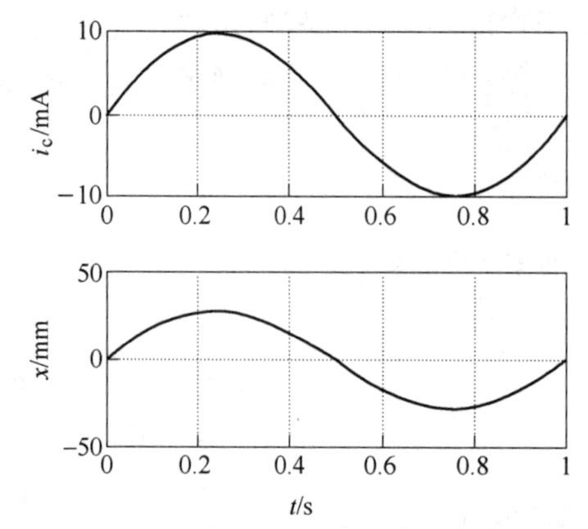

a) 正弦驱动下，控制电流和衔铁位移随时间的变化曲线

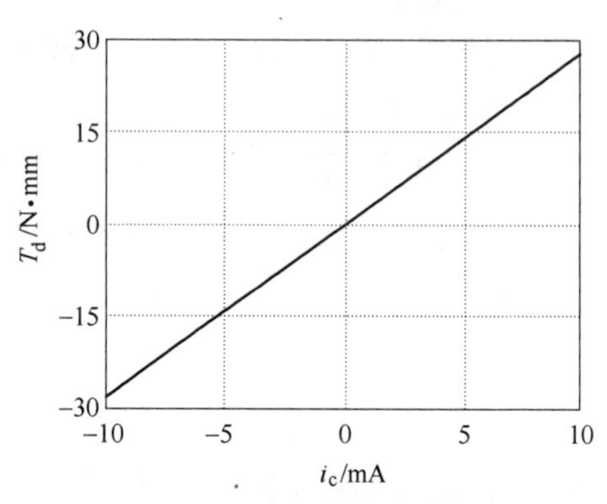

b) 输出电磁力矩和控制电流的关系曲线

图 2-37　力矩马达的空载力矩特性曲线

表 2-4　力矩马达 Simscape 物理模型结构参数

物理量名称及代号	参数	物理量名称及代号	参数
控制线圈的匝数 N_c	4200 匝	衔铁的长度 L_x	29mm
衔铁处于零位时工作气隙的长度 g	0.31mm	衔铁的横截面积 A_x	12mm^2
衔铁转动力臂 a_m	14.5mm	磁路材料相对磁导率 μ_r	1000
上导磁体水平部分长度 a_{s1}	33mm	永磁体有效长度 L_p	25mm
上导磁体水平部分横截面积 A_{s1}	50mm^2	永磁体横截面积 A_p	60mm^2
上导磁体垂直部分长度 a_{s2}	6mm	工作点磁感应强度	0.12T
上导磁体垂直部分横截面积 A_{s2}	30mm^2	极化磁动势 M_0	248A · 匝
磁极面的面积 A_g	15mm^2	永磁铁剩余磁感应强度 B_r	0.15T

2.4.3　力马达的物理模型

由前述力马达结构和工作原理可得力马达的 Simulink 物理模型，如图 2-38a 所示。将表 2-2 中的参数代入图 2-38 所示物理模型仿真可得，在幅值为 1A 的正弦电流驱动下，其输出位移随时间的变化曲线如图 2-39a 所示，控制电流和输出位移的关系曲线如图 2-39b 所示。由图 2-39b 可知，控制电流和输出位移成正比关系，控制电流在−1~1A 变化时，输出位移−0.273~0.273mm。

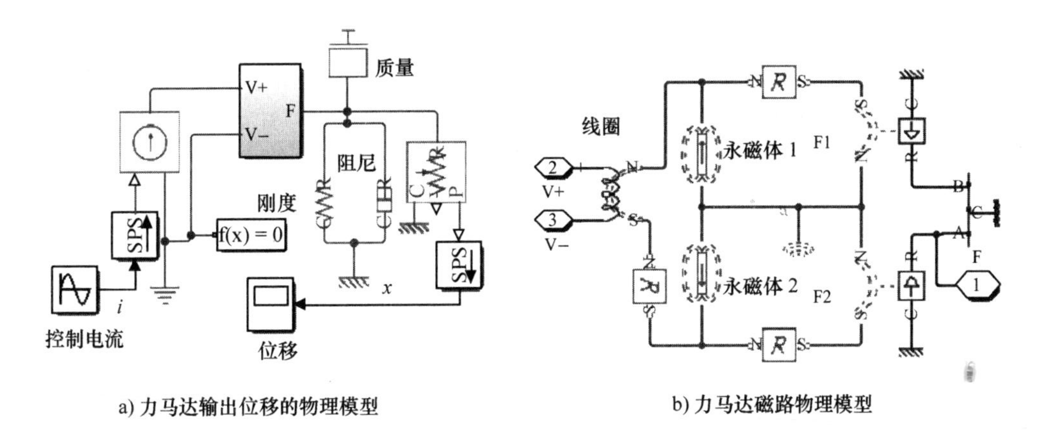

a) 力马达输出位移的物理模型　　b) 力马达磁路物理模型

图 2-38　力马达的 Simulink 物理模型

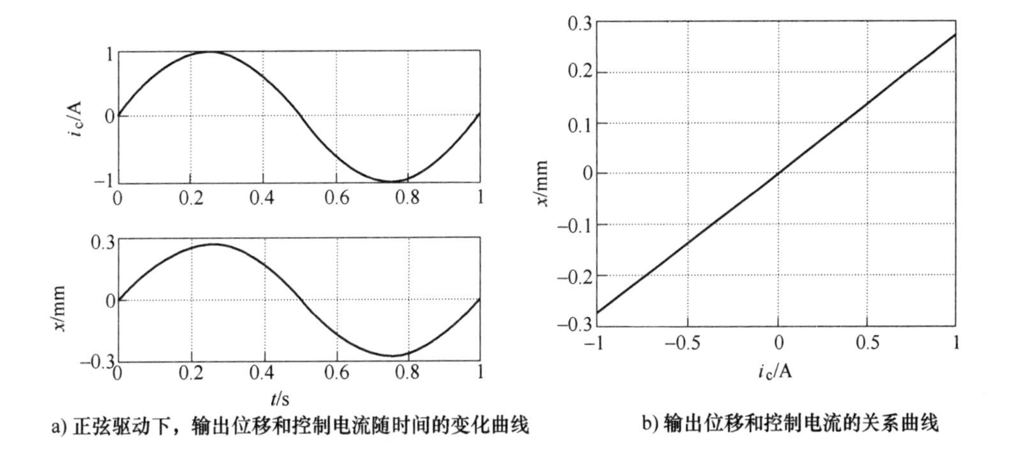

a) 正弦驱动下，输出位移和控制电流随时间的变化曲线　　b) 输出位移和控制电流的关系曲线

图 2-39　力马达输出位移和控制电流的关系

将图 2-38a 中的正弦输入信号换成单位阶跃输入信号，则力马达输出位移的阶跃响应曲线如图 2-40a 所示。其稳态位移 2.73mm，稳态时间 4ms，上升时间 2.5ms。对图 2-38a 行频域分析，可得其频率响应曲线，如图 2-40b 所示，因此可得，所仿真力马达的幅频宽 181Hz、相频宽 500Hz。

力马达输出力的 Simulink 物理模型如图 2-41 所示，表 2-2 中的结构参数物理模型进行仿真，可得图 2-42 所示的力马达输出力和控制电流的关系曲线。由仿真结果可知，在输出位移为零的条件下，控制电流在−1～1A 变化时，力马达输出力的范围为−56.1～56.1N，其中位电磁力系数为 56.1N/A。将表 2-2 中参数代入式（2-74）可得，中位电磁力系数的解析解为 60N/A，两者对比可知，解析模型的相对误差为 6.95%。

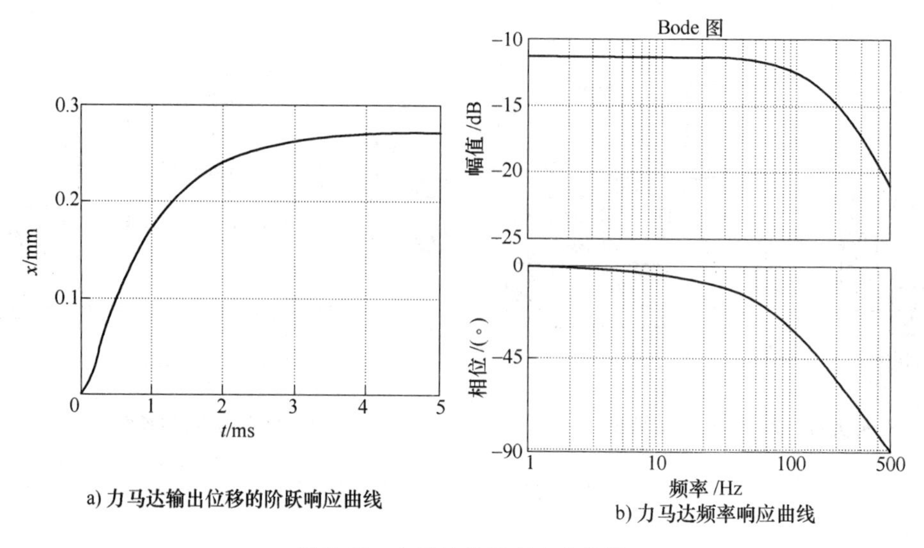

图 2-40　力马达的动态响应曲线

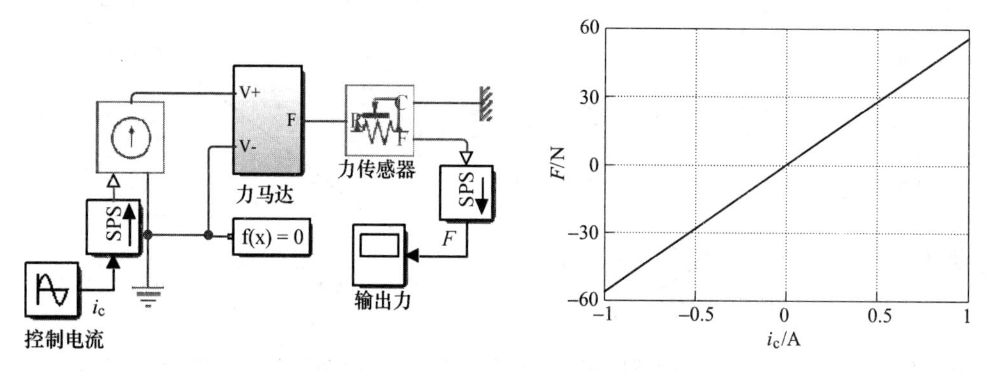

图 2-41　力马达输出力的 Simulink 物理模型　　图 2-42　力马达输出力和控制电流的关系曲线

2.5　其他电-机转换器

2.5.1　双气隙力矩马达

除 2.2 节介绍的伺服阀用力矩马达外，还有一种图 2-43a 所示结构的双气隙力矩马达，它是 MOOG 公司生产的 D661 型电反馈射流管电液伺服阀所用电-机转换器，其由上导磁体、左右导磁体、衔铁、线圈、支撑杆、永磁铁等组成，如图 2-43b 所示。衔铁与两个磁钢形成两个工作气隙，衔铁和先导阀体由两个弹簧杆连接，衔铁可绕弹簧杆的转动中心作小角度的转动。线圈套在铁心上，通过控制线圈中的电流大小可以改变工作气隙中的磁通从而控制衔铁受力情况，最后达到控制衔铁位移的目的。

a) 双气隙力矩马达外观

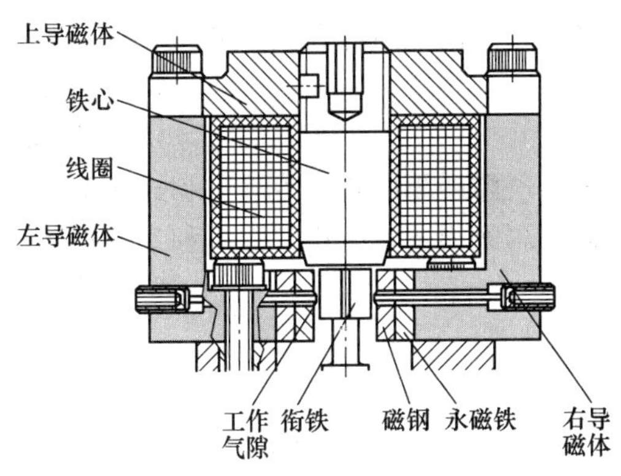

b) 双气隙力矩马达结构图

图 2-43　双气隙力矩马达原理图

当线圈不通电时，线圈在气隙中产生的控制磁通为零，衔铁主要受永磁铁产生的极化磁通产生的吸力，由于结构对称，衔铁左右受到的电磁吸力相同，合外力为零，在弹簧杆作用下，衔铁处于零位。当线圈通电时，线圈在气隙中产生的控制磁场与磁钢组件产生的极化磁场相互作用，使衔铁两边的气隙磁通量一边增加一边减小，衔铁所受电磁力的合力不为零，向吸力大的一侧偏转，弹簧杆也随着衔铁一起弯曲产生变形，并产生反作用力矩，当反作用力矩和电磁力矩平衡时，衔铁不再运动。当通反向电流时，产生的电磁力矩也反向，衔铁反向运动至电磁力矩与弹簧杆反向变形力矩平衡的位置。

双气隙力矩马达的磁路简化原理图如图 2-44 所示，其磁路模型计算图如图 2-45 所示，图中 R_1 和 R_2 分别表示磁钢组件和衔铁之间气隙的磁阻。

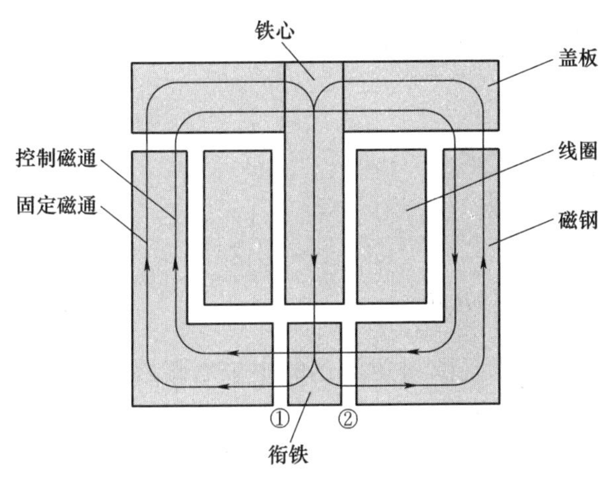

图 2-44　双气隙力矩马达的磁路简化原理图

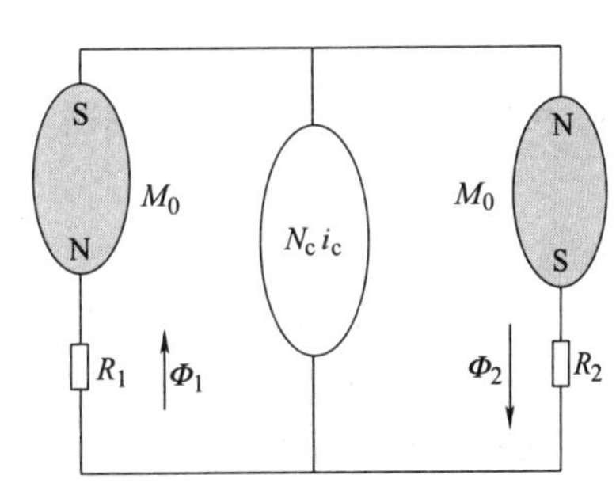

图 2-45　双气隙力矩马达的磁路计算图

极化磁动势和控制磁动势形成磁路，根据控制电流的不同，气隙1、2的磁通随之改变，由磁路计算图2-45可得

$$M_0 + N_c\Delta i_c = \Phi R_1 \tag{2-93}$$

$$M_0 - N_c\Delta i_c = \Phi R_2 \tag{2-94}$$

式中，气隙磁阻同式（2-22）和式（2-23）。

因此，可解得通过工作气隙1和3的磁通

$$\Phi_1 = \frac{M_0 + N_c i_c}{R_1} = \frac{M_0 + N_c i_c}{R_g\left(1 - \dfrac{x}{g}\right)} \tag{2-95}$$

通过工作气隙2和4的磁通

$$\Phi_2 = \frac{M_0 - N_c i_c}{R_2} = \frac{M_0 - N_c i_c}{R_g\left(1 + \dfrac{x}{g}\right)} \tag{2-96}$$

由于其衔铁仅受两个力作用，因此永久磁场和控制磁场作用在衔铁上的电磁力矩为

$$T_d = a_m(F_1 - F_2) = \frac{a_m}{2\mu_0 A_g}(\Phi_1^2 - \Phi_2^2) \tag{2-97}$$

同样考虑到衔铁转角很小，$x \approx a_m\theta$，$(x/g)^2 \ll 1$，$(\Phi_c/\Phi_g)^2 \ll 1$，将式（2-95）和式（2-96）代入式（2-97）可得

$$\begin{aligned} T_d &\approx \frac{N_c\Phi_g \dfrac{a_m}{g}\left(1 + \dfrac{x^2}{g^2}\right) i_c + 2\left(\dfrac{a_m}{g}\right)^2 R_g\Phi_g^2\left(1 + \dfrac{\Phi_c^2}{\Phi_g^2}\right)\theta}{\left(1 - \dfrac{x^2}{g^2}\right)^2} \\ &\approx N_c\Phi_g \frac{a_m}{g} i_c + 2\left(\frac{a_m}{g}\right)^2 R_g\Phi_g^2\theta = K_t i_c + K_m\theta \end{aligned} \tag{2-98}$$

式中，K_t为力矩马达中位电磁力矩系数

$$K_t = \frac{a_m\Phi_g N_c}{g} \tag{2-99}$$

K_m为力矩马达中位磁弹簧刚度

$$K_m = 2\left(\frac{a_m}{g}\right)^2 R_g\Phi_g^2 \tag{2-100}$$

对比式（2-40）和式（2-41）可知，双气隙力矩马达的中位电磁力矩系数和中位电磁弹簧刚度均为四气隙力矩马达的一半。

同前述四气隙力矩马达，此力矩马达的负载仍可以等效为由惯量-弹簧-阻尼和外负载构成的二阶系统，因此力矩马达的动态输出角位移的传递函数仍可用式（2-45）计算，但式中的中位电磁力矩系数和中位磁弹簧刚度需采用式（2-99）

和式（2-100）计算。

2.5.2 永磁动圈式力马达

图2-46为一种常见的永磁动圈式力马达结构原理图，其主要由永磁铁、导磁体、控制线圈，平衡弹簧等构成。动圈式力马达的控制线圈悬置于内、外导磁体所组成的环状工作气隙中，永磁铁在气隙中产生极化磁场。控制线圈中通电流后，线圈就会在磁场中受安培力作用而运动。控制线圈在磁场中所受电磁力的大小和方向可根据控制线圈中控制电流的大小和方向，按左手定则判断。控制线圈上的电磁力克服弹簧力和负载力，使得控制线圈产生一个与控制电流成比例的位移。

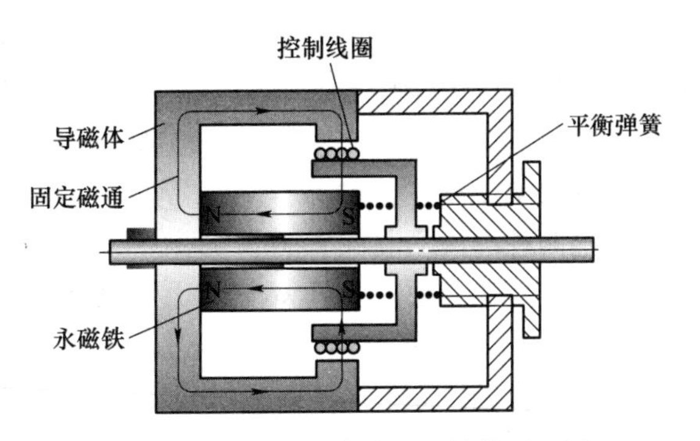

图2-46 永磁动圈式力马达结构原理图

由于电流方向与极化磁场方向垂直，根据通电导体在均匀磁场中所受电磁力公式，可得此种力马达线圈所受电磁力

$$F = B_g \pi D N_c i_c = K_t i_c \tag{2-101}$$

式中，B_g为工作气隙中的磁感应强度；D为控制线圈平均直径；K_t为电磁力系数。

由式（2-101）可知，力马达的电磁力与控制电流成正比，与位移无关，具有线性特性。由于动圈式力马达工作中气隙不变，因此力方程中没有磁弹簧刚度，没有动铁式力矩马达和力马达的负弹簧特性。

与永磁动铁式马达和永磁动铁式力马达相比，永磁动圈式力马达由如下几个特点：

1）动铁式马达（包含永磁动铁式力矩马达和动铁式力马达）的输出不但受磁滞影响，还受衔铁位置的影响，具有与非线性特性，而动圈式马达电流-力与电流-位移特性的线性好，受磁滞影响较小。

2）动圈式力马达的线性范围比动铁式的要宽，因此其工作行程大，通常为$\pm(1\sim3)$mm。

3）在同样输出力下，与动铁式马达相比，动圈式力马达输出力小，所用弹簧刚度也小，其动圈组件固有频率低，动态性能差。

4）在相同功率下，动圈式力马达造价低，但体积比动铁式力矩马达大。

综上所述，动圈式力马达用在尺寸要求不严格、频率要求不高，又希望价格低的场合，如动圈式直接位置反馈两级滑阀式电液伺服阀就采用此种电-机转换器。

5）两者都可以通过减小工作气隙长度来提高灵敏度，但动铁式受静态不稳定限制，动圈式受尺寸限制。

2.6 本章小结

本章主要对电液伺服阀常用电-机转换器进行建模仿真，首先介绍了永磁动铁式力矩马达的结构、工作原理，并基于其结构和磁路，给出了其磁路和输出电磁力矩、角位移的数学模型，并对其静、动态性能进行了仿真。接着介绍了永磁动铁式力马达的结构、工作原理，同样基于其结构和磁路，建立了其输出电磁力矩、角位移的数学模型，并对其静、动态性能进行了仿真。为验证模型，基于 Simulink 给出了这两种电液伺服阀常用电-机转换器的物理模型，仿真结果表明物理模型准确度高。最后还介绍了其他双气隙力矩马达和动圈式力马达，并对两者的工作原理进行了介绍。

本章主要结论如下：

1）为降低力矩马达的输出转矩和转角的非线性，一般取 $(\Phi_c/\Phi_g)^2 \ll 1$，$(x/g)^2 \ll 1$；为防止衔铁被永磁体吸附，确保力矩马达的稳定性，力矩马达一般设计成 $|x/g| < 1/3$；为提高力矩马达静态特性曲线的线性，要求 $K_m/K_a < 0.4$。

2）力马达电磁力系数和磁弹簧刚度会随着衔铁位移和控制磁通的变化而变化，因此永磁动铁式力马达的输出力与控制电流以及衔铁位移之间的关系是非线性的。由于力马达输出位移较大，在模型仿真中位移较大时，应该考虑这种非线性。

第3章

液压放大元件

液压放大元件也称液压放大器或液压控制阀，是一种以机械运动来控制流体动力的元件。在电液伺服阀中，其将输入机械运动（位移或角度）转换为大功率液压能（流量、压力）输出。因此，液压放大元件起到机械能到液压能的能量转换和功率放大双重作用。

电液伺服阀常用液压放大元件主要包括圆柱滑阀、双喷嘴挡板阀、射流管阀和偏导射流阀等。本章主要介绍它们的结构和工作原理、静态特性数学模型、设计准则、性能仿真分析以及基于 Simulink 的物理建模等内容。

3.1 滑阀的数学模型及仿真

3.1.1 滑阀的结构和工作原理

滑阀是基于节流原理工作的，通过控制阀芯与在阀套（或阀体）的相对位置来改变节流口面积的大小，就可以实现对流体流量或压力的控制。按阀芯运动的形式不同，可分为旋转滑阀和圆柱滑阀，圆柱滑阀是目前伺服阀通常采用的类型。典型圆柱滑阀的构成如图 3-1 所示，其由阀套和阀芯构成，阀套内有沉割槽，其棱边和阀芯凸肩棱边之间间隙构成可变节流口，其通流面积的大小由阀芯在阀套上的开度决定。由于输出功率的增益较大，滑阀被广泛地应用到电液伺服阀中。

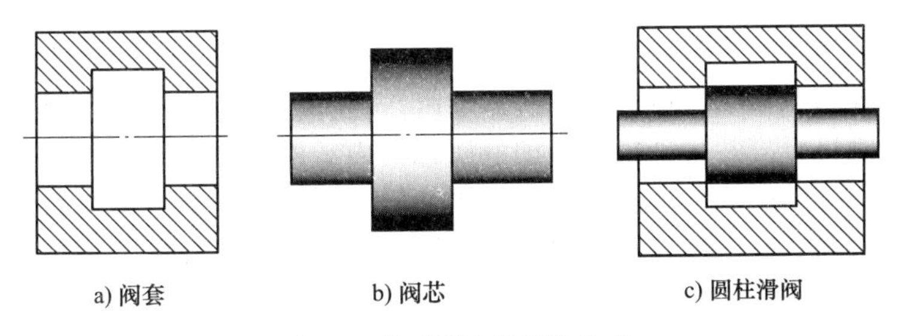

图 3-1　典型圆柱滑阀的构成

按照预开口形式，圆柱滑阀可分为负开口（阀芯凸肩宽度大于阀套窗口宽度）、零开口（阀芯凸肩宽度等于阀套窗口宽度）和正开口（阀芯凸肩宽度小于阀套窗口宽度）三种，如图 3-2 所示。此三种预开口型式阀的流量特性曲线如图 3-3 所示。

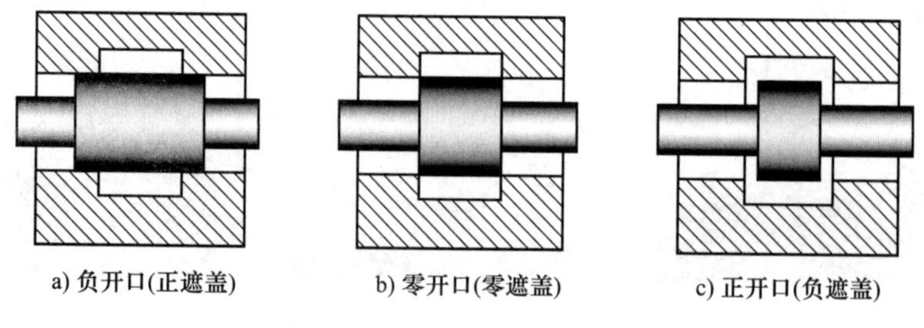

图 3-2　圆柱滑阀预开口型式

由图 3-3 可知，预开口形式对滑阀性能，特别是零位附近的性能有很大的影响。零开口滑阀的流量与滑阀位移 x_V 成线性关系，虽然加工制造困难，但由其构成的电液伺服阀性能较好，应用最广泛；正开口滑阀在开口区内的流量增益最大，但压力增益低、存在较大的零位泄漏，用在需要连续输出流量或用来增加系统阻尼的系统；负开口阀密封性好，但在零位附近存在死区，最终将造成电液伺服阀的稳态误差，因此很少采用。

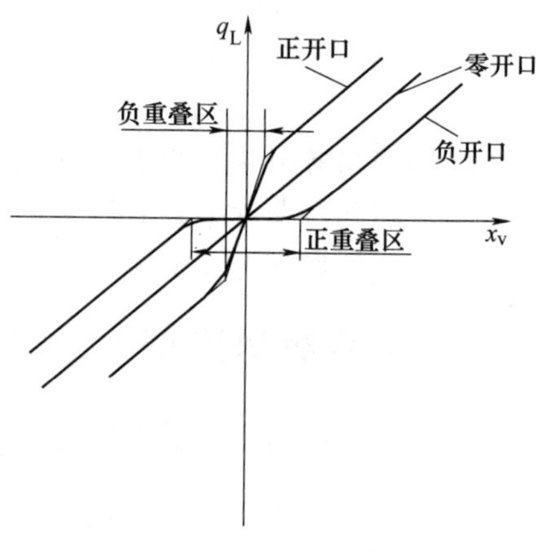

图 3-3　三种预开口型式阀的流量特性曲线

对于径向间隙为零、节流工作边锐利的理想圆柱滑阀，可根据阀芯凸肩和阀套窗口的几何尺寸关系确定预开口形式。但实际圆柱滑阀总存在径向间隙并受工作边圆角的影响，又由于存在径向间隙泄漏，为了补偿泄漏，零开口滑阀通常会设计有 5～25μm 的正遮盖量。因此根据阀的流量特性曲线来确定阀的预开口形式更为合适。

根据进、出阀的通道数，滑阀可以分为四通阀，三通阀和二通阀，其中四通阀可以用来控制双作用液压马达或者液压缸，因此在伺服阀中应用最广。三通阀只有一个控制口，只能用来控制差动液压缸。为了能让液压缸反向运动，需要在液压缸有活塞杆的一侧设置固定偏压，固定偏压可以由弹簧、重物或供油压力等实现。二通阀只有一个可变节流口，必须和一个固定节流孔配合使用，才能控制一腔的压力，用来控制差动液压缸。

按阀套窗口的形状，主要可分为矩形和圆形，其中矩形窗口又可分为全周开口和非全周开口两种，如图 3-4 所示。开矩形窗口的阀，其开口面积与阀芯位移成正比，可以获得线性流量增益（零开口阀），用得最多。圆形窗口加工工艺简单，但流量增益是非线性的，只用在要求不高的场合。

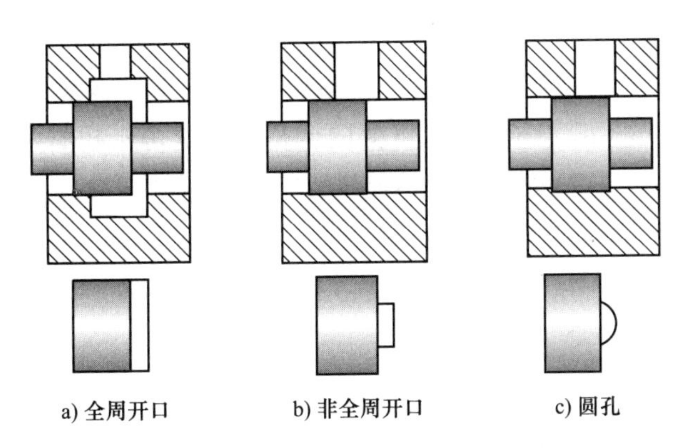

图 3-4　圆柱滑阀的阀套窗口形状

按照工作边数分，滑阀可以分为四边滑阀，双边滑阀和单边滑阀。四边滑阀由四个可控节流口，控制性能最好；双边滑阀有两个可控的节流口，控制性能居中；单边滑阀只有一个可控节流口，控制性能最差。但为了保证工作边开口的准确性，四边滑阀需保证三个轴向配合尺寸，因此其结构工艺最复杂、成本最高。

按阀芯的凸肩数分为二凸肩、三凸肩和四凸肩。二通阀一般采用两个凸肩，三通阀和四通阀可由两个或两个以上的阀芯凸肩构成。双凸肩四通阀的结构简单，阀芯长度短，但阀芯轴向运动差，阀芯上的凸肩容易被卡住，所以不能做成全周开口的阀。由于阀芯两端回油道中的流动阻力不同，阀芯两端面受到的液压力也不同，阀芯会处于静不平衡状态，阀采用液压操纵有困难。采用三凸肩和四凸肩的四通阀是最常用的构造。图 3-5 所示为某电液伺服阀的滑阀组件，其采用了四凸肩结构，窗口形式为矩形、工作边数为四边。

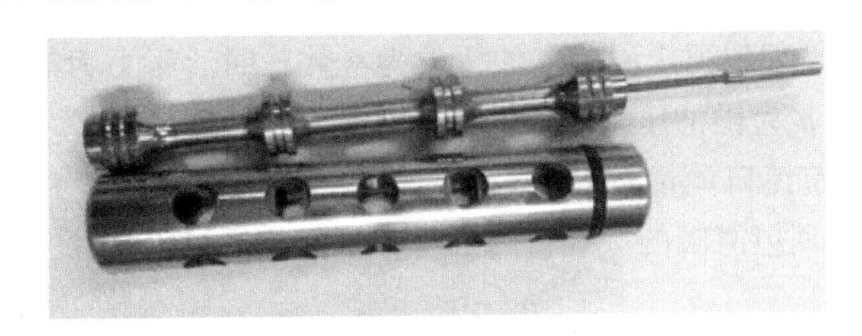

图 3-5　电液伺服阀的滑阀组件

3.1.2　理想滑阀的静态特性模型及其线性化

滑阀的静态特性即压力-流量特性，描述的是稳态情况下，阀的负载流量、负载压力和阀芯位移三者之间的关系，它表示滑阀的工作能力和性能，对电液伺服阀静、动态特性的设计与计算至关重要[2]。

理想滑阀由于径向间隙为零、工作边锐利，径向间隙泄漏和工作边圆角的影响可以不考虑，因此其开口面积和阀芯位移的关系比较容易确定，静态特性方程可以用解析法求得。

理想零开口四边滑阀及其等效液压桥路如图 3-6 所示。阀的四个可变节流口用四个可变液阻表示，组成一个四臂可变的全桥。通过每个桥臂的流量为 q_1、q_2、q_3、q_4；p_L表示负载压力；q_L表示负载流量；p_s表示供油压力；q_s表示供油流量；p_0表示回油压力。

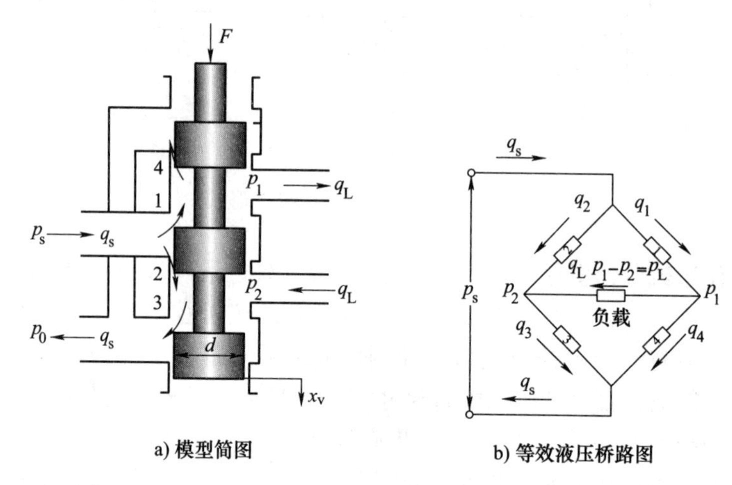

a) 模型简图　　b) 等效液压桥路图

图 3-6　理想零开口四边滑阀的模型简图及其等效液压桥路

在推导静态特性数学模型时，对滑阀、油液和油源作以下理想假设。

1）滑阀各节流口的流量系数相等，各节流口流动为紊流，忽略阀腔内的压力损失。

2）流体不可压缩，且密度均匀。

3）液压能源是理想恒压源，供油压力为常数，回油压力为零；如果回油压力不为零，图 3-6 中 p_s为供油压力和回油压力之差。

4）假定阀各节流口流量系数相等。

由图 3-6 所示理想滑阀的等效桥路的压力平衡关系可得

$$p_1 - p_2 = p_L \tag{3-1}$$

由流量连续性方程可得

$$\begin{cases} q_1 + q_2 = q_s \\ q_3 + q_4 = q_s \\ q_1 - q_4 = q_L \\ q_3 - q_2 = q_L \end{cases} \tag{3-2}$$

由流体力学知，通过节流口的流量为

$$q = C_d A \sqrt{\frac{2}{\rho} \Delta p} \tag{3-3}$$

式中，C_d为流量系数；A 为节流口的通流面积；Δp 为节流口两端的压差；ρ 为油液密度。

由式（3-3）可得通过各液阻的流量分别为

$$\begin{cases} q_1 = C_d A_1 \sqrt{\dfrac{2}{\rho}(p_s - p_1)} \\ q_2 = C_d A_2 \sqrt{\dfrac{2}{\rho}(p_s - p_2)} \\ q_3 = C_d A_3 \sqrt{\dfrac{2}{\rho} p_2} \\ q_4 = C_d A_4 \sqrt{\dfrac{2}{\rho} p_1} \end{cases} \tag{3-4}$$

对于伺服阀上所用滑阀，阀开口的通流面积一般满足匹配条件

$$\begin{cases} A_1 = A_3 \\ A_2 = A_4 \end{cases} \tag{3-5}$$

为保证阀芯正反向运动时，性能相同，阀开口的通流面积还需要满足对称条件

$$\begin{cases} A_1(x_v) = A_2(-x_v) \\ A_3(x_v) = A_4(-x_v) \end{cases} \tag{3-6}$$

式中，x_v 为阀芯位移。

下面将通过分析理想滑阀的油液流动情况，利用上述公式得出理想零开口圆柱四边滑阀的压力-流量方程。

当阀芯处于中间位置时，理想零开口滑阀的四个控制节流口全部关闭，通过四个节流口的流量为零。当阀芯位移 $x_v>0$ 时，对应图 3-6 中阀芯向下移动，节流口 2、4 关闭，通流面积 $A_2 = A_4 = 0$，液流从节流口 1 流入负载，再从负载流出并流入节流口 3，最后流回油箱。电液伺服阀控制的负载一般为对称负载，流入和流出负载的流量相等，因此由流量连续性方程可得

$$q_L = q_1 = q_3 \tag{3-7}$$

由式（3-4）可得

$$q_L = C_d A_1 \sqrt{\frac{2}{\rho}(p_s - p_1)} = C_d A_3 \sqrt{\frac{2}{\rho} p_2} \tag{3-8}$$

由阀的匹配条件，进一步可得

$$p_s - p_1 = p_2 \tag{3-9}$$

结合式（3-1）可得

$$p_2 = \frac{p_s - p_L}{2} \tag{3-10}$$

因此负载流量为

$$q_L = C_d A_1 \sqrt{\frac{p_s - p_L}{\rho}} \tag{3-11}$$

阀芯位移 $x_v < 0$ 时，对应图 3-6 中阀芯向上移动，节流口 1、3 关闭，通流面积 $A_1 = A_3 = 0$，液流从节流口 2 流入负载，再从负载流出并流入节流口 4，最后流回油箱。同理可推导出阀芯位移 $x_v < 0$ 时的负载流量

$$q_L = -C_d A_2 \sqrt{\frac{p_s + p_L}{\rho}} \tag{3-12}$$

式中负号表示负载方向与液流方向相反。因为阀是匹配对称的，可将式（3-11）和式（3-12）合并为

$$q_L = C_d |A_1| \frac{x_v}{|x_v|} \sqrt{\frac{1}{\rho}\left(p_s - \frac{x_v}{|x_v|} p_L\right)} \tag{3-13}$$

此式就是具有匹配且对称的理想零开口四边滑阀的压力-流量特性方程。

关于式（3-10）的推导，也可以采用如下方法得出。由图 3-6 可知，加在液阻 1 和液阻 3 上的压力和等于 $p_s - p_L$。由于阀的匹配关系，液阻 1 和液阻 3 相等，因此加在液阻 1 或液阻 3 上的压力均等于（$p_s - p_L$）的一半，即为式（3-10）。

为获得线性的流量增益，伺服阀所用四边滑阀的阀套窗口型式多为矩形，窗口结构如图 3-7 所示[17]。

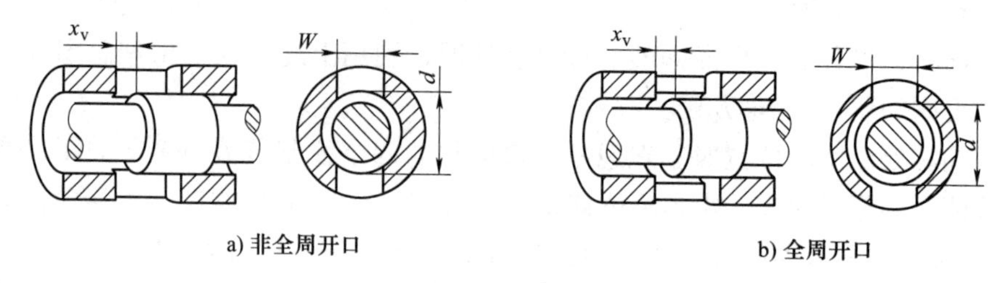

a) 非全周开口　　b) 全周开口

图 3-7　圆柱滑阀开口形式的三维示意

每个油口至少包括两个、最高四个流量窗口且对称均布在阀套上。对于矩形窗口的节流口，其通流面积可表示为

$$A_1 = W x_v \tag{3-14}$$

式中，x_v 为阀芯位移；W 为面积梯度，其为阀套窗口的宽度，W 的取值为

$$W = \eta_w \pi d \tag{3-15}$$

式中，d 为滑阀的阀芯直径；η_w 为阀套开口量占圆周的百分比，对于非全周开口的滑阀，其通常的取值区间为［0.25，0.5］，对于全周开口的滑阀取 1。

将式（3-14）代入式（3-13）可得

$$q_L = C_d W x_v \sqrt{\frac{1}{\rho}\left(p_s - \frac{x_v}{|x_v|} p_L\right)} \tag{3-16}$$

为使方程具有通用性，对式（3-16）无因次化可得

$$q'_{\mathrm{L}} = x'_{\mathrm{v}}\sqrt{1 - \frac{x_{\mathrm{v}}}{|x_{\mathrm{v}}|}p'_{\mathrm{L}}} \tag{3-17}$$

式中，无因次阀芯位移 $x'_{\mathrm{v}} = \frac{x_{\mathrm{v}}}{x_{\mathrm{vm}}}$，$x_{\mathrm{vm}}$ 为阀芯最大位移；无因次负载压力 $p'_{\mathrm{L}} = \frac{p_{\mathrm{L}}}{p_{\mathrm{s}}}$；无因次负载流量 $q'_{\mathrm{L}} = \frac{q_{\mathrm{L}}}{q_{\mathrm{m}}}$，其中 $q_{\mathrm{m}} = C_{\mathrm{d}}Wx_{\mathrm{vm}}\sqrt{\frac{p_{\mathrm{s}}}{\rho}}$，为阀芯最大位移时的空载流量，也是阀所能达到的最大流量。

由式（3-16）可得理想零开口四边滑阀的无因次压力-流量曲线，如图 3-8 所示。

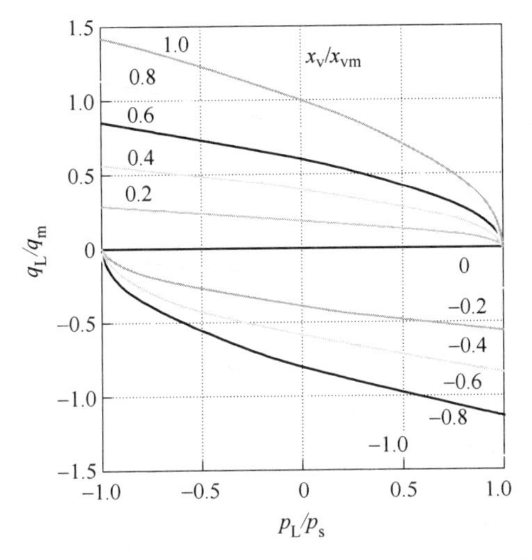

图 3-8　理想零开口四边滑阀的无因次压力-流量曲线

由图 3-8 可知，理想零开口四边滑阀的压力和流量关系是非线性的。因为阀的节流口开口面积是匹配和对称的，所以压力-流量曲线关于原点对称。

在伺服阀动态性能分析时，需要运用线性控制理论进行分析，因此在实际应用时还需要对压力-流量特性模型（3-16）进行线性化处理。

根据前面描述，可知阀的静态特性可以表示为

$$q_{\mathrm{L}} = f(x_{\mathrm{v}},\ p_{\mathrm{L}}) \tag{3-18}$$

利用 Taylor 级数将式（3-18）在某一特定工作点 $q_{\mathrm{LA}} = f(x_{\mathrm{vA}},\ p_{\mathrm{LA}})$ 附近展开可得

$$q_{\mathrm{L}} = q_{\mathrm{LA}} + \left.\frac{\partial q_{\mathrm{L}}}{\partial x_{\mathrm{v}}}\right|_{\mathrm{A}}\Delta x_{\mathrm{v}} + \left.\frac{\partial q_{\mathrm{L}}}{\partial p_{\mathrm{L}}}\right|_{\mathrm{A}}\Delta p_{\mathrm{L}} + \cdots \tag{3-19}$$

如果把工作范围限制在工作点 A 附近，则高阶无穷小可以忽略，上式变为

$$q_L = q_{LA} + \left.\frac{\partial q_L}{\partial x_v}\right|_A \Delta x_v + \left.\frac{\partial q_L}{\partial p_L}\right|_A \Delta p_L \tag{3-20}$$

此式即为压力-流量特性方程的线性化表达式。

定义流量增益为

$$K_q = \frac{\partial q_L}{\partial x_v} \tag{3-21}$$

其表示负载压降一定时，阀单位输入位移所引起的负载流量变化的大小。其值越大，阀对负载流量的控制就越灵敏。流量增益对应着流量特性曲线在某一点的切线斜率。

定义压力增益（也称压力灵敏度）为

$$K_p = \frac{\partial p_L}{\partial x_v} \tag{3-22}$$

其表示负载流量一定时，阀单位输入位移所引起的负载压力变化的大小。其值越大，阀对负载压力的控制就越灵敏。压力增益对应着压力特性曲线在某一点的切线斜率。

定义流量-压力系数为

$$K_c = -\frac{\partial q_L}{\partial p_L} = \frac{K_q}{K_p} \tag{3-23}$$

其表示阀开度一定时，负载压降变化所引起的负载流量变化的大小。其值越小，阀抵抗负载变化的能力越大，即阀的刚度越大。对任何结构形式的阀来说，$\partial q_L / \partial p_L$ 都是负的，加负号可以让流量-压力系数总为正值。流量-压力系数对应着负的压力-流量曲线的斜率。

阀的三个系数表示阀静态特性的三个性能参数，但其对阀控液压系统的稳定性、响应特性和稳态误差有着至关重要的影响。流量增益直接影响阀控液压系统的开环增益，开环增益又决定着系统的稳定性、响应速度和稳态误差。流量-压力系数直接影响阀控液压系统的阻尼比和速度刚度。压力增益决定了阀控系统的重载起动能力。

将式（3-16）代入式（3-21）~式（3-23），可得理想零开口四边滑阀的阀系数分别为

流量增益
$$K_q = \frac{\partial q_L}{\partial x_v} = C_d W \sqrt{\frac{1}{\rho}(p_s - p_L)} \tag{3-24}$$

压力增益
$$K_p = \frac{\partial p_L}{\partial x_v} = \frac{2(p_s - p_L)}{x_v} \tag{3-25}$$

流量-压力系数
$$K_c = -\frac{\partial q_L}{\partial p_L} = \frac{C_d W x_v \sqrt{\frac{1}{\rho}(p_s - p_L)}}{2(p_s - p_L)} \tag{3-26}$$

由式（3-24）~式（3-26）可知，阀系数取值不是固定不变的，其随着阀的工作点变化。将式（3-24）和式（3-26）代入式（3-20）可得，理想零开口四边滑阀的线性化静态特性模型为

$$q_L = q_{LA} + C_d W \sqrt{\frac{1}{\rho}(p_s - p_{LA})}\,\Delta x_v - \frac{C_d W x_v \sqrt{\frac{1}{\rho}(p_s - p_{LA})}}{2(p_s - p_{LA})}\Delta p_L \tag{3-27}$$

3.1.3　实际零开口四边滑阀的静态特性模型

不同于理想滑阀，实际滑阀存在径向间隙，其通流面积如图 3-9 所示。

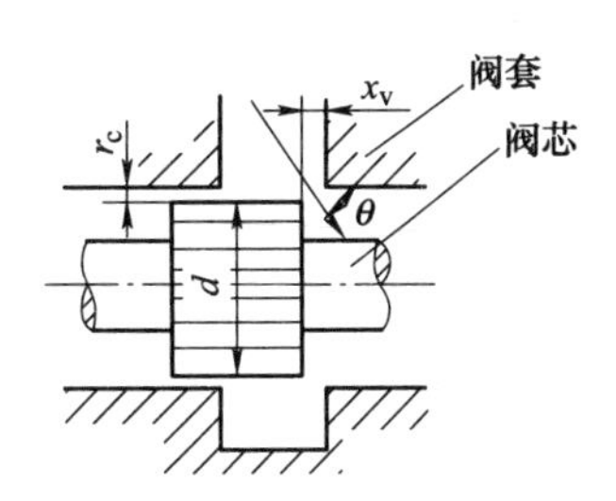

图 3-9　实际滑阀的通流面积

由于存在径向间隙，实际滑阀的通流面积为圆台的侧面积。因此，由圆台侧面积公式以及式（3-3）可得，矩形窗开口的实际滑阀的静态特性模型为

$$q_L = C_d \pi \eta_w (d + r_c)\sqrt{x_v^2 + r_c^2}\sqrt{\frac{1}{\rho}\left(p_s - \frac{x_v}{|x_v|}p_L\right)} \tag{3-28}$$

由于实际滑阀工作边圆角的影响，流量系数 C_d 取值也与理想滑阀不同。

虽然实际滑阀和理想滑阀静态特性模型不同，但实验表明实际零开口四边滑阀在阀芯位移不在零位附近时，由于密封性能较好，径向间隙远小于滑阀直径和位移，其静态特性仍可近似用式（3-16）来描述。在零位附近时，实际零开口滑阀因为径向间隙的存在，同时工作边也不可避免地存在小圆角，零位附近阀泄漏不可忽略，用式（3-16）或式（3-27）来描述实际滑阀零位静态特性的误差较大。在零位附近，实际零开口四边滑阀的压力-流量模型较难求得，一般采用零位附近的线性化模型来代替。

需要强调的是，由式（3-24）和式（3-25）可知，零开口四边滑阀工作在零位附近（即 $q_L = p_L = x_v = 0$）时，滑阀的流量增益最大，流量-压力系数最小。由以上分析知，液压系统在此处的开环增益最高，阻尼比最低，系统稳定性最差。因此，如果整个液压系统在阀零位附近是稳定的，那么在其他工作点处也一定是稳定的，又由于伺服阀经常工作在零位附近，故通常将零位阀系数作为阀的性能参数。

由于零位附近的流量、位移和负载压力均可近似等于其增量值，因此零位附近阀的压力-流量特性线性化模型为

$$q_L = K_{q0}x_v - K_{c0}p_L \tag{3-29}$$

式中，K_{q0} 为零位流量增益；K_{c0} 为零位压力-流量系数。

由式（3-29）可知，只要求出实际零开口四边滑阀的零位阀系数，就可得到实际滑阀的压力-流量特性模型。

但是通过实验可知，实际零开口四边滑阀与理想零开口四边滑阀只有零位流

量增益值比较一致，其他阀系数两者相差较大，但是可以通过零位泄漏公式近似求取，下面将给出求解过程。

由图3-6可知，滑阀的零位泄漏流量为两个窗口泄漏流量之和。零位时每个窗口的压降为0.5p_s，泄漏流量为0.5q_c。由层流状态下，液体通过锐边小缝隙的流量公式可得，滑阀的零位泄漏流量为

$$q_c \approx \frac{W}{32\mu}\pi r_c^2 p_s \tag{3-30}$$

式中，r_c为阀芯与阀套的径向间隙；μ为油液的动力黏度。依据流量连续性方程，阀芯零位时，供油流量就等于泄漏流量。

由于对于匹配和对称的阀满足

$$\frac{\partial q_s}{\partial p_s} = -\frac{\partial q_L}{\partial p_L} = K_c \tag{3-31}$$

因此，将式（3-31）代入式（3-30）可得，实际零开口四边滑阀的零位流量-压力系数为

$$K_{c0} \approx \frac{\partial q_s}{\partial p_s} = \frac{\partial q_c}{\partial p_s} = \frac{W}{32\mu}\pi r_c^2 \tag{3-32}$$

由于实际滑阀的零位流量增益近似等于理想滑阀的零位流量增益，由式（3-21）、式（3-16）和零位条件可得，实际零开口四边滑阀的零位流量增益为

$$K_{q0} = \left.\frac{\partial q_L}{\partial x_v}\right|_{\substack{x_v=0\\p_L=0}} = C_d W\sqrt{\frac{p_s}{\rho}} \tag{3-33}$$

此式表明，实际零开口四边滑阀的零位流量增益取决于供油压力和面积梯度。当供油压力一定时，零位流量增益仅由面积梯度决定。

将式（3-32）和式（3-33）代入式（3-23）可得实际零开口四边滑阀的零位压力增益

$$K_{p0} = \frac{K_{q0}}{K_{c0}} = \frac{32\mu}{\pi r_c^2} C_d\sqrt{\frac{p_s}{\rho}} \tag{3-34}$$

上式表明，实际零开口四边滑阀的零位压力增益主要取决于阀的径向间隙，而与阀的面积梯度无关。由于径向间隙较小，因此实际零开口四边滑阀的零位压力增益数值很大。

将式（3-32）和式（3-33）代入式（3-29）可得，实际零开口四边滑阀零位附近的静态特性数学模型近似为

$$q_L = C_d W\sqrt{\frac{p_s}{\rho}}x_v - \frac{W}{32\mu}\pi r_c^2 p_L \tag{3-35}$$

3.1.4 滑阀所受液体作用力模型

油液流经滑阀时，当油液速度的大小和方向发生变化时，其动量也将发生变

化，根据动量定理，油液将给滑阀阀芯一个作用力，这就是作用在阀芯上的液动力。液动力分为稳态液动力和瞬态液动力，其中稳态液动力不仅使阀芯运动操纵力增加，并能引起非线性问题，瞬态液动力将引起滑阀不稳定。除液动力外，滑阀阀芯的锥度将使得液体对阀芯径向力不平衡，产生卡紧力，本节内容将介绍滑阀液动力模型和液压卡紧力模型。

1. 稳态液动力

稳态液动力是阀口开度一定，流动稳定的情况下，由于液流方向改变而引起的液体作用力，其取值表达式可以通过动量定理求取。

由动量定理的流体力学表达式可知，在一维流动中，液体对固体壁面的作用力为

$$F=\rho q(\beta_1\boldsymbol{v}_1-\beta_2\boldsymbol{v}_2) \tag{3-36}$$

式中，β为动量修正系数，为液体流过某截面的实际动量与以平均流速流过截面的动量之比，当液流速度较大且速度较均匀（紊流）时，$\beta=1$，液流速度较低且分布不均匀（层流）时，$\beta=1.33$。

下面将以图3-10所示二凸肩滑阀为例，求取稳态液动力。

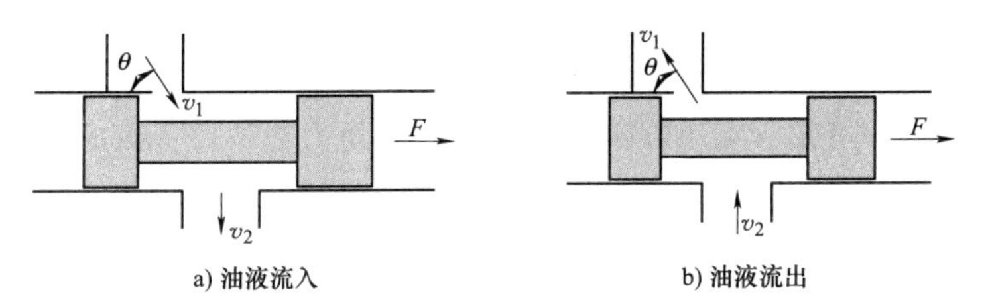

图3-10　二凸肩滑阀稳态液动力分析图

因沿阀芯径向的分力互相抵消了，所求为沿阀芯轴线方向的稳态液动力。

对于图3-10a，由式（3-36）可得滑阀受力

$$F=\rho q(v_1\cos\theta-v_2\cos 90^\circ)=\rho q v_1\cos\theta \tag{3-37}$$

滑阀受力方程与液流速度v_1在轴线上投影方向一致，即方向向右。

对于图3-10b，由式（3-36）可得滑阀受力

$$F=\rho q(v_2\cos 90^\circ-v_1\cos\theta)=-\rho q v_1\cos\theta \tag{3-38}$$

滑阀受力方程与液流速度v_1在轴线上投影方向相反，即方向向右。

对于所讨论的滑阀，由于射流角θ总是小于90°，所以轴向稳态液动力的方向总是指向关闭阀口的方向，相当于一个弹性回复力，使滑阀的工作趋于稳定。所受轴向稳态液动力的大小为

$$F_s=\rho q v_1\cos\theta \tag{3-39}$$

由流体力学知识可知，阀口射流最小断面处的流速为

$$v_1=C_v\sqrt{\frac{2}{\rho}\Delta p} \tag{3-40}$$

式中，C_v为速度系数，一般取0.95~0.98。

通过理想矩形阀口的流量为

$$q = C_d W x_v \sqrt{\frac{2}{\rho}\Delta p} \tag{3-41}$$

将式（3-40）和式（3-41）代入式（3-39），可得二凸肩滑阀轴向稳态液动力

$$F_s = 2C_v C_d W x_v \Delta p \cos\theta = K_{wy} x_v \tag{3-42}$$

式中，K_{wy}为稳态液动力刚度，其计算方法为

$$K_{wy} = 2C_v C_d W \Delta p \cos\theta \tag{3-43}$$

对于理想滑阀，射流角 $\theta = 69°$ 。取 $C_v = 0.98$，$C_d = 0.61$ 代入式（3-43），则可得单出油口滑阀轴向稳态液动力

$$F_s = 0.43 W \Delta p x_v = K_{wy} x_v \tag{3-44}$$

对于实际滑阀，需将0.43修正为0.487。

由式（3-44）可知，当阀口压力降一定时，轴向稳态液动力的大小与阀口开度成正比，其是由液体流动引起的刚度为K_{wy}的弹性力。

零开口四边滑阀在工作时，有两个串联的阀口同时起作用，每个阀口的压降均为$0.5(p_s - p_L)$，所以零开口四边滑阀的稳态液动力为

$$F_s = 0.487 W (p_s - p_L) x_v = K_{wy} x_v \tag{3-45}$$

由式（3-45）可知，零开口四边滑阀稳态液动力是随着负载压力变化的，当负载压力变化时，稳态液动力与阀口开度成非线性关系。在空载时，取最大值

$$\begin{aligned} F_{s0} &= 0.487 W p_s x_v \\ &= K_{wy0} x_v \end{aligned} \tag{3-46}$$

式中，K_{wy0} 空载稳态液动力刚度，取值为

$$K_{wy0} = 0.487 W p_s \tag{3-47}$$

由式（3-28）可知，实际阀芯与阀套间的径向间隙r_c将使通流面积变大。除此外，射流角θ也随着r_c的变小而变小，在$x_v/r_c>10$时，射流角接近69°，零位射流角接近21°，因此由式（3-44）计算的稳态液动力偏小。在阀芯位移与径向间隙的比值$x_v/r_c<10$时，通流面积变大的影响不能忽律，特别的在零位时，稳态液动力公式（3-42）变为

$$F_s = 2C_v C_d W \sqrt{x_v^2 + r_c^2}\Delta p \cos 21° = 1.118 W \sqrt{x_v^2 + r_c^2} \tag{3-48}$$

稳态液动力一般都很大，它是阀芯运动阻力的主要部分。为降低或消除液动力，可以采用如下四种方法：一是在阀套周围对称地设置径向小孔来作为控制窗口，其原理是在窗口完全打开时，射流角接近为90°，稳态液动力趋于零。但存在的问题是圆性窗口将显著增加小开口时滑阀静态特性曲线的非线性；二是通过增加阀芯两端颈部的直径，实现压降补偿。增加阀芯两端颈部的直径，将降低环状通道，在大流量时就产生压力降反作用于阀的凸肩上，从而使滑阀受到和稳态液动力相反的液压力，抵消稳态液动力。此种补偿方法虽然简单，但只有大流量时

才有效，且对非全周开口的阀是无效的；三是回流凸肩法。通过将离开阀腔的液体直接引回到阀芯上，使其产生和稳态液动力相反的开启力。此种方法对大流量时尤为有效；四是开负力窗口补偿。通过将回油液流直接冲击到阀芯，使阀芯产生开启力，抵消稳态液动力，此种方法不增加制造中的耗费。需要说明的是，回流凸肩法和负力窗口补偿法会产生过补偿，使得补偿作用力大于稳态液动力，造成阀芯不受控的开启，使得整个阀变得不稳定。

通过上述可知，液动力补偿方法存在制造成本高，不能消除所有流量和压降下的液动力，或者是阀出现非线性和不稳定现象，因此目前并没有一种理想的方法。在电液伺服阀中，如电-机转换器的功率不够，一般采用多级结构，如两级伺服阀就是采用先导控制阀提供的液压力去驱动第二级滑阀。

2. 瞬态液动力

瞬态液动力是指在阀芯运动过程中，由于阀口开度变化，造成通过阀口的流量和阀腔内液流加速或减速，所引起的液流对阀芯的作用力。

以阀腔内流体为控制体，假设油液不可压缩，则阀腔中液体质量不变，由动量定理可知

$$F_{\mathrm{t}}=-\frac{\mathrm{d}(mv)}{\mathrm{d}t}=-m\frac{\mathrm{d}v}{\mathrm{d}t}=-\rho L_{\mathrm{h}}A_{\mathrm{m}}\frac{\mathrm{d}v}{\mathrm{d}t}=-\rho L_{\mathrm{h}}\frac{\mathrm{d}q}{\mathrm{d}t} \tag{3-49}$$

式中，负号指代的是液体对阀芯的作用力与液流加速度方向相反；m 为阀腔中的液体质量；v 为阀腔中液体流速；A_{m}为阀腔过流断面的面积；L_{h}为液体在阀腔内的实际流程长度。

将式（3-41）代入式（3-49）可得

$$F_{\mathrm{t}}=-\left(L_{\mathrm{h}}C_{\mathrm{d}}W\sqrt{2\rho\Delta p}\frac{\mathrm{d}x_{\mathrm{v}}}{\mathrm{d}t}+\frac{L_{\mathrm{h}}C_{\mathrm{d}}Wx_{\mathrm{v}}}{\sqrt{\frac{2}{\rho}\Delta p}}\frac{\mathrm{d}(\Delta p)}{\mathrm{d}t}\right) \tag{3-50}$$

上式表明，瞬态液动力由两项构成，第一项由阀芯运动速度产生，在阀结构确定的情况下，其与阀芯的运动速度和阀口两端压差成正比。第二项是由阀口开度和阀口两端压差变化率引起，在阀结构确定的情况下，其与阀口开度和阀口两端压差变化率成正比，与阀口两端压差成二分之一次方成反比。由于压力变化率很小，第二项与第一项相比，在分析中往往可以忽略不计。因此可将式（3-50）写为

$$F_{\mathrm{t}}=-B_{\mathrm{f}}\frac{\mathrm{d}x_{\mathrm{v}}}{\mathrm{d}t} \tag{3-51}$$

式中，B_{f}为瞬态液动力阻尼系数，取值为 $B_{\mathrm{f}}=L_{\mathrm{h}}C_{\mathrm{d}}W\sqrt{2\rho\Delta p}$ 。

综上可知，瞬态液动力的大小与阀芯速度成正比，方向始终与阀腔内液体的加速度相反，因此瞬态液动力对阀芯起阻尼力作用。液体在阀腔内的流程长度 L_{h} 称为阻尼长度，如果瞬态液动力的方向与阀芯移动方向相反，则瞬态液动力起正阻尼力作用，阻尼长度为正，如图 3-11a 所示。如果瞬态液动力的方向与阀芯移动方向相同，则瞬态液动力起负阻尼力作用，阻尼长度为负，如图 3-11b 所示。

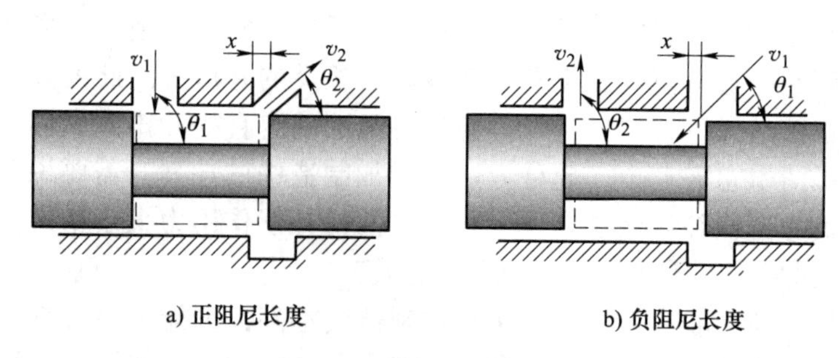

a) 正阻尼长度　　b) 负阻尼长度

图 3-11　滑阀的阻尼长度

图 3-12 为零开口四边滑阀的瞬态液动力分析图，L_1是正阻尼长度，L_2是负阻尼长度，阀口压差为 0.5（p_s-p_L），代入式（3-51）并结合阀的匹配条件可得，零开口四边滑阀的总瞬态液动力为

$$F_t = (L_2 - L_1) C_d W \sqrt{\rho(p_s - p_L)} \frac{dx_v}{dt} \tag{3-52}$$

因此，零开口四边润阀的阻尼系数$\beta_f = (L_2 - L_1) C_d W \sqrt{\rho(p_s - p_L)}$。

由于负阻尼对阀工作的稳定性不利，为使瞬态液动力对阀芯其稳定作用，应保证正阻尼长度之和大于负阻尼长度之和。阀芯所受的各种作用力中，瞬态液动力的数值所占比例不大，因此不可能利用它作为阻尼源，在一般液压控制阀中通常忽略不计。但在分析计算动态响应较高的阀，如电液伺服阀或高响应比例阀，必须考虑瞬态液动力的影响。

3. 作用在滑阀上侧向卡紧力

由于加工不能精确到使阀芯和阀套是完全精确的圆柱形，阀芯或阀体孔带会有一定锥度，阀芯和阀套的间隙为圆锥环形间隙，间隙大小沿轴线方向变化。阀芯大端为高压，液流由大端流向小端，称为倒锥，如图 3-13a 所示；阀芯小端为高压，液流由小端流向大端，称为顺锥，如图 3-13b 所示。如果阀芯在阀体孔内出现偏心，作用在阀芯一侧的压力将大于另一侧的压力，使阀芯受到一个液压侧向力的作用。倒锥的液压侧向力使偏心距加大，当液压侧向力足够大时，阀芯将紧贴阀套的内壁面，产生所谓液压卡紧现象；而顺锥的液压侧向力则会使偏心距减小，不会出现液压卡紧现象。

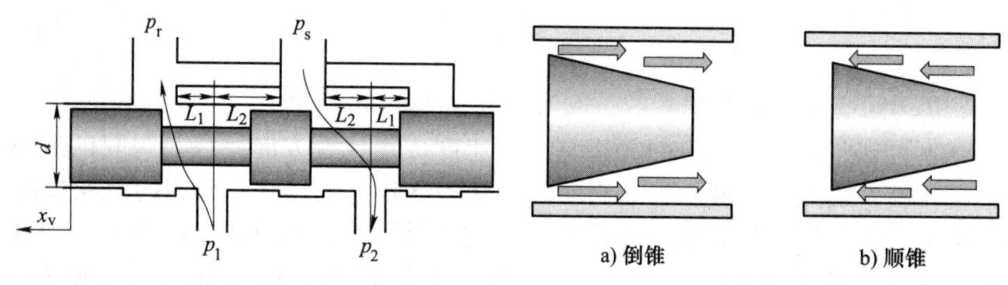

a) 倒锥　　b) 顺锥

图 3-12　零开口四边滑阀的瞬态液动力分析图　　图 3-13　圆锥环形间隙的液流

使阀芯离开中心，并把阀芯推到一侧的倒锥侧向力为

$$F=\frac{\pi ldr_t(p_1-p_2)}{4b}\left(\frac{2r_c+r_t}{\sqrt{(2r_c+r_t)^2-4b^2}}-1\right) \tag{3-53}$$

式中，l 为阀芯长度；r_c为阀芯和阀套中心线重合时，阀芯大端的径向间隙；b 是阀芯和阀套中心线的距离；r_t是阀芯大端和小端的半径差。

令 $b=r_c$，对式（3-53）进行无因次化，可得阀芯紧贴阀套的无因次力与倒锥程度的关系式

$$\frac{F}{ld(p_1-p_2)}=\frac{\pi}{4}\frac{r_t}{r_c}\left(\frac{2+r_t/r_c}{\sqrt{4r_t/r_c+(r_t/r_c)^2}}-1\right) \tag{3-54}$$

由式（3-54）可得阀芯紧贴阀套的无因次力与倒锥程度的关系曲线，如图 3-14 所示。

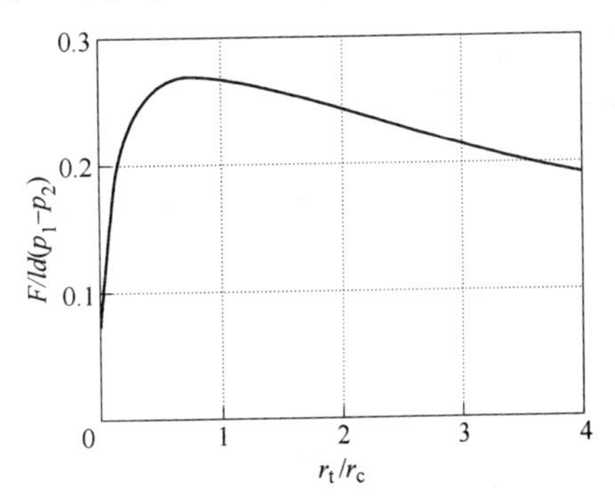

图 3-14　阀芯紧贴阀套的无因次力与倒锥程度的关系曲线

由图 3-14 可知，在 $r_t/r_c=0.9$ 时，阀芯紧贴阀套的无因次力取最大值 0.27，因此液压卡紧力满足

$$F_t \leqslant 0.27ld(p_1-p_2) \tag{3-55}$$

由图 3-14 可知，虽然 $r_t/r_c=0.9$ 时取最大值，但只有 r_t/r_c小于 0.1 以下，才能大幅度降低液压侧向力。这个要求比较难以达到，因此通过降低锥度的方法来降低侧向力的方法不实际。

为减少液压侧向力，一般在阀芯的凸肩上开环形槽的方法来补偿。这些槽使环绕阀芯周边的液体得以从高压区流向低压区，使槽内液体压力在圆周方向处处相等，因而使阀芯趋于中间，这些槽被称为均压槽。实验表明，当在阀芯上开一个均压槽，其侧向力减小到原来的 40%；开等距离的三个槽则减小到 6%；当均压槽数达到 7 个时，液压侧向力可减少到原来的 2.7%，阀芯与阀孔基本同心。

均压槽的深度和宽度至少应为阀芯和阀套间隙的 10 倍以上，一般为 0.3～1.0mm。槽的边缘应与孔垂直，以防止赃物挤入。均压槽应设置在凸肩的高压侧，而且至少要有三个槽。如果没有明显的高压边，则槽应均衡地开在阀芯的凸肩上。均压槽的加工工艺简单，增加的制造成本微不足道，但却能有效地减小侧向力，同时这些槽还对赃物颗粒提供一个储藏的场所，避免可能引起的阀芯与阀套直径的粘附和摩擦。另外由流体力学知识可知，在相同压差作用下，偏心环形缝隙泄漏流量最大可达到同心环状形间隙泄漏流量的 2.5 倍，开均压槽可以增加阀芯和阀套的同轴度，降低这种泄漏。因此在液压圆柱滑阀阀芯或柱塞上，总是需要开均压槽。

3.1.5　滑阀效率与设计准则

1. 滑阀的效率

若设液压泵的供油压力为 p_s，供油流量为 q_s，阀的负载压力为 p_L，负载流量

为 q_L，则阀的输出功率为

$$P_L = q_L p_L = p_L C_d W x_v \sqrt{\frac{p_s - p_L}{\rho}} = p_s C_d W x_v \frac{p_L}{p_s} \sqrt{\frac{p_s}{\rho}} \sqrt{1 - \frac{p_L}{p_s}} \tag{3-56}$$

无因次化后，则阀的无因次输出功率为

$$P_L' = \frac{P_L}{p_s C_d W x_v \sqrt{\frac{p_s}{\rho}}} = \frac{p_L}{p_s} \sqrt{1 - \frac{p_L}{p_s}} \tag{3-57}$$

由上式可得图3-15所示的负载功率随负载压力变化的无因次曲线。由该曲线可知，滑阀无因次输出功率存在最大值。

令 $\frac{dP_L}{dp_L} = 0$，可求得输出功率最大值时的负载压力

$$p_L = \frac{2}{3} p_s \tag{3-58}$$

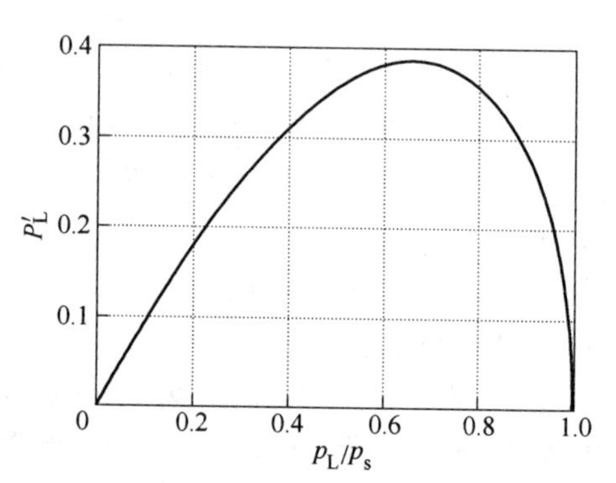

图3-15　负载功率随负载压力变化的无因次曲线

阀在最大开度和式（3-58）条件下，最大输出功率

$$P_{Lmax} = \frac{2}{3\sqrt{3}} C_d W x_{vm} \sqrt{\frac{1}{\rho} p_s^3} \tag{3-59}$$

如果采用变量泵供油时，由于变量泵可自动调节其供油流量 q_s 来满足负载流量 q_L 的要求，满足 $q_s = q_L$，因此滑阀在最大输出功率时系统的最高效率为

$$\eta = \frac{q_L p_L}{q_L p_s} = \frac{2}{3} = 66.7\% \tag{3-60}$$

采用变量泵供油时，因为不存在供油流量损失，因此这个效率也是滑阀本身所能达到的最高效率。

当采用定量泵加溢流阀作液压能源时，定量泵的供油流量应等于或大于阀的最大负载流量。阀在最大输出功率时系统的最高效率为

$$\eta = \frac{(q_L p_L)_{max}}{q_s p_s} = \frac{2}{3} p_s \frac{C_d W x_{vm} \sqrt{\frac{1}{\rho}\left(p_s - \frac{2}{3} p_s\right)}}{p_s C_d W x_{vm} \sqrt{\frac{p_s}{\rho}}} = 38.5\% \tag{3-61}$$

这个效率是整个液压伺服控制系统的效率，包括滑阀节流损失、溢流阀溢流损失等。由式（3-61）可知，定量泵加溢流阀作为液压能源的液压伺服控制系统效率较低，但由于其结构简单、成本低、维护方便，特别是在中、小功率系统中，

仍然广泛应用。

由上述分析可知，在 $p_L = 2p_s/3$ 时，整个液压伺服系统的效率最高，同时阀的输出功率也最大，故通常取 $p_L = 2p_s/3$ 作为阀的设计负载压力。限制 p_L 值的另一个原因是，在 $p_L \leqslant 2p_s/3$ 的范围内，阀的流量增益和流量-压力系数的变化也不大。流量增益降低和流量-压力系数增大会影响系统的性能，所以一般都将输出功率最大时的负载压力设定为 $p_L \leqslant 2p_s/3$。

2. 滑阀的设计准则

滑阀设计的主要内容包括结构型式的选择和基本参数的确定。在设计时，首先应满足负载和执行元件对滑阀提出的稳态特性要求，以及它对伺服系统动态特性的影响。同时也要使滑阀结构简单、工艺性好、驱动力小和工作可靠等。

对于结构型式，为提高电液伺服阀的线性性能和控制性能，电液伺服阀一般选择具有阀套结构的零开口四边滑阀。

滑阀的结构参数主要包括面积梯度、阀芯最大位移、阀芯直径、阀芯长度、凸肩宽度和阻尼长度等。

根据伺服系统的工作或者设计要求，可以确定阀的一些基本参数，如额定流量和供油压力。通常，阀的额定流量是指阀的最大空载流量，由式（3-13）可知，最大空载流量为

$$q_{Lm} = C_d A_{vm} \sqrt{\frac{p_s}{\rho}} \tag{3-62}$$

因此滑阀的最大开口面积为

$$A_{vm} = \frac{q_{Lm}}{C_d \sqrt{p_s/\rho}} \tag{3-63}$$

由于最大开口面积 $A_{vm} = Wx_{vm}$，在 A_{vm} 确定时，有多种面积梯度 W 和阀芯额定行程 x_{vm} 可以满足设计要求。但由于阀芯运动是由电-机转换器直接或间接驱动的，其最大位移受制于电-机转换器的行程和输出力，因此需要首先确定阀芯额定行程。较大的阀芯额定行程 x_{vm}，可以提升阀的抗污染能力，减少可能出现的堵塞情况，同时可以避免小开口时因控制油口堵塞而造成的流量增益下降、系统响应速度和控制精度降低的现象，还可以降低阀芯轴向尺寸加工公差的技术要求。因此在电-机转换器限制条件下，尽可能选择较大的阀芯行程。但需要说明的是，对于频响较高的阀，在满足其他设计要求的情况下，应尽可能减小阀芯的直径 d 和额定行程 x_{vm}。

为保证阀芯有足够的刚度，阀芯颈部直径 d_r 取值应不小于阀芯直径（即凸肩直径）d 的一半。另外，为避免因可控节流口而产生的流量饱和现象，阀腔通道内的流速不应过大，应使通道面积至少为最大节流口面积的 4 倍，即

$$\frac{\pi}{4}(d^2 - d_r^2) > 4Wx_{vm} \tag{3-64}$$

若取 $d_r = 0.5d$，代入上式可得

$$d > \sqrt{\frac{64Wx_{vm}}{3\pi}} \approx 2.61\sqrt{Wx_{vm}} \tag{3-65}$$

对于全周开口的阀，面积梯度 $W = \pi d$，代入上式可得面积梯度和阀芯行程的关系为

$$\frac{W}{x_{vm}} > 67 \tag{3-66}$$

进一步可得，阀芯直径和额定阀芯行程的关系

$$x_{vm} < \frac{\pi}{67}d \approx 0.047d \tag{3-67}$$

需要说明的是，式（3-66）和式（3-67）是基于 $d_r = 0.5d$ 的条件得出的。若取 $d_r = 0.7d$，全周开口的阀芯直径需满足

$$d > 3.15\sqrt{Wx_{vm}} \tag{3-68}$$

面积梯度和阀芯额定行程的关系变为

$$\frac{W}{x_{vm}} > 98.56 \tag{3-69}$$

阀芯直径和阀芯额定行程的关系

$$x_{vm} < 0.032d \tag{3-70}$$

式（3-66）和式（3-69）均为全周开口的滑阀不产生流量饱和的条件。如果条件不满足，就不能采用全周开口的阀，应加大阀芯直径 d，然后采用非全周开口的滑阀结构形式，通常采用在阀套上对称地开两个或四个矩形窗口，否则阀芯将受额外侧压力作用，从而增加阀芯摩擦力，给阀的性能带来不利影响。

滑阀阀芯直径依据最大空载流量（额定流量）选取，额定流量大于 30L/min 时，一般按全周开口设计；流量较小时，一般设计成图 3-7a 所示的阀套上有对称分布方孔的非全周开口形式。但需要说明，伺服阀生产厂家为了减少阀芯尺寸的种类，在某一额定流量范围区间内，通常采用相同的阀芯直径和行程，如果这个额定流量区间大于 30L/min，则只有额定流量最大的采用全周开口，其余则采用非全周开口。

选取阀芯直径时，也可以参照同类电液伺服阀进行选取，表 3-1 为某国外电液伺服阀的额定流量与阀芯直径的对应关系，两个额定流量范围内的电液伺服阀可以采用相同的阀芯尺寸[19]。

表 3-1　某国外电液伺服阀所采用的阀芯直径与额定流量的关系

额定流量/(L/min)	7.5	23	46	68	115
阀芯直径/mm	3.3	4.6	5.6	6.6	7.9

在面积梯度 W、阀芯额定行程 x_{vm}、滑阀直径 d 确定后，滑阀的其他尺寸，如阀芯长度 l，凸肩宽度 b，阻尼长度 L_1+L_2 等可以通过这些结构参数与阀芯直径 d 之间的经验关系确定。其遵循如下设计准则：①阀芯长度 $l=(4\sim7)d$，通常取 $l=6d$；②正负阻尼长度之和 $L_1+L_2\approx2d$，且正阻尼长度之和大于负阻尼总长度之和；③两端密封凸肩宽度约为 $0.7d$ 左右，中间凸肩宽度因不起密封作用可小于 $0.7d$。

如图 3-12 所示，若设零开口全周开口四边滑阀的阀芯长度 $l=6d$，总的阻尼长度为 $L_1+L_2\approx2d$，阀芯颈部直径 $d_r=0.5d$，则阀芯体积为以凸肩直径为底，阀芯长度为高的圆柱体积减去两个环状圆柱的体积，因此阀芯体积为

$$V=\frac{\pi}{4}d^2L-2\left(\frac{\pi}{4}d^2-\frac{\pi}{4}d_r^2\right)(L_1+L_2)=\frac{3\pi}{4}d^3 \tag{3-71}$$

将上述阀芯体积公式与阀芯材料密度相乘，即为阀芯质量。

3.2　双喷嘴挡板阀的数学模型及仿真

与滑阀相比，双喷嘴挡板阀的运动部件为挡板组件，具有惯量小、所需驱动力矩小、无死区、无摩擦副、反应灵敏、抗污染能力强、动态响应速度高等优点，且不像滑阀那样具有严格的轴向和径向尺寸要求，故双喷嘴挡板阀制造容易，成本较低，动态性能好。但双喷嘴挡板阀零位泄漏流量大、功率损失较大，因此多用作两级电液伺服阀的先导控制级。

3.2.1　结构和工作原理

图 3-16 为双喷嘴挡板阀的结构与工作原理图，其由呈对称分布的两个单喷嘴挡板阀构成，每个单喷嘴挡板阀由固定节流孔、喷嘴和挡板组成。挡板和喷嘴之间的缝隙是可变的，构成可变节流口，用于控制固定节流孔与可变节流口之间控制腔的压力 p_1 和 p_2，控制腔分别与滑阀阀芯两端相连。

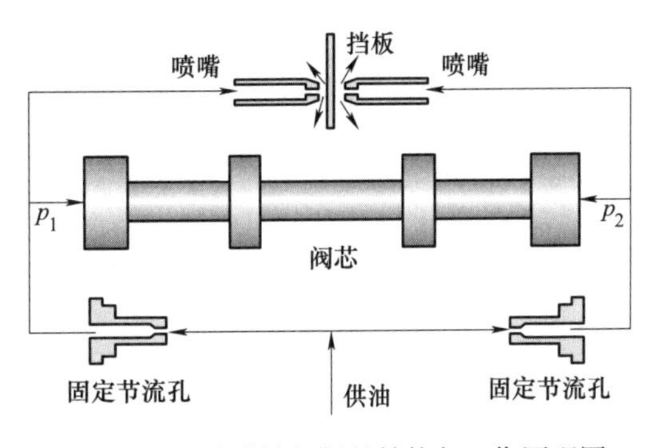

图 3-16　双喷嘴挡板阀的结构与工作原理图

当挡板处于中间位置时，两缝隙所形成的液阻相等，两控制腔内的油压相等，阀芯不动。当挡板向左移动时，左端喷嘴挡板间缝隙变小，右端喷嘴挡板间缝隙增大，左控制腔压力 p_1 上升，右控制腔压力 p_2 下降，压差推动阀芯向右移动。同理，当挡板向右移动时，右端端喷嘴挡板间缝隙变小，左端端喷嘴挡板间缝隙增大，左控制腔压力 p_1 下降，右控制腔压力 p_2 上升，压差推动阀芯向左移动。

3.2.2 静态特性模型

由上述分析可知，双喷嘴挡板阀为四通阀，通过两个结构相同的单喷嘴挡板阀差动工作，实现压力控制。图 3-17 为双喷嘴挡板阀挡板向上移动时液流的流向分析图，图 3-18 为其等效液压桥路图。

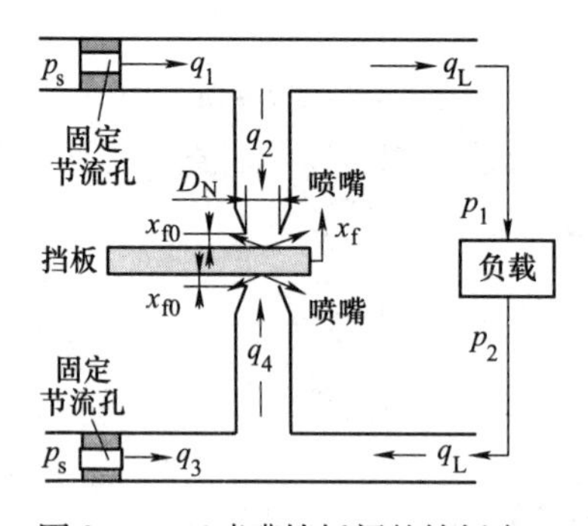

图 3-17 双喷嘴挡板阀的挡板向上移动时液流的流向分析图

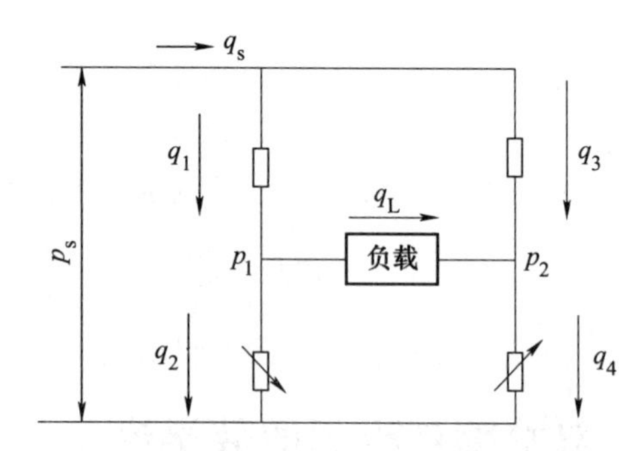

图 3-18 双喷嘴挡板阀的等效液压桥路图

由等效液压桥路和流量连续性方程可得

$$q_L = q_1 - q_2 = q_4 - q_3 \tag{3-72}$$

为减小油温变化的影响，固定节流孔通常设计为短孔，喷嘴端部也是锐边的，因此由通过节流口的流量方程式（3-3）可得，通过固定节流孔的流量为

$$q_1 = C_{d0}A_0\sqrt{\frac{2}{\rho}(p_s - p_1)} \tag{3-73}$$

$$q_3 = C_{d0}A_0\sqrt{\frac{2}{\rho}(p_s - p_2)} \tag{3-74}$$

通过喷嘴挡板间隙的流量为

$$q_2 = C_{df}A_{f1}\sqrt{\frac{2}{\rho}(p_1 - p_r)} \tag{3-75}$$

$$q_4 = C_{df}A_{f2}\sqrt{\frac{2}{\rho}(p_2 - p_r)} \tag{3-76}$$

式中，C_{d0}为固定节流孔的流量系数；A_0为固定节流孔的通流面积；C_{df}为可变节流口的流量系数；A_f为可变节流口的通流面积；p_r为回油腔压力，计算时可以忽略不计。

由于固定节流孔为圆形孔，因此固定节流口的通流面积为

$$A_0 = \frac{1}{4}\pi D_0^2 \tag{3-77}$$

喷嘴挡板间隙通流面是圆柱侧面，因此可变节流孔的通流面积为

$$A_{f1}=\pi D_N(x_{f0}-x_f) \tag{3-78}$$

$$A_{f2}=\pi D_N(x_f+x_{f0}) \tag{3-79}$$

式中，D_0为固定节流孔的直径；D_N为可变节流口的直径；x_{f0}为喷嘴与挡板的零位间隙；x_f为挡板偏离零位的位移。

将式（3-73）~式（3-79）代入式（3-72），并忽略回油腔压力 p_r 可得

$$q_L=q_1-q_2=C_{d0}\frac{1}{4}\pi D_0^2\sqrt{\frac{2}{\rho}(p_s-p_1)}-C_{df}\pi D_N(x_{f0}-x_f)\sqrt{\frac{2}{\rho}p_1} \tag{3-80}$$

$$q_L=q_4-q_3=C_{df}\pi D_N(x_f+x_{f0})\sqrt{\frac{2}{\rho}p_2}-C_{d0}\frac{1}{4}\pi D_0^2\sqrt{\frac{2}{\rho}(p_s-p_2)} \tag{3-81}$$

由于负载压力可写为

$$p_L=p_1-p_2 \tag{3-82}$$

令 $q_L=0$，由式（3-80）和式（3-81）可得

$$\frac{p_1}{p_s}=\left[1+\left(\frac{C_{df}D_N(x_{f0}-x_f)}{C_{d0}A_0}\right)^2\right]^{-1} \tag{3-83}$$

$$\frac{p_2}{p_s}=\left[1+\left(\frac{C_{df}D_N(x_{f0}+x_f)}{C_{d0}A_0}\right)^2\right]^{-1} \tag{3-84}$$

令喷嘴与固定节流孔的液导比 $a=\dfrac{C_{df}\pi D_N x_{f0}}{C_{d0}A_0}$，则式（3-83）和式（3-84）可化简为

$$\frac{p_1}{p_s}=\left[1+\left(a-\frac{C_{df}\pi D_N x_f}{C_{d0}A_0}\right)^2\right]^{-1} \tag{3-85}$$

$$\frac{p_2}{p_s}=\left[1+\left(a+\frac{C_{df}\pi D_N x_f}{C_{d0}A_0}\right)^2\right]^{-1} \tag{3-86}$$

将 $\dfrac{a}{x_{f0}}=\dfrac{C_{df}\pi D_N}{C_{d0}A_0}$ 代入，式（3-85）和式（3-86），其可进一步简化为

$$\frac{p_1}{p_s}=\left[1+a^2\left(1-\frac{x_f}{x_{f0}}\right)^2\right]^{-1} \tag{3-87}$$

$$\frac{p_2}{p_s}=\left[1+a^2\left(1+\frac{x_f}{x_{f0}}\right)^2\right]^{-1} \tag{3-88}$$

因此，无因次负载压力可写为

$$\frac{p_L}{p_s}=\frac{p_1-p_2}{p_s}=\left[1+a^2\left(1-\frac{x_f}{x_{f0}}\right)^2\right]^{-1}-\left[1+a^2\left(1+\frac{x_f}{x_{f0}}\right)^2\right]^{-1} \tag{3-89}$$

上式表明，负载压力不但随着 x_f而变，而且和 a 有关。下面求取零位压力增益最高时的 a 值，零位压力增益为

$$\frac{\mathrm{d}p_L}{\mathrm{d}x_f}\bigg|_{x_f=0}=\frac{p_s}{x_{f0}}\frac{4a^2}{(1+a^2)^2} \tag{3-90}$$

为了使零位灵敏度达到最高，应使

$$\frac{\mathrm{d}}{\mathrm{d}a}\left(\frac{\mathrm{d}p_{\mathrm{L}}}{\mathrm{d}x_{\mathrm{f}}}\Big|_{x_{\mathrm{f}}=0}\right)=\frac{p_{\mathrm{s}}}{x_{\mathrm{f0}}}\frac{8a(1-a^2)}{(1+a^2)^3}=0 \tag{3-91}$$

因此可解得

$$a=\frac{C_{\mathrm{df}}A_{\mathrm{f0}}}{C_{\mathrm{d0}}A_0}=\frac{C_{\mathrm{df}}\pi D_{\mathrm{N}}x_{\mathrm{f0}}}{C_{\mathrm{d0}}A_0}=1 \tag{3-92}$$

将 $a=1$ 代入式（3-87）和式（3-88），可得零位时，负载两端压力

$$p_1\big|_{x_{\mathrm{f}}=0}=p_2\big|_{x_{\mathrm{f}}=0}=\frac{1}{2}p_{\mathrm{s}} \tag{3-93}$$

在式（3-92）的条件下，可将式（3-80）和式（3-81）化为如下无因次量

$$\frac{q_{\mathrm{L}}}{C_{\mathrm{d0}}A_0\sqrt{p_{\mathrm{s}}/\rho}}=\sqrt{2\left(1-\frac{p_1}{p_{\mathrm{s}}}\right)}-\left(1-\frac{x_{\mathrm{f}}}{x_{\mathrm{f0}}}\right)\sqrt{\frac{2p_1}{p_{\mathrm{s}}}} \tag{3-94}$$

$$\frac{q_{\mathrm{L}}}{C_{\mathrm{d0}}A_0\sqrt{p_{\mathrm{s}}/\rho}}=\left(1+\frac{x_{\mathrm{f}}}{x_{\mathrm{f0}}}\right)\sqrt{\frac{2p_2}{p_{\mathrm{s}}}}-\sqrt{2\left(1-\frac{p_2}{p_{\mathrm{s}}}\right)} \tag{3-95}$$

将上述的两个流量方程与方程 $p_{\mathrm{L}}=p_1-p_2$ 结合起来就可以确定双喷嘴挡板阀的压力-流量特性曲线。但是，这组方程不能用简单的方法合成一个关系式。可用下述方法作出压力-流量曲线，选定一个 x_{f}，给出一系列 q_{L} 值，然后利用式（3-94）和式（3-95）分别求出对应的 p_1 和 p_2 值，再利用 $p_{\mathrm{L}}=p_1-p_2$ 就可以绘制出双喷嘴挡板阀无因次的压力-流量曲线，如图 3-19 所示。

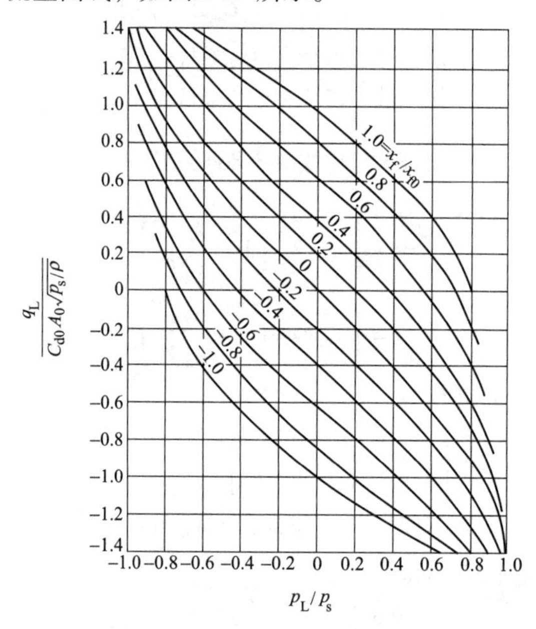

图 3-19　双喷嘴挡板阀无因次的压力-流量特性曲线

由图 3-19 可知，双喷嘴挡板阀的压力-流量特性曲线的线性范围较大，线性度较好，并且有较好的对称度。

当双喷嘴挡板阀在力矩马达的作用下使得挡板偏离零位时，导致一个喷嘴腔的压力下降，而另一个喷嘴腔的压力上升。在空载（即 $q_L=0$）时，单个喷嘴腔的控制压力 p_1 或 p_2 可由式（3-87）和式（3-88）求得

$$\frac{p_1}{p_s}=\frac{1}{1+\left(1-\frac{x_f}{x_{f0}}\right)^2} \tag{3-96}$$

$$\frac{p_2}{p_s}=\frac{1}{1+\left(1+\frac{x_f}{x_{f0}}\right)^2} \tag{3-97}$$

将式（3-96）与式（3-97）相减可得，双喷嘴挡板阀空载时的无因次压力特性方程为

$$\frac{p_L}{p_s}=\frac{p_1-p_2}{p_s}=\frac{1}{1+\left(1-\frac{x_f}{x_{f0}}\right)^2}-\frac{1}{1+\left(1+\frac{x_f}{x_{f0}}\right)^2} \tag{3-98}$$

由式（3-98）可得，双喷嘴挡板阀的无因次压力特性曲线，如图 3-20 所示。

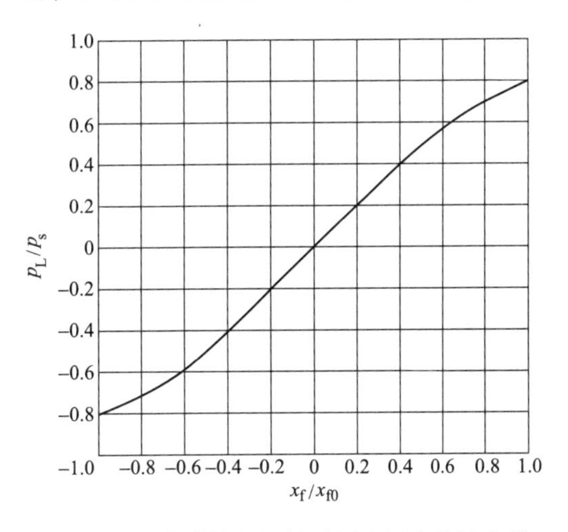

图 3-20　双喷嘴挡板阀的无因次压力特性曲线

由图 3-20 可知，在式（3-92）的条件下，挡板位移等于零位间隙时，双喷嘴挡板阀达到最大控制压力 $0.8p_s$。在挡板位移取 $-0.6x_{f0}\sim0.6x_{f0}$ 时，压力特性有着较好的线性度。

3.2.3　静态特性数学模型的线性化与阀系数

将式（3-80）和式（3-81）在零位（$x_f=q_L=p_L=0$ 和 $p_1=p_2=p_s/2$）附近，分

别采用全微分进行线性化可得

$$\Delta q_{\mathrm{L}} \approx \frac{\partial q_{\mathrm{L}}}{\partial x_{\mathrm{f}}}\Delta x_{\mathrm{f}} + \frac{\partial q_{\mathrm{L}}}{\partial p_1}\Delta p_1 = C_{\mathrm{df}}\pi D_{\mathrm{N}}\sqrt{\frac{p_{\mathrm{s}}}{\rho}}\Delta x_{\mathrm{f}} - \frac{2C_{\mathrm{df}}\pi D_{\mathrm{N}}x_{\mathrm{f0}}}{\sqrt{\rho p_{\mathrm{s}}}}\Delta p_1 \tag{3-99}$$

$$\Delta q_{\mathrm{L}} = \frac{\partial q_{\mathrm{L}}}{\partial x_{\mathrm{f}}}\Delta x_{\mathrm{f}} + \frac{\partial q_{\mathrm{L}}}{\partial p_1}\Delta p_1 = C_{\mathrm{df}}\pi D_{\mathrm{N}}\sqrt{\frac{p_{\mathrm{s}}}{\rho}}\Delta x_{\mathrm{f}} + \frac{2C_{\mathrm{df}}\pi D_{\mathrm{N}}x_{\mathrm{f0}}}{\sqrt{\rho p_{\mathrm{s}}}}\Delta p_2 \tag{3-100}$$

将式(3-99)和式(3-100)相加并除以2,并将 $\Delta p_{\mathrm{L}}=\Delta p_1-\Delta p_2$ 合并,可得双喷嘴挡板阀在零位附近工作时的压力-流量方程的线性化方程

$$\Delta q_{\mathrm{L}} = C_{\mathrm{df}}\pi D_{\mathrm{N}}\sqrt{\frac{p_{\mathrm{s}}}{\rho}}\Delta x_{\mathrm{f}} - \frac{2C_{\mathrm{df}}\pi D_{\mathrm{N}}x_{\mathrm{f0}}}{\sqrt{\rho p_{\mathrm{s}}}}\Delta p_{\mathrm{L}} \tag{3-101}$$

由上式可直接得双喷嘴挡板阀的零位阀系数

流量增益 $$K_{\mathrm{q0}} = \frac{\partial q_{\mathrm{L}}}{\partial x_{\mathrm{f}}}\bigg|_{x_{\mathrm{f}}=0} = C_{\mathrm{df}}\pi D_{\mathrm{N}}\sqrt{\frac{p_{\mathrm{s}}}{\rho}} \tag{3-102}$$

压力增益（压力灵敏度） $$K_{\mathrm{p0}} = \frac{\partial p_{\mathrm{L}}}{\partial x_{\mathrm{f}}}\bigg|_{x_{\mathrm{f}}=0} = \frac{p_{\mathrm{s}}}{x_{\mathrm{f0}}} \tag{3-103}$$

流量-压力系数 $$K_{\mathrm{c0}} = \frac{\partial q_{\mathrm{L}}}{\partial p_{\mathrm{L}}}\bigg|_{x_{\mathrm{f}}=0} = \frac{C_{\mathrm{df}}\pi D_{\mathrm{N}}x_{\mathrm{f0}}}{\sqrt{p_{\mathrm{s}}\rho}} \tag{3-104}$$

由双喷嘴挡板阀的工作原理可知，由两个喷嘴流出的流量不参与对外做功，其为双喷嘴挡板阀泄漏流量，其值决定了双喷嘴挡板阀的功率损失，泄漏流量取值为

$$q_{\mathrm{c}} = q_2 + q_4 \tag{3-105}$$

在零位时，泄漏流量最大，将式（3-75）和式（3-76）代入式（3-105）可得，双喷嘴挡板阀的零位泄漏流量为

$$q_{\mathrm{c}} = q_2\big|_{x_{\mathrm{f0}}=0} + q_4\big|_{x_{\mathrm{f0}}=0} = 2C_{\mathrm{df}}\pi D_{\mathrm{N}}x_{\mathrm{f0}}\sqrt{\frac{p_{\mathrm{s}}}{\rho}} \tag{3-106}$$

需要说明的是，式（3-102）~式（3-104）所表达的零位阀系数和式（3-106）所表达的零位泄漏流量均是在式（3-92）的条件下得到的。若不满足式（3-92）所表达的条件，则双喷嘴挡板阀的零位阀系数如下

流量增益 $$K_{\mathrm{q0}} = \frac{\partial q_{\mathrm{L}}}{\partial x_{\mathrm{f}}}\bigg|_{x_{\mathrm{f}}=0} = \frac{1}{\sqrt{1+a^2}}C_{\mathrm{df}}\pi D_{\mathrm{N}}\sqrt{\frac{2p_{\mathrm{s}}}{\rho}}$$

压力增益（压力灵敏度）$$K_{\mathrm{p0}} = \frac{\partial p_{\mathrm{L}}}{\partial x_{\mathrm{f}}}\bigg|_{x_{\mathrm{f}}=0} = \frac{4a^2p_{\mathrm{s}}}{(1+a^2)^2x_{\mathrm{f0}}}$$

流量-压力系数 $$K_{\mathrm{c0}} = -\frac{\partial q_{\mathrm{L}}}{\partial p_{\mathrm{L}}}\bigg|_{x_{\mathrm{f}}=0} = \frac{(1+a^2)^2}{2\sqrt{2}a^2\sqrt{1+a^2}}\frac{C_{\mathrm{df}}\pi D_{\mathrm{N}}x_{\mathrm{f0}}}{\sqrt{p_{\mathrm{s}}\rho}}$$

零位泄漏流量 $$q_{\mathrm{c}} = \frac{2C_{\mathrm{df}}\pi D_{\mathrm{N}}x_{\mathrm{f0}}}{\sqrt{1+a^2}}\sqrt{\frac{p_{\mathrm{s}}}{\rho}}$$

令流量增益与压力增益相乘可得，零位传递功率增益

$$K_{P0}=\frac{4a^2}{(1+a^2)^{2.5}}C_{df}\pi D_N\sqrt{\frac{2p_s}{\rho}}\frac{p_s}{x_{f0}}$$

令

$$\frac{dK_{P0}}{da}=\frac{4a(2-3a^2)}{(1+a^2)^{3.5}}C_{df}\pi D_N\sqrt{\frac{2p_s}{\rho}}\frac{p_s}{x_{f0}}=0$$

求解可得

$$a=\sqrt{\frac{2}{3}}\approx 0.8165$$

即 $a\approx 0.8165$ 时，双喷嘴挡板阀具有最大的零位传递功率。

3.2.4　作用在挡板上的液流力

锐角边喷嘴的流量系数受油温变化的影响较小，且作用在挡板上的液压力较小，因此喷嘴挡板阀都采用锐角边喷嘴。如图3-21所示，在喷嘴直径 D_N 与喷嘴外径 D 之间的圆环内，油液的静压力对挡板的作用力可以忽视。所以作用在挡板上的液流力 F 由两部分组成，其中一部分是油液动量的变化对挡板的液动力，另一部分是喷嘴处油液的静压力对挡板产生的液压力，即

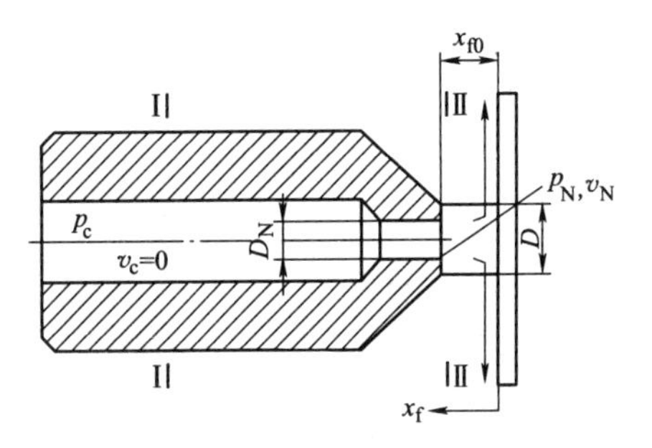

图3-21　单喷嘴挡板的挡板受力分析图

$$F=p_NA_N+\rho q_Nv_N \tag{3-107}$$

式中，p_N 为喷嘴孔出口处的压力；A_N 为喷嘴口的面积，$A_N=0.25\pi D_N^2$；q_N 为通过喷嘴孔的流量，$q_N=v_NA_N$；v_N 为喷嘴孔出口断面上的流速。

选图3-21中截面Ⅰ和截面Ⅱ列伯努利方程，求出的压力 p_N 满足

$$p_N=p_c-\frac{1}{2}\rho v_N^2 \tag{3-108}$$

将式（3-108）代入式（3-107）可得

$$F=\left(p_c+\frac{1}{2}\rho v_N^2\right)A_N \tag{3-109}$$

由流量连续性方程求出喷嘴孔出口断面上的流速

$$v_N=\frac{q_N}{A_N}=\frac{4C_{df}\pi D_N(x_{f0}-x_f)\sqrt{\frac{2}{\rho}p_c}}{\pi D_N^2/4}=\frac{4\pi C_{df}(x_{f0}-x_f)\sqrt{\frac{2}{\rho}p_c}}{D_N} \tag{3-110}$$

将上式代入式（3-109）可得挡板所受液流力

$$F = p_c A_N \left[1 + \frac{16C_{df}^2(x_{f0} - x_f)^2}{D_N^2}\right] \tag{3-111}$$

由于双喷嘴挡板阀是两个对称的单喷嘴挡板阀差动工作，其受力也是对称分布的，如图3-22所示。

由式（3-111）可得，双喷嘴挡板阀挡板上所受的作用力分别为

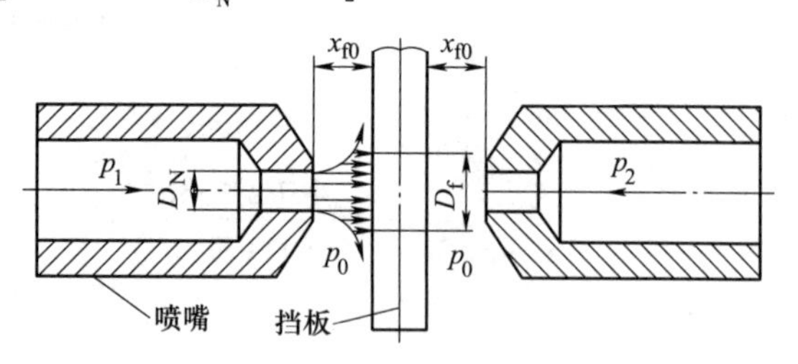

图3-22　双喷嘴挡板阀的挡板受力分析图

$$F_1 = p_1 A_N \left[1 + \frac{16C_{df}^2(x_{f0} - x_f)^2}{D_N^2}\right] \tag{3-112}$$

$$F_2 = p_2 A_N \left[1 + \frac{16C_{df}^2(x_{f0} + x_f)^2}{D_N^2}\right] \tag{3-113}$$

由图3-22可知，双喷嘴挡板阀的挡板受力方向相反，作用在同一直线上，因此可得双喷嘴挡板阀的挡板所受液流力的合力为

$$F_1 - F_2 = (p_1 - p_2)A_N + 4\pi C_{df}^2 x_{f0}^2(p_1 - p_2) + 4\pi C_{df}^2 x_f^2(p_1 - p_2) - 8\pi C_{df}^2 x_{f0} x_f(p_1 + p_2) \tag{3-114}$$

将式（3-82）代入上式，并近似认为$p_1 + p_2 = p_s$，则上式可以简化为

$$F_1 - F_2 = p_L \frac{\pi}{4} D_N^2 + 4\pi C_{df}^2 p_L(x_{f0}^2 + x_f^2) - 8\pi C_{df}^2 x_{f0} x_f p_s \tag{3-115}$$

在双喷嘴挡板阀设计中，一般令$x_{f0} < 0.0625D_N$（参考3.2.5节），所以上式中的第二项与第一项相比可以忽略，因此挡板上的作用力可写为

$$F_1 - F_2 = p_L A_N - \frac{8}{\pi} C_{df}^2 x_{f0} p_s x_f \tag{3-116}$$

上式中，方程右边第一项是喷嘴孔处的静压力对挡板产生的液压力，第二项近似为液动量的变化对挡板产生的液动力。由上式可知，液动力可以看作刚度为$-\frac{8}{\pi}C_{df}^2 x_{f0} p_s$的弹簧，由于液动力的刚度为负值，所以液动力会造成挡板运动的不稳定。

由于结构对称，在零位时，双喷嘴挡板阀的挡板两侧所受的液压力和液动力大小相等、方向相反，所受合外力等于零。

3.2.5　设计准则

双喷嘴挡板阀的主要结构参数是喷嘴直径D_N、零位间隙x_{f0}、固定节流孔直径D_0，其次是喷嘴孔的长度l_N、固定节流孔长度l_0、喷嘴孔断面壁厚l（或外圆直径D）及喷嘴前端的锥角等参数。

喷嘴孔直径可根据系统要求的零位流量增益确定，由式（3-102）可得

$$D_N = \frac{K_{q0}}{C_{df}\pi\sqrt{(p_s - p_r)/\rho}} \tag{3-117}$$

式中，p_r 为回油腔压力，通常为2MPa左右。

需要说明的是，喷嘴孔直径不宜选的过大，一是因为喷嘴直径过大容易产生伺服阀啸叫，二是挡板所受液动力的大小与喷嘴孔直径的平方成正比，因此其大小还受制于力矩马达输出力矩的限制，通常 D_N 取0.25~0.8mm。

双喷嘴挡板阀回油腔保持一定压力，可以改善喷嘴挡板间的工作条件，稳定流量系数，抑制伺服阀回油零漂，使其工作平稳。由于通过回油节流孔的流量为零位泄漏流量 q_c，因此由节流孔公式可得泄漏流量为

$$q_c = C_{dr}\frac{\pi}{4}D_r^2\sqrt{\frac{2p_r}{\rho}} \tag{3-118}$$

式中，D_r 为回油节流孔孔径，其取值为0.35~0.55mm；C_{dr} 为回油节流孔流量系数，取值为0.8。

为保证喷嘴挡板间的节流口可控，要求通过喷嘴孔的流量要大于通过喷嘴与挡板之间间隙的流量。因此在几何尺度上，要求喷嘴通流面积比喷嘴与挡板之间的环形通流面积的最大值要大，即

$$2x_{f0}\pi D_N \leqslant \frac{1}{4}\pi D_N^2 \tag{3-119}$$

因此

$$\frac{x_{f0}}{D_N} \leqslant \frac{1}{8} = 0.125 \tag{3-120}$$

在实际应用中，可以取

$$\frac{x_{f0}}{D_N} \leqslant \frac{1}{16} = 0.0625 \tag{3-121}$$

在满足式（3-121）的条件下，x_{f0} 取较小值，可以提高压力增益和减小零位泄漏流量，对提高阀的静态性能有利；x_{f0} 取较大值，对提高双喷嘴挡板电流伺服阀抗污染能力和改善进、回油零漂有利。由于双喷嘴挡电液伺服阀内部通常设有20μm过滤精度的过滤器，x_{f0} 取值小于20μm，喷嘴挡板将会堵塞，因此 x_{f0} 取值通常大于20μm，取值范围在0.02~0.06mm。

由式（3-92）可得固定节流孔直径

$$D_0 = 2\sqrt{\frac{C_{df}}{aC_{d0}}D_N x_{f0}} \tag{3-122}$$

一般固定节流孔直径取值为0.15~0.3mm。

由于锐角边喷嘴挡板阀满足 $\frac{C_{df}}{C_{d0}} = 0.8$，将其与式（3-121）一起代入式（3-122）可得

$$D_0 \leqslant \sqrt{0.2a^{-1}}D_N \tag{3-123}$$

由于 $a=1$ 时，零位压力增益最大，压力增益特性的线性度最好，此时

$$D_0 \leqslant 0.4472D_N \tag{3-124}$$

但如果为减少零位泄漏，减少供油流量及功率损耗，取 $a \leqslant 0.707$。

实验证明，当喷嘴孔断面壁厚与零位间隙的比值 $l/x_{f0}<2$ 时，可变节流口可以认为是锐边的。此时节流口出流比较稳定，流量系数 C_{df} 为 0.6 左右；喷嘴前端锥角大于30°时，其对流量系数的影响可以忽略；喷嘴孔长度一般等于其直径 D_N。为使固定节流孔流量系数受温度变化影响较小，其长度与直径比 $l_0/D_0 \leqslant 3$，此时其属于短管且具有少量长管成分，此时流量系数 $C_{d0}=0.8\sim0.9$，初步设计时，取可变节流口与固定节流孔流量系数比 $C_{df}/C_{d0}=0.8$。

3.3 射流管阀的数学模型及仿真分析

3.3.1 结构和工作原理

不同于滑阀和喷嘴挡板阀基于节流理论的工作机理，射流管阀是基于流体动能和压力能的转换与传递进行工作的，其内部液流流动图如图 3-23a 所示。在射流管阀中，流体的压力能在射流喷嘴端部转换成流体动能。当高速流体射入接受孔，动能转换成压力能，推动滑阀做功。当射流喷嘴在左、右两接受孔中间位置时，左、右接受孔接收到相等的动能，两孔内压力差为零。当射流喷嘴被电-机转换器移向右接受孔时，两接受孔接收到的动能将不再相等，右接受孔内压力将会增大，左接受孔内压力将会减小，两个接受孔端部产生压差驱动滑阀向左移动，如图 3-23b 所示。反之，当射流喷嘴向左接受孔移动，左接受孔内压力将增大，右接受孔内压力将减小，驱动滑阀向右移动[22,28]。

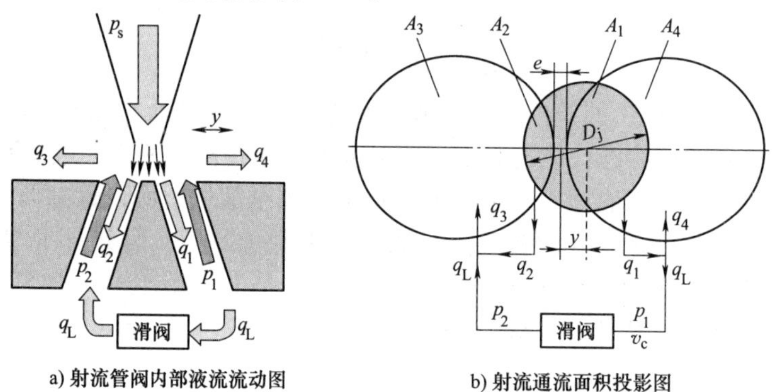

a) 射流管阀内部液流流动图　　b) 射流通流面积投影图

图 3-23　射流管阀的工作原理

3.3.2 通流面积模型及其线性化

若接受孔为圆孔，则其在接收面上的投影为椭圆。若将接受孔在接收面上的

投影等效为圆时，由接受孔在接收面上投影面积相等可得

$$\pi R_\theta^2 = \pi \frac{R_r^2}{\cos\theta_r} \tag{3-125}$$

式中，R_r 为接受孔半径；R_θ 为接受孔在接收面上投影的等效半径，θ_r 为接受器上左、右接受孔轴线夹角的一半。

一般取 $\theta_r = 30°$，由式（3-125）可知

$$R_\theta = \frac{R_r}{\sqrt{\cos\theta_r}} = \frac{R_r}{\sqrt{\cos 30°}} = 1.0746R_r \tag{3-126}$$

因此接受孔在接收面上的投影若按圆孔处理时，最大计算误差小于7.5%。由于接受孔在接收面上的投影等效为圆较容易处理，因而下面推导模型时，认为接受孔在接收面上的投影是圆，且投影圆的半径等于接受孔半径。

由图3-23b可知，通流面积即为射流喷嘴与接受孔在接收面上投影的重叠面积。因此可得可变节流口通流面积几何关系图，如图3-24所示。

由图3-24几何关系可得，可变节流孔的通流面积为 $A_1(y)$ 为

$$A_1(y) = (S_{\text{sector}-O_1N_1N_2} + S_{\text{sector}-ON_1N_2}) - S_{\text{quadrangle}-O_1N_1ON_2} \tag{3-127}$$

式中，$S_{\text{sector}-O_1N_1N_2}$ 为扇形 $O_1N_1N_2$ 的面积，$S_{\text{sector}-ON_1N_2}$ 为扇形 ON_1N_2 的面积，$S_{\text{quadrangle}-O_1N_1ON_2}$ 为四边形 $O_1N_1ON_2$ 的面积。

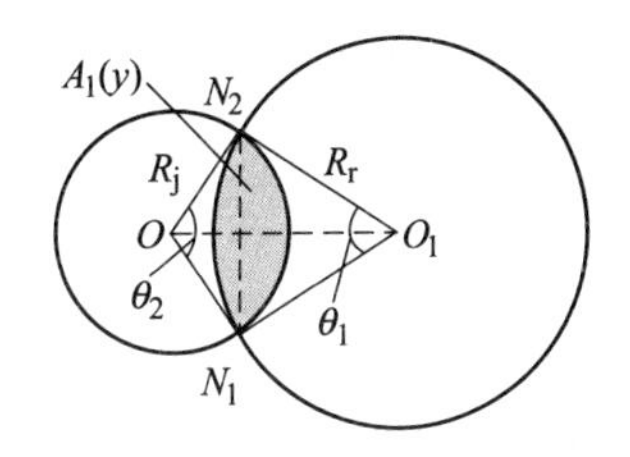

图3-24　可变节流口通流面积几何关系图

由图3-24的几何关系可知，四边形 $O_1N_1ON_2$ 的面积可表示如下

$$S_{\text{quadrangle}-O_1N_1ON_2} = S_{\Delta O_1N_2N_1} + S_{\Delta ON_2N_1} \tag{3-128}$$

定义 $\angle N_2ON_1 = \theta_2$，由三角形和扇形面积公式可知

$$A_1(y) = \frac{R_r^2\theta_1 + R_j^2\theta_2 - (R_r^2\sin\theta_1 + R_j^2\sin\theta_2)}{2} \tag{3-129}$$

式中，R_j 为射流喷嘴半径。

在图3-24的三角形 $\triangle O_1ON_2$ 中，由三角形余弦定理可得

$$R_j^2 = R_r^2 + (\overline{OO_1})^2 - 2R_r(\overline{OO_1})\cos\frac{\theta_1}{2} \tag{3-130}$$

$$R_r^2 = R_j^2 + (\overline{OO_1})^2 - 2R_j(\overline{OO_1})\cos\frac{\theta_2}{2} \tag{3-131}$$

由于圆心距 $\overline{OO_1}$ 为

$$\overline{OO_1} = \frac{e + D_r}{2} - y = 0.5e + R_r - y + R_r - y \tag{3-132}$$

式中，e 为两接受孔间的距离。

因此联立式（3-130）~式（3-132），可得

$$\theta_1 = 2\arccos\frac{R_r^2 + (R_r + 0.5e - y)^2 - R_j^2}{2R_r(R_r + 0.5e - y)} \tag{3-133}$$

$$\theta_2 = 2\arccos\frac{R_j^2 + (R_r + 0.5e - y)^2 - R_r^2}{2R_j(R_r + 0.5e - y)} \tag{3-134}$$

由图 3-23b 可知，接受孔的面积为 A_1 与 A_4 之和，因此

$$A_4(y) = \pi R_r^2 - A(y_1) \tag{3-135}$$

由图 3-23b 和射流管液压放大器的对称性可知

$$A_2(y) = A_1(-y) \tag{3-136}$$

$$A_3(y) = A_4(-y) \tag{3-137}$$

定义通流面积和射流喷嘴位移的线性化关系如下

$$A_1(y) = A_0 + \beta y \tag{3-138}$$

将其代入式（3-135）~式（3-137），可得

$$A_2(y) = A_0 - \beta y \tag{3-139}$$

$$A_3(y) = \pi R_r^2 - A_2(y) = \pi R_r^2 - A_0 + \beta y \tag{3-140}$$

$$A_4(y) = \pi R_r^2 - A_1(y) = \pi R_r^2 - A_0 - \beta y \tag{3-141}$$

式中，β 和 A_0 分别为 $y=0$ 时的面积梯度和接受孔的通流面积。

将 $y=0$ 代入式（3-133）和式（3-134），可得

$$\theta_1(0) = 2\arccos\frac{R_r^2 + (R_r + 0.5e)^2 - R_j^2}{2R_r(R_r + 0.5e)} \tag{3-142}$$

$$\theta_2(0) = 2\arccos\frac{R_j^2 + (R_r + 0.5e)^2 - R_r^2}{2R_j(R_r + 0.5e)} \tag{3-143}$$

将式（3-142）和式（3-143）代入式（3-129），可得

$$A_0 = A_1(y)\big|_{y=0} = \frac{R_r^2\theta_1(0) + R_j^2\theta_2(0) - [R_r^2\sin(\theta_1(0)) + R_j^2\sin(\theta_2(0))]}{2} \tag{3-144}$$

对式（3-129）求导，可得 $y=0$ 时的面积梯度为

$$\beta = \left.\frac{dA_1(y)}{dy}\right|_{y=0} = -\frac{2R_r^2\left(\cos\left(2\arccos\left(\dfrac{-R_j^2 + 2R_r^2 + R_re + 0.25e^2}{R_r(2R_r + e)}\right)\right) - 1\right)(4R_j^2 + e^2 + 4R_re)}{(2R_r + e)\sqrt{(4R_j^2 - e^2)(-4R_j^2 + 16R_r^2 + 8R_re + e^2)}} - \frac{2R_j^2\left(\cos\left(2\arccos\left(\dfrac{R_j^2 + R_re + 0.25e^2}{R_j(2R_r + e)}\right)\right) - 1\right)(-4R_j^2 + 8R_r^2 + 4R_re + e^2)}{(2R_r + e)\sqrt{(4R_j^2 - e^2)(-4R_j^2 + 16R_r^2 + 8R_re + e^2)}} \tag{3-145}$$

需要说明的是，为提高射流管阀的线性性能，有些厂家将喷嘴形状设计成矩形，其结构如图 3-25a 所示。此种设计加工工艺比圆形喷嘴（图 3-25b）复杂，但线性性能优于射流喷嘴为圆形的射流管阀。若射流喷嘴为矩形时，通流面积的面积梯度一般为射流喷嘴的宽度。

a) 矩形喷嘴

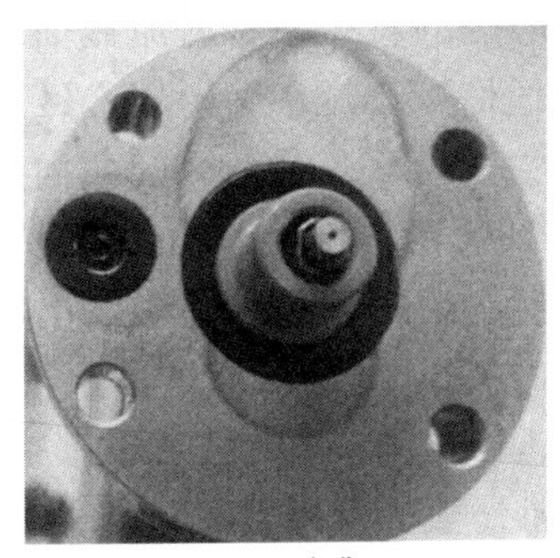

b) 圆形喷嘴

图 3-25　射流管阀射流喷嘴形状

3.3.3　基于动量传递的静态特性模型

1. 紊动淹没自由射流理论

按射流周围流体的性质划分，射流分可非淹没射流和淹没射流两种情况，其中非淹没射流是在不同密度流体中的射流，而淹没射流是在相同密度流体中的射流。因淹没射流到达接受孔前，无雾状分裂现象，且不会有空气进入运动的液体中去，因此淹没射流具有最佳的流动条件，射流液压放大器采用的即为此种射流方式。按射流的流态划分，射流可分为层流射流和紊动射流，当射流出口的雷诺数小于 30 时，为层流射流，否则为紊动射流[1]，射流液压放大器的射流喷嘴处出口流速较大，为紊动射流。

射流流体在沿轴向前进的过程中，由于油液的黏性和湍流作用，周围介质中静止的油液被卷入射流流束中并随射流流束一起运动，使射流流束与周围介质不断地进行质量、动量和能量的交换，这种现象叫射流吸附作用。吸附作用不但使射流流束质量增加、速度下降，且使部分射流流体产生了横向运动使射流流束产生扩张。从实验和理论分析可推出，紊动淹没射流具有如下四个特征：第一，射流流束的横断面及其流量沿喷嘴轴向方向逐渐扩大，形成锥形的扩张流束，即射流的扩散现象；第二，射流流束中心部分，由于未被四周液体混入，保持着喷嘴口处的速度。此部分被称为等速核心区，等速核心区直径随着喷射距离的增加而减小；第三，等速核心区外的射流区域是紊动混合区，其直径是逐渐扩大的且外边界上速度为零；第四，尽管射流流束与外界不断进行动量交换，但沿轴向的时均压力梯度为零，因此单位时间内通过射流各断面的流体在轴向方向上的总动量是守恒的。

图 3-26 为紊动淹没自由射流的流场结构图。从射流喷嘴射出的流束有一个等速核心区。随着流体边界的扩展，等速核心区逐渐缩小，在距离喷嘴距离为 L_0处，等速核心区消失。等速核心区的直径随着射流截面到喷嘴的距离增加线性减小。在等速核心区和外边界中间区域为混合区，混合区的截面直径随着射流截面到喷嘴的距离增加线性增加。显然，接收面到射流喷嘴的距离影响射流液压放大器的压力和流量。

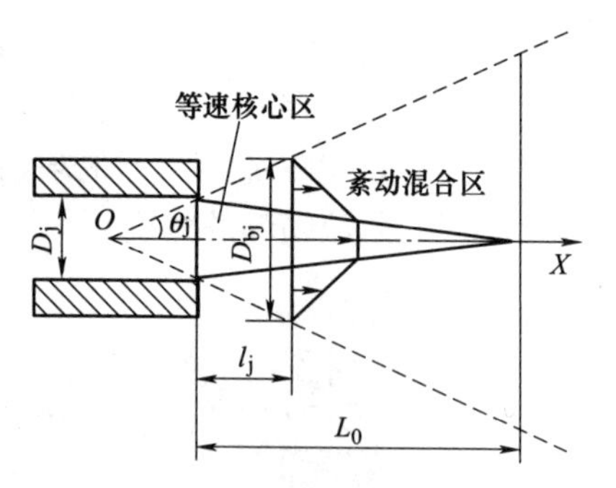

图 3-26 紊动淹没自由射流的流场结构图

等速核心区的长度 L_0受雷诺数、喷嘴直径和速度分布的均匀性等多因素影响。为了降低射流液压放大器模型的复杂度，当喷嘴处液体流速分布均匀时，射流液压放大器等速核心区的长度 L_0满足

$$L_0 \approx 4.19D_j \tag{3-146}$$

式中，D_j为射流喷嘴直径。

由图 3-26 的几何关系可得，等速核心区直径 D_{ds}满足如下关系

$$D_{ds} \approx \frac{L_0 - l_j}{4.19} = \frac{4.19D_j - l_j}{4.19} = D_j - \frac{l_j}{4.19} \tag{3-147}$$

式中，l_j为射流喷嘴到接收面的距离。

因此进一步可得，射流边界直径 D_{bj}满足

$$D_{bj} = D_j + 2l_j\tan\theta_j \tag{3-148}$$

当喷嘴处速度均匀时，射流半扩展角 θ_j取 12°。

定义接收面到射流喷嘴的相对距离为 $\lambda_j = l_j/D_j$，则由式（3-147）可得等速核心区直径

$$D_{ds} = D_j(1 - 0.2387\lambda_j) \tag{3-149}$$

射流边界直径式（3-148）可改写为

$$D_{bj} = D_j(1 + 2\lambda_j\tan\theta_j) = D_j(1 + 0.4251\lambda_j) \tag{3-150}$$

当射流射入接受孔时，存在一个等效射流直径为 D_{ej}、速度为 v_j 的流束，其动量等于接受孔接收的动量。这束等效射流的直径满足

$$D_{ej} = D_j(1 - \psi\lambda_j) \tag{3-151}$$

射流流型系数 ψ 可通过实验获得，若假设 ψ 与 D_r/D_j 之间的关系为一次函数，则可设

$$\psi = K_\psi \frac{D_r}{D_j} + b_\psi = K_\psi\sqrt{k_{rj}} + b_\psi \tag{3-152}$$

式中，K_ψ、b_ψ 为拟合参数；k_{rj}为接受孔与射流喷嘴的面积之比，也为接受孔和射流喷嘴直径比的平方。上述分析可得两个边界条件：当接受孔直径等于紊动混合

区外直径时，接收到的动量等于喷嘴处动量，等效直径等于喷嘴直径，此时 $\psi=0$；当接受孔直径等于等速核心区直径时，接收到的动量等于等速核心区内射流动量，等效直径等于等速核心区直径，由式（3-149）可知，此时 $\psi=0.2387$。将这两个边界条件代入式（3-152）求解可得

$$K_{\psi}=-\frac{0.3596}{\lambda_{j}},\quad b_{4}=\frac{0.3596}{\lambda_{j}}(1+0.4251\lambda_{j})$$

代入式（3-152）可得

$$\psi=\frac{0.3596(1-\sqrt{k_{rj}})}{\lambda_{j}}+0.1529 \tag{3-153}$$

在考虑射流喷嘴到接收面距离的影响时，需将通流面积 A_1、A_2 转换成对应的等效射流通流面积，即

$$A_{e1}=A_{1}(1-\psi\lambda_{j})^{2} \tag{3-154}$$

$$A_{e2}=A_{2}(1-\psi\lambda_{j})^{2} \tag{3-155}$$

将式（3-154）和式（3-155）代入式（3-135）和式（3-137），可得

$$A_{3}=\pi R_{r}^{2}-A_{e2}=\pi R_{r}^{2}-A_{2}(1-\psi\lambda_{j})^{2} \tag{3-156}$$

$$A_{4}=\pi R_{r}^{2}-A_{e1}=\pi R_{r}^{2}-A_{1}(1-\psi\lambda_{j})^{2} \tag{3-157}$$

2. 压力-流量特性方程

当射流喷嘴向右移动位移 y 后，射流液压放大器内的油液流动情况如图 3-27 所示。从射流喷嘴流出的射流流束在接收面上分成两股，一股流入右接受孔，另一股流入左接受孔。由于射流喷嘴向右移动，右接受孔接收到的射流动量大于左接受孔。由动量定理可知，右接受孔内油液受到的射流冲击力大于左接受孔，因此右接受孔内的恢复压力大于左接受孔内的恢复压力，油液流向为从右接受孔流入负载，负载中油液流入左接受孔。在将接受孔内压力恢复段油液等效为运动的活塞时，射流液压放大器射流冲击的等效力学模型如图 3-27 所示。图中 F_{1j} 和 F_{2j} 分别为作用在运动活塞上的冲击力；v_{r1} 和 v_{r2} 分别为从接受孔流出的油液速度。

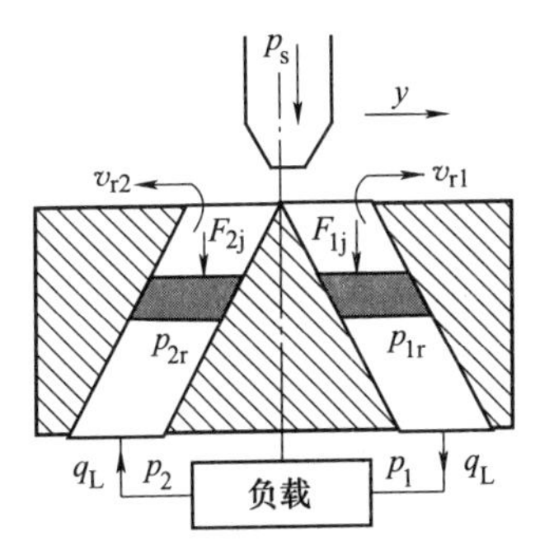

图 3-27　射流液压放大器射流冲击的等效力学模型

在忽略排油腔压力的情况下，射流喷嘴处射流流束的速度为

$$v_{j}=\frac{q_{j}}{A_{j}}=C_{dj}\sqrt{\frac{2}{\rho}(p_{s}-p_{r})}\approx C_{dj}\sqrt{\frac{2}{\rho}p_{s}} \tag{3-158}$$

式中，p_r 为回油腔压力，与系统压力相比可以忽略；C_{dj} 为射流喷嘴的流量系数，随射流喷嘴的锥角变化，当射流喷嘴嘴角为 13.4°时，取最大值，此时 $C_{dj}=0.91$。

为充分利用射流动能，接受孔直径应满足如下约束

$$D_{ds}\leqslant D_{r}\leqslant D_{bj} \tag{3-159}$$

将式（3-149）和式（3-150）代入式（3-159），约束条件变为

$$D_j(1-0.2387\lambda_j) \leqslant D_r \leqslant D_j(1+0.4251\lambda_j) \tag{3-160}$$

在式（3-160）的约束条件下，当 $y>0$ 时，射流喷嘴向右移动，在右接受孔内，截面积为 A_{e1} 的射流流束以速度 v_j 冲击接受孔内油液。当液体活塞沿接受孔的流动速度为 v_r 时，在 $\mathrm{d}t$ 时间内冲击到液体活塞上的油液质量

$$\mathrm{d}m_j = \rho A_{e1}(v_j\cos\theta_r - v_r)\mathrm{d}t \tag{3-161}$$

由于冲击液体活塞后，油液质量 $\mathrm{d}m_j$ 随液体活塞的运动速度为 v_r，因此由动量定理可知，射流流束作用在右接受孔内的液体活塞上的冲击力

$$F_{1j} = \frac{\mathrm{d}mv}{\mathrm{d}t} = \frac{1}{\mathrm{d}t}(v_j\cos\theta_r\mathrm{d}m_j - v_r\mathrm{d}m_j) = \rho A_{e1}(v_j\cos\theta_r - v_r)^2 \tag{3-162}$$

由于冲击力与 v_j 的方向相同，因此冲击力在液体活塞上所产生的冲击压力

$$p_{1r} = \frac{F_{1j}}{A_r} = \frac{A_{e1}}{A_r}\rho(v_j\cos\theta_r - v_r)^2 = \frac{A_1}{A_r}\rho(1-\psi\lambda_j)^2(v_j\cos\theta_r - v_r)^2 \tag{3-163}$$

由式（3-3）可知，负载流量满足

$$q_L = C_d A_r\sqrt{\frac{2}{\rho}(p_{1r} - p_1)} \tag{3-164}$$

联立式（3-163）和式（3-164）可得，作用在负载右端的压力为

$$p_1 = p_{1r} - \frac{\rho}{2}\frac{q_L^2}{C_d^2A_r^2} = \frac{A_1}{A_r}\rho(1-\psi\lambda_j)^2(v_j\cos\theta_r - v_r)^2 - \frac{\rho}{2}\frac{q_L^2}{C_d^2A_r^2} \tag{3-165}$$

在左接受孔内，截面积为 A_{e2} 的射流流束以速度 v_j 冲击左接受孔内油液。在 $\mathrm{d}t$ 时间内冲击到液体活塞上的射流流束的液体质量为

$$\mathrm{d}m_{j2} = \rho A_{e2}(v_j\cos\theta_r + v_r)\mathrm{d}t \tag{3-166}$$

由动量定理可知，射流流束作用在左接受孔内液体活塞上的冲击力

$$F_{2j} = \frac{1}{\mathrm{d}t}(v_j\cos\theta_r\mathrm{d}m_{j2} + v_r\mathrm{d}m_{j2}) = \rho A_{e2}(v_j\cos\theta_r + v_r)^2 \tag{3-167}$$

因此，左接受孔内接收面上冲击力所产生的压力

$$p_{2r} = \frac{F_{2j}}{A_r} = \rho\frac{A_{e2}}{A_r}(v_j\cos\theta_r + v_r)^2 = \frac{A_2}{A_r}\rho(1-\psi\lambda_j)^2(v_j\cos\theta_r + v_r)^2 \tag{3-168}$$

由式（3-3）可知，从负载流入左接受孔的流量满足

$$q_L = C_d A\sqrt{\frac{2}{\rho}(p_2 - p_{2r})} \tag{3-169}$$

因此，负载左端压力为

$$p_2 = p_{2r} + \frac{\rho}{2}\frac{q_L^2}{C_d^2A_r^2} = \frac{A_2}{A_r}\rho(1-\psi\lambda_j)^2(v_j\cos\theta_r + v_r)^2 + \frac{\rho}{2}\frac{q_L^2}{C_d^2A_r^2} \tag{3-170}$$

将式（3-165）和式（3-170）代入式（3-82），可得负载压力为

$$p_{\mathrm{L}}=p_1-p_2=\frac{A_1}{A_{\mathrm{r}}}\rho(1-\psi\lambda_{\mathrm{j}})^2(v_{\mathrm{j}}\cos\theta_{\mathrm{r}}-v_{\mathrm{r}})^2-\frac{A_2}{A_{\mathrm{r}}}\rho(1-\psi\lambda_{\mathrm{j}})^2(v_{\mathrm{j}}\cos\theta_{\mathrm{r}}+v_{\mathrm{r}})^2-\frac{\rho}{C_{\mathrm{d}}^2}\left(\frac{q_{\mathrm{L}}}{A_{\mathrm{r}}}\right)^2 \tag{3-171}$$

将 $v_{\mathrm{r}}=\dfrac{q_{\mathrm{L}}}{A_{\mathrm{r}}}$代入式（3-171），则负载压力可化为

$$p_{\mathrm{L}}=\frac{A_1}{A_{\mathrm{r}}}\rho(1-\psi\lambda_{\mathrm{j}})^2\left(v_{\mathrm{j}}\cos\theta_{\mathrm{r}}-\frac{q_{\mathrm{L}}}{A_{\mathrm{r}}}\right)^2-\frac{A_2}{A_{\mathrm{r}}}\rho(1-\psi\lambda_{\mathrm{j}})^2\left(v_{\mathrm{j}}\cos\theta_{\mathrm{r}}+\frac{q_{\mathrm{L}}}{A_{\mathrm{r}}}\right)^2-\frac{\rho}{C_{\mathrm{d}}^2}\left(\frac{q_{\mathrm{L}}}{A_{\mathrm{r}}}\right)^2 \tag{3-172}$$

由于淹没射流具有吸附作用，射流流束的流量将随着射流喷嘴到接受孔所在平面的距离增加而增加。由吸附作用而产生的流量增加率为

$$K_{\mathrm{aj}}=1+1.52a\lambda_{\mathrm{j}}+5.28(a\lambda_{\mathrm{j}})^2 \tag{3-173}$$

式中，a 为紊流系数，取0.066。

因此考虑到射流的吸附作用，式（3-172）需要修正为

$$p_{\mathrm{L}}=\frac{A_1}{A_{\mathrm{r}}}\rho(1-\psi\lambda_{\mathrm{j}})^2\left(v_{\mathrm{j}}\cos\theta_{\mathrm{r}}-\frac{q_{\mathrm{L}}}{K_{\mathrm{aj}}A_{\mathrm{r}}}\right)^2-\frac{A_2}{A_{\mathrm{r}}}\rho(1-\psi\lambda_{\mathrm{j}})^2\left(v_{\mathrm{j}}\cos\theta_{\mathrm{r}}+\frac{q_{\mathrm{L}}}{K_{\mathrm{aj}}A_{\mathrm{r}}}\right)^2-\frac{\rho}{C_{\mathrm{d}}^2}\left(\frac{q_{\mathrm{L}}}{K_{\mathrm{aj}}A_{\mathrm{r}}}\right)^2 \tag{3-174}$$

此式即为射流管液压放大器的压力-流量特性方程。

3. 压力特性方程

压力特性是指负载流量为常数时，负载压力与阀芯位移的关系。这里取零流量下的压力特性，即分析 $q_{\mathrm{L}}=0$ 时，两个接受孔的输出压力之差 p_1-p_2 与射流喷嘴位移 y 的关系。

将负载流量 $q_{\mathrm{L}}=0$ 代入式（3-174），得到的压力特性方程满足

$$p_{\mathrm{L}}=\frac{\rho(1-\psi\lambda_{\mathrm{j}})^2}{A_{\mathrm{r}}}(v_{\mathrm{j}}\cos\theta_{\mathrm{r}})^2(A_1-A_2) \tag{3-175}$$

与式（3-158）联立可得，零流量条件下压力特性方程为

$$p_{\mathrm{L}}=2C_{\mathrm{dj}}^2\cos^2\theta_{\mathrm{r}}(1-\psi\lambda_{\mathrm{j}})^2\frac{A_1-A_2}{A_{\mathrm{r}}}p_{\mathrm{s}} \tag{3-176}$$

4. 流量特性方程

流量特性是指负载压力为常数时，负载流量与阀芯位移的关系。这里取零负载流量特性，即分析 $p_{\mathrm{L}}=0$ 时，射流液压放大器输出流量 q_{L} 与射流喷嘴位移 y 的关系。

将 $p_{\mathrm{L}}=0$ 代入式（3-174），解方程可得流量满足如下方程

$$\left(\frac{A_{\mathrm{e1}}-A_{\mathrm{e2}}}{A_{\mathrm{r}}}-\frac{1}{C_{\mathrm{d}}^2}\right)\left(\frac{q_{\mathrm{L}}}{K_{\mathrm{aj}}}\right)^2-2v_{\mathrm{j}}\cos\theta_{\mathrm{r}}(A_{\mathrm{e1}}+A_{\mathrm{e2}})\frac{q_{\mathrm{L}}}{K_{\mathrm{aj}}}+(v_{\mathrm{j}}\cos\theta_{\mathrm{r}})^2A_{\mathrm{r}}(A_{\mathrm{e1}}-A_{\mathrm{e2}})=0 \tag{3-177}$$

求解关于 q_L 的方程，可得空载负载流量满足

$$q_L = K_{aj}C_dA_rv_j\cos\theta_r \frac{C_d(A_{e2}+A_{e1}) - \sqrt{4C_d^2A_{e1}A_{e2} + (A_{e1}-A_{e2})A_r\cos^2\theta_r}}{C_d^2(A_{e1}-A_{e2}) - A_r\cos^2\theta_r} \tag{3-178}$$

联立式（3-158），可得空载流量特性方程

$$q_L = \frac{C_d(A_{e2}+A_{e1}) - \sqrt{4C_d^2A_{e1}A_{e2} + (A_{e1}-A_{e2})A_r\cos^2\theta_r}}{C_d^2(A_{e1}-A_{e2}) - A_r\cos^2\theta_r} K_{aj}C_dA_rC_{dj}\sqrt{\frac{2}{\rho}(p_s - p_r)}\cos\theta_r \tag{3-179}$$

3.3.4 基于液阻网络桥的数学模型

1. 压力-流量特性方程

若假设射流管阀内部的流体运动都是由于压差作用在液阻上产生的，则由其工作原理和流量连续性方程可得，射流管阀中流量和压力的关系满足图 3-28 所示的全桥液阻网络，其四个桥臂为可变液阻，对应产生四个流量。

由图 3-28 可知，负载流量满足

$$q_L = q_1 - q_4 \tag{3-180}$$

$$q_L = q_3 - q_2 \tag{3-181}$$

建模前先忽略射流喷嘴到接收面距离的影响，设接收面上射流区域压力为 p_s，则垂直于接受孔的压力为 $p_s\cos\theta_r$，由于通过通流孔 A_1、A_2 的流体来源于射流喷嘴的流束，因此认为通流孔 A_1、A_2 的流量系数和通流孔 A_3、A_4 的流量系数是不同的。

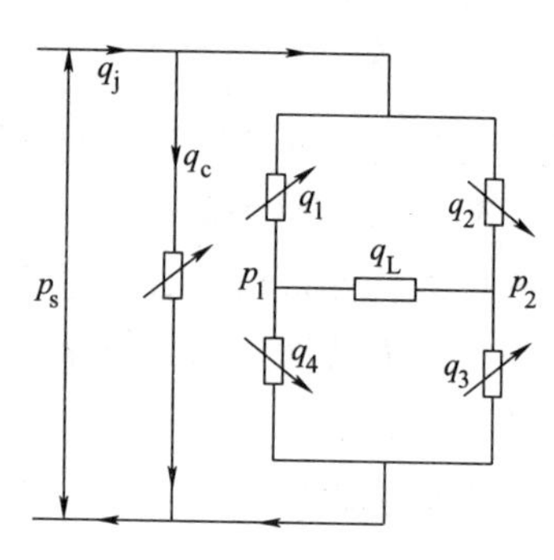

图 3-28　射流管阀的全桥液阻网络

由孔口流量公式和式（3-180）、式（3-181）可得

$$q_L = q_1 - q_4 = C_{dj}A_1\sqrt{\frac{2}{\rho}(p_s\cos\theta_r - p_1)} - A_4C_d\sqrt{\frac{2}{\rho}p_1} \tag{3-182}$$

$$q_L = q_3 - q_2 = A_3C_d\sqrt{\frac{2}{\rho}p_2} - C_{dj}A_2\sqrt{\frac{2}{\rho}(p_s\cos\theta_r - p_2)} \tag{3-183}$$

式中，C_{dj} 为射流喷嘴的流量系数，取 0.91；C_d 为粗短孔的流量系数，取 0.71。

由式（3-182）和式（3-183）分别求出 p_1 和 p_2，将其代入 $p_L = p_1 - p_2$，可得射流管阀的压力-流量方程

$$p_L = \frac{\rho q_L^2 + 2A_1^2C_{dj}^2p_s\cos\theta_r}{2(A_1^2C_{dj}^2 + A_4^2C_d^2)} - \frac{A_1C_{dj}q_L\rho\left(A_1C_{dj}q_L + A_4C_d\sqrt{(A_1^2C_{dj}^2 + A_4^2C_d^2)\dfrac{2p_s\cos\theta_r}{\rho} - q_L^2}\right)}{(A_1^2C_{dj}^2 + A_4^2C_d^2)^2}$$

$$+\frac{A_2C_{dj}q_L\rho\left(A_2C_{dj}q_L+A_3C_d\sqrt{(A_2^2C_{dj}^2+A_3^2C_d^2)\frac{2p_s\cos\theta_r}{\rho}-q_L^2}\right)}{(A_2^2C_{dj}^2+A_3^2C_d^2)^2}-\frac{\rho q_L^2+2A_2^2C_{dj}^2p_s\cos\theta_r}{2(A_2^2C_{dj}^2+A_3^2C_d^2)} \tag{3-184}$$

由于吸附作用，射流喷嘴到接受孔的距离加大会增加流量，上式需修正为

$$\begin{aligned}p_L=&\frac{\rho\left(\frac{q_L}{K_{aj}}\right)^2+2A_1^2C_{dj}^2p_s\cos\theta_r}{2(A_1^2C_{dj}^2+A_4^2C_d^2)}\\&-\frac{A_1C_{dj}\frac{q_L}{K_{aj}}\rho\left(A_1C_{dj}\frac{q_L}{K_{aj}}+A_4C_d\sqrt{(A_1^2C_{dj}^2+A_4^2C_d^2)\frac{2p_s\cos\theta_r}{\rho}-q_L^2K_{aj}^{-2}}\right)}{(A_1^2C_{dj}^2+A_4^2C_d^2)^2}\\&-\frac{\rho\left(\frac{q_L}{K_{aj}}\right)^2+2A_2^2C_{dj}^2p_s\cos\theta_r}{2(A_2^2C_{dj}^2+A_3^2C_d^2)}\\&+\frac{A_2C_{dj}\frac{q_L}{K_{aj}}\rho\left(A_2C_{dj}\frac{q_L}{K_{aj}}+A_3C_d\sqrt{(A_2^2C_{dj}^2+A_3^2C_d^2)\frac{2p_s\cos\theta_r}{\rho}-q_L^2K_{aj}^{-2}}\right)}{(A_2^2C_{dj}^2+A_3^2C_d^2)^2}\end{aligned} \tag{3-185}$$

此式为射流管阀的压力-流量特性方程。

2. 压力特性方程

将 $q_L=0$ 代入式（3-185）可得，射流管阀的压力特性方程为

$$p_L=\left(\frac{A_1^2}{A_1^2C_{dj}^2+A_4^2C_d^2}-\frac{A_2^2}{A_2^2C_{dj}^2+A_3^2C_d^2}\right)C_{dj}^2p_s\cos\theta_r \tag{3-186}$$

3. 流量特性方程

将 $p_L=0$ 代入式（3-185）可得，射流管阀的流量特性方程为

$$q_L=\frac{A_1A_3-A_2A_4}{\sqrt{(A_1+A_2)^2C_{dj}^2+(A_3+A_4)^2C_d^2}}K_{aj}C_dC_{dj}\sqrt{\frac{2p_s\cos\theta_r}{\rho}} \tag{3-187}$$

3.3.5 零位阀系数及模型线性化

射流管阀在零位时

$$q_L|_{y=0}=0 \tag{3-188}$$

因此由式（3-20）可得，射流管阀的线性化流量方程为

$$q_L\approx\Delta q_L\approx\left.\frac{\partial q_L}{\partial y}\right|_{y=0}\Delta y+\left.\frac{\partial q_L}{\partial p_L}\right|_{y=0}\Delta p_L \tag{3-189}$$

对式（3-186）求关于 y 的偏导数，零位附近的压力增益为

$$K_{p0}=\left.\frac{\partial p_L}{\partial y}\right|_{y=0}=\frac{4A_0A_r(A_r-A_0)}{(A_r^2C_d^2+A_0^2C_d^2+A_0^2C_{dj}^2-2A_0A_rC_d^2)^2}C_d^2C_{dj}^2\beta p_s\cos\theta_r \tag{3-190}$$

对式（3-187）求关于 y 的偏导数，在零位附近的流量增益为

$$K_{q0}=\left.\frac{\partial q_L}{\partial y}\right|_{y=0}=\frac{K_{aj}A_rC_dC_{dj}}{\sqrt{(A_r-A_0)^2C_d^2+A_0^2C_{dj}^2}}\beta\sqrt{\frac{2}{\rho}p_s\cos\theta_r} \tag{3-191}$$

因此，在零位附近的流量-压力系数为

$$K_{c0}=-\left.\frac{\partial q_L}{\partial p_L}\right|_{y=0}=-\frac{\left.\frac{\partial q_L}{\partial y}\right|_{y=0}}{\left.\frac{\partial p_L}{\partial y}\right|_{y=0}}=\frac{K_{aj}(A_r^2C_d^2+A_0^2C_d^2+A_0^2C_{dj}^2-2A_0A_rC_d^2)^2}{4A_0(A_r-A_0)C_dC_{dj}\sqrt{(A_r-A_0)^2C_d^2+A_0^2C_{dj}^2}}\sqrt{\frac{2}{\rho p_s\cos\theta_r}} \tag{3-192}$$

代入式（3-189）可得，线性化的压力-流量方程为

$$q_L=\frac{K_{aj}A_rC_dC_{dj}\sqrt{\frac{2}{\rho}p_s\cos\theta_r}}{\sqrt{(A_r-A_0)^2C_d^2+A_0^2C_{dj}^2}}\beta\Delta y-\frac{K_{aj}(A_r^2C_d^2+A_0^2C_d^2+A_0^2C_{dj}^2-2A_0A_rC_d^2)^2}{4A_0(A_r-A_0)C_dC_{dj}\sqrt{(A_r-A_0)^2C_d^2+A_0^2C_{dj}^2}}\sqrt{\frac{2}{\rho p_s\cos\theta_r}}\Delta p_L \tag{3-193}$$

由于 $y=0$，满足

$$y=\Delta y,\ p_L=\Delta p_L \tag{3-194}$$

因此式（3-193）可改写为

$$q_L=\frac{K_{aj}A_rC_dC_{dj}\sqrt{\frac{2}{\rho}p_s\cos\theta_r}}{\sqrt{(A_r-A_0)^2C_d^2+A_0^2C_{dj}^2}}\beta y-\frac{K_{aj}(A_r^2C_d^2+A_0^2C_d^2+A_0^2C_{dj}^2-2A_0A_rC_d^2)^2}{4A_0(A_r-A_0)C_dC_{dj}\sqrt{(A_r-A_0)^2C_d^2+A_0^2C_{dj}^2}}\sqrt{\frac{2}{\rho p_s\cos\theta_r}}p_L \tag{3-195}$$

将 $q_L=0$ 代入式（3-195）可得，零位压力特性的线性化方程为

$$p_L=\frac{4A_0A_r(A_r-A_0)}{(A_r^2C_d^2+A_0^2C_d^2+A_0^2C_{dj}^2-2A_0A_rC_d^2)^2}C_d^2C_{dj}^2\beta p_s\cos\theta_r y \tag{3-196}$$

将 $p_L=0$ 代入式（3-195）可得，零位流量特性的线性化方程为

$$q_L=\frac{K_{aj}A_rC_dC_{dj}\sqrt{\frac{2}{\rho}p_s\cos\theta_r}}{\sqrt{(A_r-A_0)^2C_d^2+A_0^2C_{dj}^2}}\beta y \tag{3-197}$$

3.3.6 静态特性仿真分析

1. 通流面积的仿真

令射流喷嘴和接受孔直径分别为 $D_r = D_j = 1.2\text{mm}$ 和 $D_r = 1.5\text{mm}$、$D_j = 1.2\text{mm}$，接受孔间距离为 0.01mm，将这些参数代入上述所给通流面积的非线性公式和线性化公式，可得在零位工作时，通流面积和喷嘴位移的关系曲线，如图 3-29 所示。

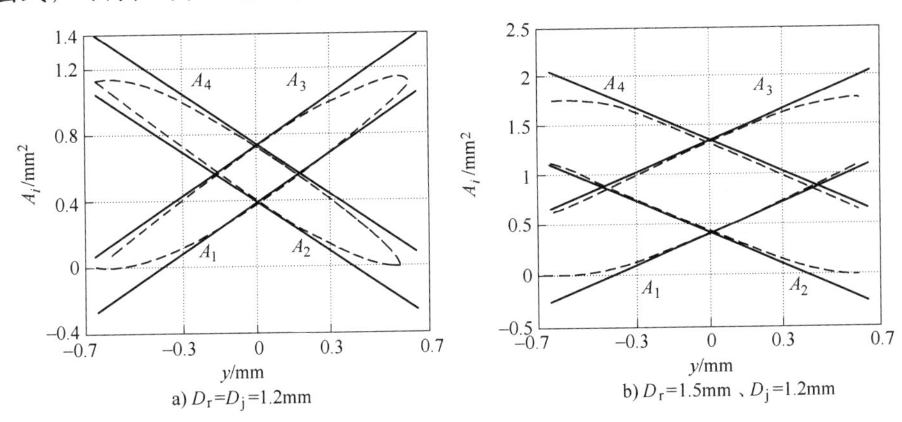

图 3-29　射流管阀的通流面积和射流喷嘴位移的关系曲线

┄┄非线性化模型；——线性化模型

由图 3-29a 可知，在 $D_r = D_j = 1.2\text{mm}$ 时，在射流喷嘴位移 y 取−0.15～0.15mm 时，通流面积的线性模型和非线性模型较接近。由图 3-29 可知，在 $D_r = 1.5\text{mm}$、$D_j = 1.2\text{mm}$ 时，在射流喷嘴位移 y 取−0.25～0.25mm 时，通流面积的线性模型和非线性模型较接近。

2. 动量传递模型仿真

采用表 3-2 所给射流管阀结构参数，分别将其代入式（3-176）和式（3-179）进行仿真，并与表 3-3 所给实验结果进行对比，可得射流管阀的压力特性和流量特性，分别如图 3-30 和图 3-31 所示。

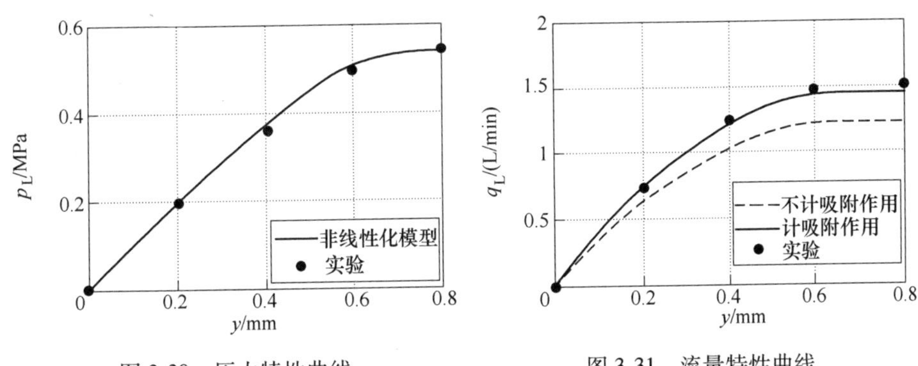

图 3-30　压力特性曲线

图 3-31　流量特性曲线

由图 3-30 可知，压力特性的模型理论值十分接近实验结果，最大误差为 5.48%；由图 3-31 可知，不计吸附作用（$K_{dj}=1$），流量特性的模型理论值和实验值误差较大。计吸附作用，在射流喷嘴位移小于 0.6mm 时，理论流量特性曲线和试验流量特性曲线几乎吻合，两者的最大误差小于 6.07%。

3. 桥式液阻网络模型仿真

将表 3-2 参数分别代入式（3-186）和式（3-196）进行仿真，并与表 3-3 所给实验数据进行对比，可分别求出压力特性的非线性化模型和线性化模型的理论曲线和实验曲线的对比结果，如图 3-32 所示。由图 3-32 可知，在射流喷嘴位移 $y\leqslant 0.4$mm 时，压力特性的非线性模型理论值和实验值十分接近，在 $y=0.4$mm 时，误差最大，相对误差约为 3.1%；在射流喷嘴位移 $y\leqslant 0.2$mm 时，压力特性的线性化模型理论值和实验值接近，在 $y=0.2$mm 时，相对误差为 3.55%。

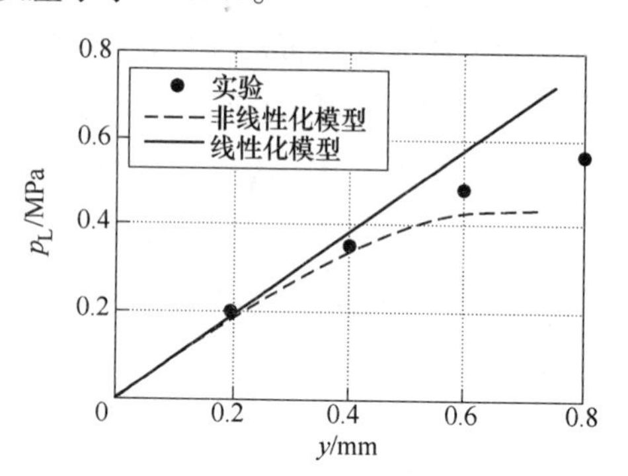

图 3-32　压力特性理论曲线与实验曲线的对比结果

将表 3-2 中参数分别代入式（3-187）和式（3-197）进行仿真，并与表 3-3 所给实验数据进行对比，可分别求出流量特性的非线性模型和线性化模型的理论曲线和实验曲线的对比结果，如图 3-33 所示。由图 3-33 可知，在射流喷嘴位移 $y\leqslant 0.4$mm 时，模型流量特性的理论值和实验值接近，在区间射流喷嘴位移 $y\in[0,0.4]$mm 时，最大相对误差为 11.88%；令流量特性方程式（3-187）和式（3-197）中的 $K_{aj}=1$，即可得不计吸附效应影响的流量特性曲线，其与实验结果的对比如图 3-34 所示。由图 3-34 可知，不计吸附效应时，流量特性的理论值和实验值之间误差较明显，因此在采用桥式液阻网络模型仿真时，需要考虑吸附效应对流量的影响。

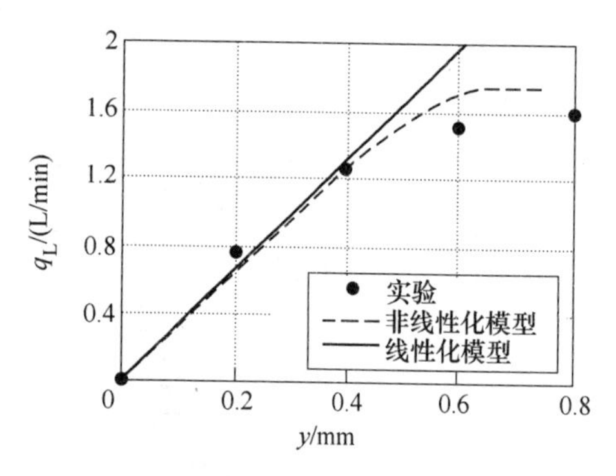

图 3-33　计吸附效应影响的空载流量特性曲线

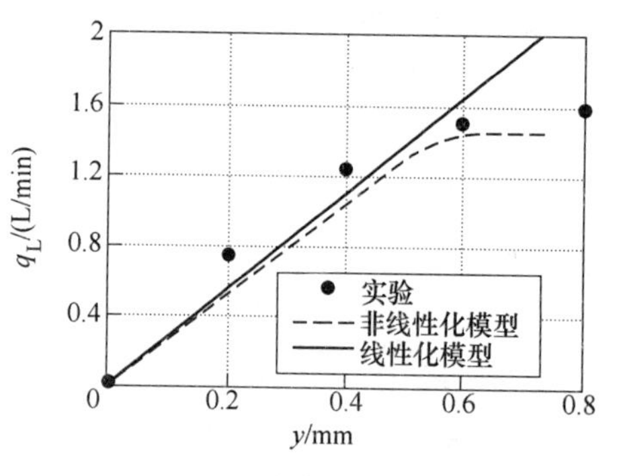

图 3-34　不计吸附效应影响的空载流量特性曲线

表 3-2　射流管阀结构参数

物理量名称及代号	参数	物理量名称及代号	参数
接收面到喷嘴的相对距离 λ_j	0.5 或 1	接受孔流量系数 C_d	0.7
喷嘴直径 D_j	1.2mm	喷嘴孔流量系数 C_{dj}	0.91
接受孔直径 D_r	1.5mm	油液密度 ρ	850kg/m³
两接受孔夹角 $2\theta_r$	30°	供油压力 p_s	0.6MPa
两接受孔圆心距 e	0.1mm	射流喷嘴夹角 θ_j	13.4°

表 3-3　射流管阀实验数据

位移/mm	0	0.2	0.4	0.6	0.8
流量/(L/min)	0	0.75	1.25	1.51	1.58
负载压力/MPa	0	0.20	0.35	0.48	0.56

3.3.7　基于动量传递模型的参数优化

射流液压放大器的优化目的是能量传递效率最大，这样才可以保证在一定的射流喷嘴直径下，射流液压放大器有较强的负载驱动能力。因此射流喷嘴与接受孔之间的最佳尺寸比例准则为：在保证射流液压放大器射流喷嘴处无显著排油阻力的情况下，从供油端传递到接受孔中的液压能的效率最大。据此观点，最佳射流结构参数应当满足：零流量条件下的最大无因次恢复压力与零负载条件下的最大无因次恢复流量之积最大。由于最大无因次恢复压力和最大无因次恢复流量均发生在射流喷嘴与接受孔同心的位置。因此求取射流液压放大器的最佳射流结构参数，需要分析射流喷嘴与接受孔同心时，射流结构参数对输出压力与输出流量之积的影响。

若射流喷嘴与右接受孔同心，此时油液流向为从射流喷嘴到右接受孔，再从右接受孔流入负载，然后从负载经左接受孔流入喷嘴所在阀腔，经阀腔内泄漏油口流回油箱，如图 3-35 所示。由于接受孔液流速度小于射流流束的流速，射流流束将对接受孔内液体产生冲击力，若忽略接受孔内液体的压缩性，则此力学模型可等效于射流流束对运动活塞的冲击。

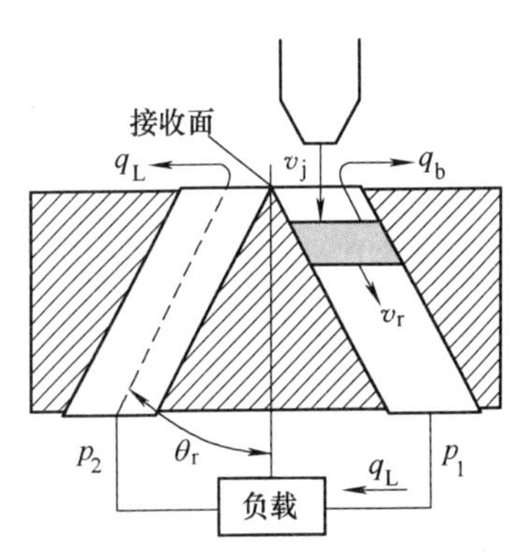

图 3-35　射流液压放大器最大效率工作点

由图 3-35 可知，接受孔倾角 θ_r（即接受孔轴线与射流喷嘴轴线的夹角）越小，射流流束的速度与液体活塞速度方向的夹角越小，液体活塞受到的冲击力越大，进入到接受孔的流量越大，但考虑油道设计和加工问题，其取值一般在10°~30°。

当接受孔直径小于等速核心区直径，即 $D_r \leqslant D_{ds}$时，接受孔接收到的射流动量等于以截面直径为 D_r、速度为 v_j的射流流束产生的动量。当液体活塞沿接受孔的流动速度为 v_r时，在 dt 时间内冲击到液体活塞上油液质量

$$\mathrm{d}m_j = \rho A_r (v_j \cos\theta_r - v_r)\mathrm{d}t \tag{3-198}$$

由于冲击液体活塞后，油液质量 dm_j随液体活塞的运动速度为 v_r，因此由动量定理可知，射流流束作用在右接受孔内的液体活塞上的冲击力为

$$F_{1j} = \frac{\mathrm{d}mv}{\mathrm{d}t} = \frac{1}{\mathrm{d}t}(v_j \cos\theta_r \mathrm{d}m_j - v_r \mathrm{d}m_j) = \rho A_r (v_j \cos\theta_r - v_r)^2 \tag{3-199}$$

因此，冲击力在液体活塞所产生的冲击压力为

$$p_{1r} = \frac{F_{1j}}{A_r} = \rho (v_j \cos\theta_r - v_r)^2 \tag{3-200}$$

由于负载流量满足式（3-164），因此负载右端的压力为

$$p_1 = p_{1r} - \frac{\rho}{2}\frac{q_L^2}{C_d^2 A_r^2} = \rho\left[(v_j \cos\theta_r - v_r)^2 - \frac{1}{2}\frac{q_L^2}{C_d^2 A_r^2}\right] \tag{3-201}$$

若设负载左端压力为 p_2，则从左接受孔流入阀腔的流量为

$$q_L = C_d A_r \sqrt{\frac{2}{\rho}(p_2 - p_r)} \approx C_d A_r \sqrt{\frac{2}{\rho}p_2} \tag{3-202}$$

因此可得

$$p_2 \approx \frac{\rho}{2}\frac{q_L^2}{C_d^2 A_r^2} \tag{3-203}$$

因此将式（3-201）、式（3-203）代入 $p_L = p_1 - p_2$ 可得，负载压力和负载流量的关系为

$$p_L = p_1 - p_2 = \rho\left[\left(v_j \cos\theta_r - \frac{q_L}{A_r}\right)^2 - \frac{q_L^2}{C_d^2 A_r^2}\right] \tag{3-204}$$

将 $q_L = 0$ 代入式（3-204）可得，在射流喷嘴与右接受孔同心时，零流量条件下的压力为

$$p_L = \rho v_j^2 \cos^2\theta_r = 2C_{dj}^2 p_s \cos^2\theta_r \tag{3-205}$$

进一步可得无因次压力为

$$p_L' = \frac{p_L}{p_s} = 2C_{dj}^2 \cos^2\theta_r \tag{3-206}$$

由式（3-206）可知，当接受孔直径小于等速核心区直径时，射流液压放大器的无因次压力为定值，不但与接受孔和射流喷嘴的面积之比无关，也和射流喷嘴到接收面的距离无关。由于 θ_r 取值通常小于30°，因此式（3-206）的计算结果大于1，又由于负载压力是小于系统供油压力的，即 $p_L' \leqslant 1$，因此，式（3-206）的取值为1。

将 $p_L=0$ 代入式（3-204）可得，射流喷嘴与右接受孔同心时，零负载条件下的负载流量为

$$q_L = \frac{C_d}{1+C_d} v_j A_r \cos\theta_r \tag{3-207}$$

因此零负载条件下，无因次流量为

$$q'_L = \frac{q_L}{v_j A_j} = \frac{C_d}{1+C_d} k_{rj} \cos\theta_r \tag{3-208}$$

式中，k_{rj} 为射流喷嘴与接受孔面积之比。

取式（3-206）和式（3-208）之积可得，射流管阀的传递功率为

$$P' = p'_L q'_L = 2\frac{C_d C_{dj}^2}{1+C_d} k_{rj} \cos^3\theta_r \tag{3-209}$$

由推导条件 $D_r \leqslant D_{ds}$ 可知，式（3-209）的应用条件为

$$k_{rj} \leqslant (1-0.2387\lambda_j)^2 \tag{3-210}$$

当接受孔直径大于等速核心区直径且小于紊动混合区直径时，即 $D_{ds} \leqslant D_r \leqslant D_{bj}$，由前面所述封闭管射流理论可知，可认为等效截面直径为 A_{ej} 的射流流束将以速度 v_j 冲击接受孔内液体活塞。则在 dt 时间内冲击到液体活塞上的射流流束的等效液体质量为

$$\mathrm{d}m_j = \rho A_{ej}(v_j\cos\theta_r - v_r)\mathrm{d}t \tag{3-211}$$

式中，A_{ej} 为射流流束的等效截面积，由式（3-151）可得其取值为

$$A_{ej} = A_j(1-\psi\lambda_j)^2 \tag{3-212}$$

由于冲击液体活塞后，等效油液质量 dm_j 随液体活塞的运动速度为 v_r，因此由动量定理可知，射流流束作用在右接受孔内的液体活塞上的冲击力为

$$F_{1j} = \frac{\mathrm{d}mv}{\mathrm{d}t} = \frac{1}{\mathrm{d}t}(v_j\cos\theta_r dm_j - v_r dm_j) = \rho A_{ej}(v_j\cos\theta_r - v_r)^2 \tag{3-213}$$

因此冲击力通过液体活塞所产生的冲击压力为

$$p_{1r} = \frac{F_{1j}}{A_r} = \frac{A_{ej}}{A_r}\rho(v_j\cos\theta_r - v_r)^2 \tag{3-214}$$

由式（3-164）可得，负载右端的压力满足

$$p_1 = p_{1r} - \frac{\rho}{2}\frac{q_L^2}{C_d^2 A_r^2} = \rho\left[\frac{A_{ej}}{A_r}(v_j\cos\theta_r - v_r)^2 - \frac{1}{2}\frac{q_L^2}{C_d^2 A_r^2}\right] \tag{3-215}$$

因此将式（3-215）、式（3-203）代入式 $p_L=p_1-p_2$ 可得，负载压力和负载流量的关系为

$$p_L = p_1 - p_2 = \rho\left[\frac{A_{ej}}{A_r}\left(v_j\cos\theta_r - \frac{q_L}{A_r}\right)^2 - \frac{q_L^2}{C_d^2 A_r^2}\right] \tag{3-216}$$

将 $q_L=0$ 代入式（3-216）可得，射流喷嘴与右接受孔同心时，零流量条件下的负载压力为

$$p_L = \rho v_j^2 \frac{A_{ej}}{A_r}\cos^2\theta_r = 2C_{dj}^2 p_s \frac{A_{ej}}{A_r}\cos^2\theta_r = \frac{2C_{dj}^2(1-\psi\lambda_j)^2\cos^2\theta_r}{k_{rj}}p_s \tag{3-217}$$

进一步可得无因次压力

$$p_L' = \frac{p_L}{p_s} = \frac{2C_{dj}^2(1-\psi\lambda_j)^2\cos^2\theta_r}{k_{rj}} \tag{3-218}$$

在利用式（3-218）计算无因次恢复压力时，若所计算的结果大于1时，取$p_L'=1$。

将$p_L=0$代入式（3-216）可得，射流喷嘴与右接受孔同心时，零负载压力条件下的负载流量为

$$q_L = \frac{A_{ej}C_d - \sqrt{A_{ej}A_r}}{A_{ej}C_d^2 - A_r}C_d v_j A_r \cos\theta_r \tag{3-219}$$

因此零负载条件下，无因次负载流量为

$$q_L' = \frac{q_L}{v_j A_j} = \frac{A_{ej}C_d - \sqrt{A_{ej}A_r}}{A_{ej}C_d^2 - A_r}C_d k_{rj}\cos\theta_r \tag{3-220}$$

由式（3-220）进一步可得

$$q_L' = \frac{(1-\psi\lambda_j)^2 C_d - (1-\psi\lambda_j)\sqrt{k_{rj}}}{(1-\psi\lambda_j)^2 C_d^2 - k_{rj}}C_d k_{rj}\cos\theta_r \tag{3-221}$$

取式（3-218）和式（3-221）之积可得，射流液压放大器的无因次传递功率为

$$P' = p_L' q_L' = \frac{(1-\psi\lambda_j)^2 C_d - (1-\psi\lambda_j)\sqrt{k_{rj}}}{(1-\psi\lambda_j)^2 C_d^2 - k_{rj}}2C_{dj}^2(1-\psi\lambda_j)^2 C_d\cos^3\theta_r \tag{3-222}$$

由推导条件$D_{ds} \leqslant D_r \leqslant D_{bj}$可得，式（3-218）、式（3-221）和式（3-222）的使用条件为

$$(1-0.2387\lambda_j)^2 \leqslant k_{rj} \leqslant (1+0.4251\lambda_j)^2 \tag{3-223}$$

当紊动混合区外径小于接受孔直径，即$D_{bj} \leqslant D_r$时，在dt时间内冲击到液体活塞上射流流束的动量等于射流喷嘴处的动量，接受孔接收到的射流流束的等效截面直径为射流喷嘴直径，因此在dt时间内接受孔接收到的等效油液质量

$$\mathrm{d}m_j = \rho A_j(v_j\cos\theta_r - v_r)\mathrm{d}t \tag{3-224}$$

在冲击液体活塞后，等效油液质量dm_j随液体活塞的运动速度运动，其沿射流喷嘴轴向的速度变为v_r，因此由动量定理可知，等效油液质量dm_j对液体活塞的冲击力为

$$F_{1j} = \frac{\mathrm{d}mv}{\mathrm{d}t} = v_j\cos\theta_r\mathrm{d}m_j - v_r\mathrm{d}m_j = \rho A_j(v_j\cos\theta_r - v_r)^2 \tag{3-225}$$

因此冲击力通过液体活塞在右接受孔内的产生的压力为

$$p_{1r} = \frac{F_{1j}}{A_r} = \rho\frac{A_j}{A_r}(v_j\cos\theta_r - v_r)^2 \tag{3-226}$$

由式（3-164）可得负载右端的压力满足

$$p_1 = p_{1r} - \frac{\rho}{2}\frac{q_L^2}{C_d^2 A_r^2} = \rho\left[\frac{A_j}{A_r}(v_j\cos\theta_r - v_r)^2 - \frac{1}{2}\frac{q_L^2}{C_d^2 A_r^2}\right] \tag{3-227}$$

因此将式（3-227）、式（3-203）代入 $p_L=p_1-p_2$ 可得，负载压力和负载流量的关系满足

$$p_L = p_1 - p_2 = \rho\left[\frac{A_j}{A_r}\left(v_j\cos\theta_r - \frac{q_L}{A_r}\right)^2 - \frac{q_L^2}{C_d^2 A_r^2}\right] \tag{3-228}$$

将 $q_L=0$ 代入式（3-228），可得射流喷嘴与右接受孔同心时，零流量条件下的负载压力为

$$p_L = \rho\frac{A_j}{A_r}v_j^2\cos^2\theta_r = \frac{2C_{dj}^2}{k_{rj}}p_s\cos^2\theta_r \tag{3-229}$$

进一步可得无因次负载压力为

$$p_L' = \frac{p_L}{p_s} = \frac{2C_{dj}^2}{k_{rj}}\cos^2\theta_r \tag{3-230}$$

由此式可知，当紊动混合区外径小于接受孔直径时，无因次压力与射流喷嘴到接收面的距离无关。同上述无因次压力计算，式（3-230）所计算无因次压力 $p_L' \geqslant 1$ 时，其值取 1。

将 $p_L=0$ 代入式（3-228）可得射流喷嘴与右接受孔同心时，零负载条件下的负载流量为

$$q_L = \frac{A_jC_d - \sqrt{A_jA_r}}{A_jC_d^2 - A_r}C_d v_j A_r\cos\theta_r = \frac{C_d v_j A_r}{C_d + \sqrt{k_{rj}}}\cos\theta_r \tag{3-231}$$

因此零负载条件下的无因次负载流量为

$$q_L' = \frac{q_L}{v_jA_j} = \frac{C_d}{C_d + \sqrt{k_{rj}}}k_{rj}\cos\theta_r \tag{3-232}$$

由式（3-230）和式（3-232）可得，在紊动混合区外径小于接受孔直径、喷嘴与右接受孔同心时，射流管阀的传递效率（无因次传递功率）为

$$P' = p_L'q_L' = \frac{2C_{dj}^2 C_d}{C_d + \sqrt{k_{rj}}}\cos^3\theta_r \tag{3-233}$$

由于推导条件 $D_{bj} \leqslant D_r$，可得式（3-230）、式（3-232）及式（3-233）的使用条件为

$$k_{rj} \leqslant (1 + 0.4251\lambda_j)^2 \tag{3-234}$$

取射流喷嘴与接收面之间的相对距离 λ_j 为 0，接受孔与射流喷嘴面积之比 k_{rj} 的取值从 0.5 到 3 间隔 0.1 变化；两接受孔夹角 $2\theta_r$ 分别为 20°、40°、60°，由上述理论可得，零流量下无因次压力、零负载下无因次流量以及射流液压放大器的无因次传递功率随 k_{rj} 的变化曲线，如图 3-36~图 3-38 所示。

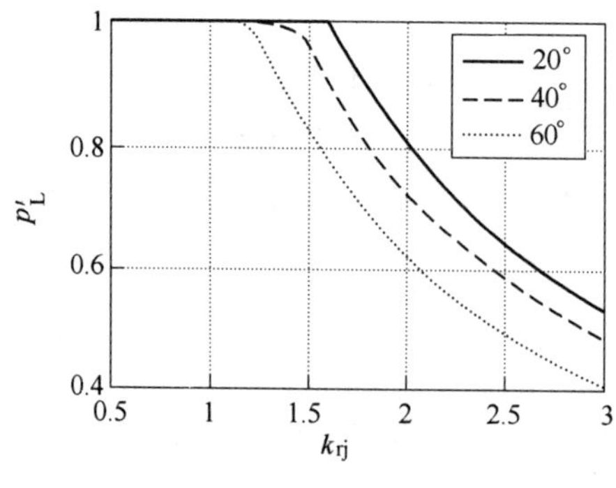

图 3-36　两接受孔夹角对无因次压力的影响曲线

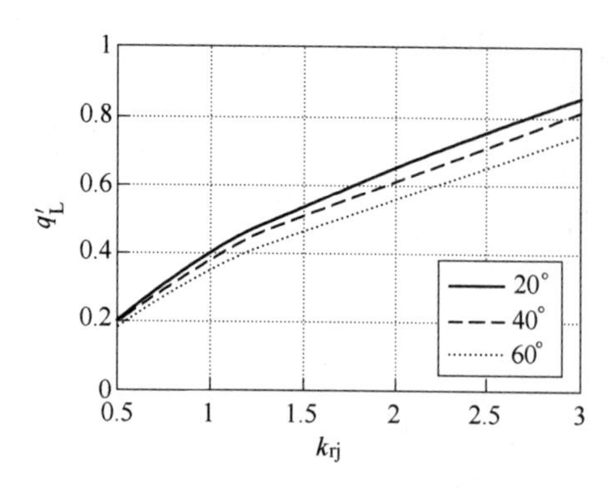

图 3-37　两接受孔夹角对无因次流量的影响曲线

由图 3-36 可知，在接受孔与射流喷嘴面积之比取值较小时，无因次压力可以达到 1；在接受孔与射流喷嘴面积之比取值稍大时，无因次压力随着接受孔与射流喷嘴面积之比的增大而减小，随着两接受孔夹角的减小而增大。由图 3-37 可知，射流管阀的无因次流量随着接受孔夹角的取值增大而减小，随着接受孔与射流喷嘴面积之比的增大而增大；由图 3-38 可知，射流液压放大器的传递效率随接受孔夹角增大而减小，这种减小趋势是非线性的。因此接受孔夹角应尽量取较小值，但由于受制于射流管阀的整体结构设计，两接受孔夹角通常大于 10°，本处仿真取 45°。在此夹角下，射流喷嘴端面到接受孔平面的相对距离对射流管阀无因次压力、无因次流量和传递效率的影响如图 3-39~图 3-41 所示。

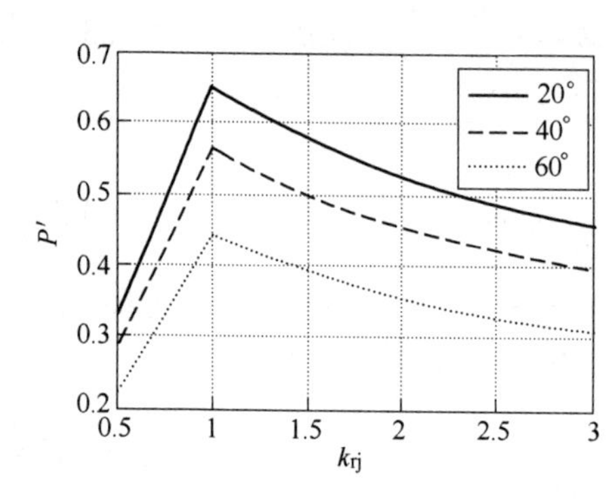

图 3-38　接受孔夹角对传递功率的影响

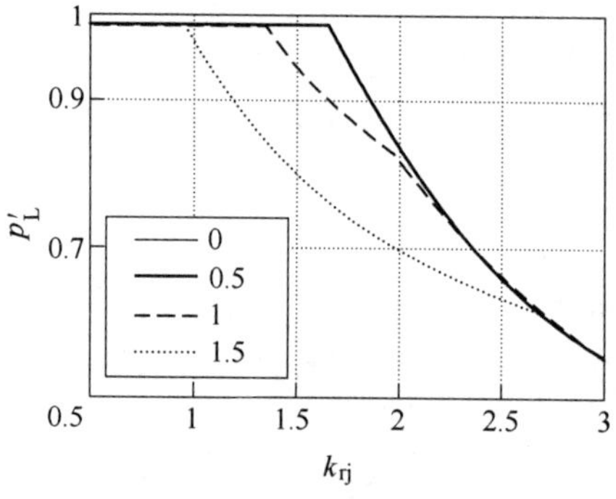

图 3-39　相对距离对无因次负载压力的影响

由图 3-39 可知，在接受孔与射流喷嘴面积之比 k_{rj} 取值较小时，压力均可恢复到 97%以上。在射流喷嘴与接收面的相对距离小于 0. 5 时，接受孔与射流喷嘴面积之比 $k_{rj} \leqslant 1.65$，压力就可以恢复到 97%以上。在射流喷嘴与接收面的相对距离的等于 1. 5 时，接受孔与射流喷嘴面积之比 $k_{rj} \leqslant 1$，压力才能恢复到 97%以上。接收孔与射流喷嘴面积之比 k_{rj} 大于一定值时，最大恢复压力随着 k_{rj} 的增大而减小。

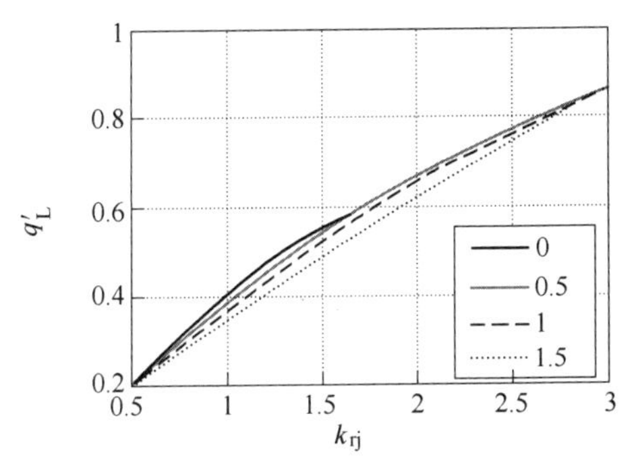

图 3-40　相对距离对无因次负载流量的影响

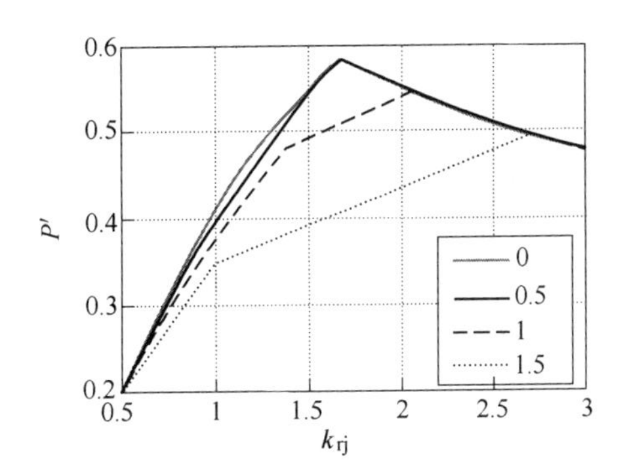

图 3-41　相对距离对传递功率的影响

由图 3-40 可知，射流喷嘴与接收面的相对距离对射流管阀的无因次负载流量影响较小。由图 3-41 可知，射流液压放大器的传递功率存在最大值，射流喷嘴与接收面的相对距离不同，传递效率最大值对应的接受孔与射流喷嘴面积之比不同。在 $\lambda_j \leqslant 0.5$、$k_{rj}=1.65$ 时，射流管能量传递效率最大；在 $\lambda_j=1$、$k_{rj}=2.03$ 时，射流管的传递功率最大；在 $\lambda_j=1.5$、$k_{rj}=2.68$ 时，射流管的传递功率最大。

需要说明的是，射流喷嘴到接收面距离太近，容易引起射流管的振动，一般 λ_j 取值在 1.5 左右，对应接受孔与射流喷嘴面积比为 2.68 左右。两接受孔间距 e 取较小值可以增加射流的利用率，但是太小容易引起两接受孔间斜劈的冲蚀磨损，一般取值 0.01~0.02mm。

3.3.8　基于液阻网络模型的参数优化

由于射流管阀工作在零位附近，因此其零位阀系数性能决定了其射流管阀的性能。由式（3-190）和式（3-191）可知，影响射流管阀性能的结构参数主要包括接受孔通流面积 A_r、射流喷嘴面积 A_j、两接受孔间距离 e、射流喷嘴到接受孔的距离 l_j、两接受孔夹角 θ_r等。

令接受孔直径 D_r的变化范围为 $0.5D_j \sim 3D_j$，其他参数取表 3-2 中数值，将其代入式（3-190）和式（3-191），可得零位压力增益 K_{p0}和零位流量增益 K_{q0}随接受孔直径 D_r变化的曲线，如图 3-42 所示。

令两接受孔间距 e 从 0 变化到 0.2mm，其他参数取表 3-2 中数值，将其代入式（3-190）和式（3-191），可得零位压力增益 K_{p0}和零位流量增益 K_{q0}随两接受孔间距 e 变化的曲线，如图 3-43 所示。由图 3-43 可知，压力增益和流量增益均随着两接受孔间距的增大而线性减少，因此在加工工艺允许的情况下，两接受孔间距尽量取较小值。

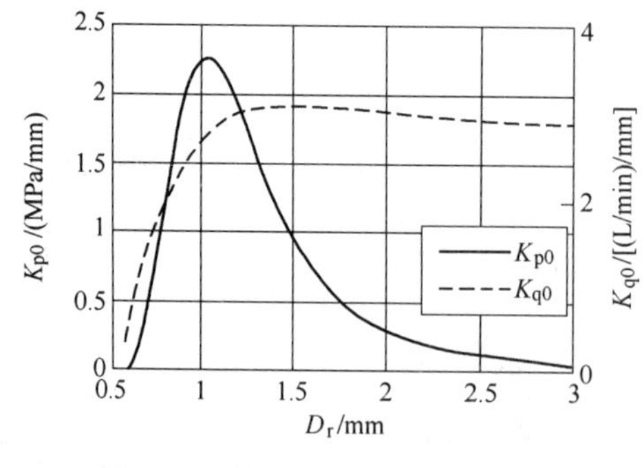

图 3-42　零位压力增益 K_{p0}随接受孔直径 D_r变化的曲线

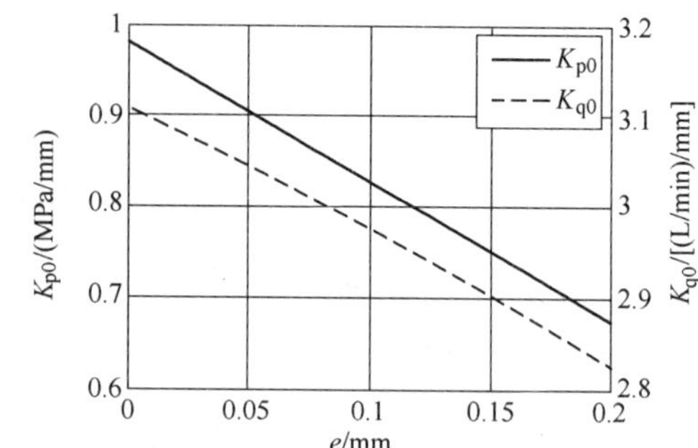

图 3-43　零位压力增益 K_{p0}零位流量增益 K_{q0}随接受孔间距 e 变化的曲线

由图 3-42 可知，压力增益 K_{p0}随着接受孔直径 D_r的增大变化明显，在接受孔直径 $D_r=1.04\text{mm}=0.8667D_j$时达到峰值；流量增益 K_{q0}在接受孔直径 $D_r=1.45\sim1.5\text{mm}$ 时达到峰值，此时 $D_r=(1.2\sim1.25)D_j$，达到峰值后流量增益随着 D_r增大变化趋势变慢。为充分利用流体动能，又不明显降低压力增益，D_r取 $1.2D_j$左右[29-33]。

令射流喷嘴到接受孔所在平面的距离 l_j从 0 增大到 $4D_j$，其他参数取表 3-2 中数值，将其代入式（3-191），可得零位流量增益 K_{q0}随射流喷嘴到接受孔所在平面的距离 l_j变化的曲线，如图 3-44 所示。由图 3-44 可知，零位流量增益 K_{q0}随着射流喷嘴到接受孔所在平面的距离 l_j的增大而增大。尽管由式（3-190）可知，零位压力增益与射流喷嘴端面到接受孔所在平面的距离无关，但实际上 l_j增大，零位压力增益 K_{p0}将减小，一般取射流喷嘴直径的 1.5 倍。

令接受孔与射流喷嘴轴线夹角 θ_r的由 0 增大到 60°，其他参数取表 3-2 中数值，将其代入式（3-190）和式（3-191），可得零位压力增益 K_{p0}和零位流量增益 K_{q0}随接受孔与射流喷嘴轴线夹角 θ_r变化的曲线，如图 3-45 所示。由图 3-45 可知，零位压力增益 K_{p0}和零位流量增益 K_{q0}随接受孔与射流喷嘴轴线夹角 θ_r的增大而变小，但是在 θ_r小于 20°时，这种变化是缓慢的。

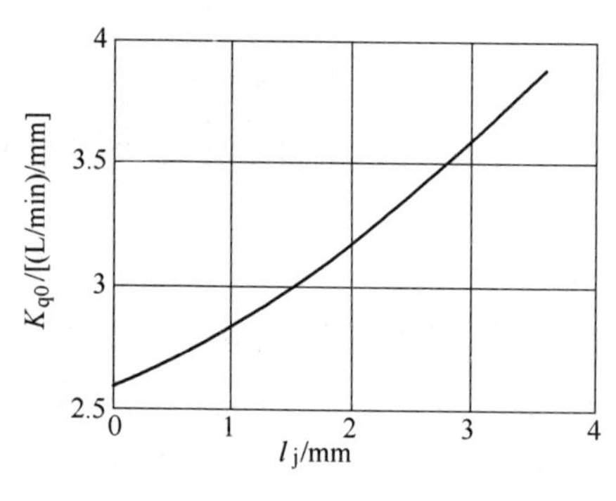

图 3-44　零位流量增益 K_{q0}随着 l_j变化的曲线

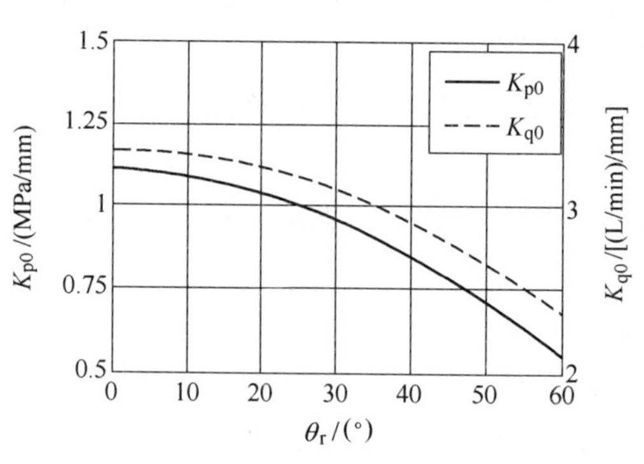

图 3-45　零位压力增益 K_{p0}和零位流量增益 K_{q0}随着 θ_r变化的曲线

由上述分析可知，射流管液压放大器参数的取值准则为：①D_r取 1.2D_j左右；②在加工工艺允许下，两接受孔间距 e 尽量取小；③接受孔与射流喷嘴轴线夹角 θ_r小于 20°；④射流喷嘴端面到接受孔所在平面的距离 l_j取 1.5 倍的射流喷嘴直径。

3.4　偏导射流阀的数学模型及仿真

3.4.1　结构和工作原理

偏导射流阀的结构如图 3-46 所示。其由射流盘组件（包括上端盖、下端盖、射流盘等）和偏导板组成，偏导板上开有 V 形导流槽，其由反馈杆带动运动，并安装于射流盘的中间位置，射流盘由进油口、回油口、分流劈尖、左负载腔和右负载腔组成，偏导板的导流槽与射流盘的空腔共同组成了射流区域。

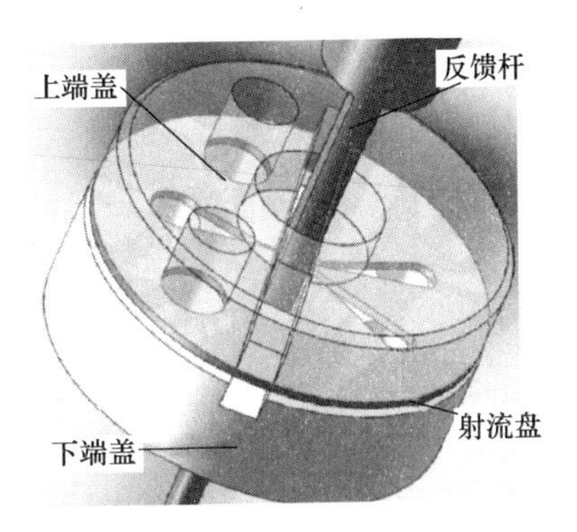

图 3-46　偏导射流阀的结构

偏导射流阀的工作原理和射流管阀的工作原理是一样的，都是基于利用油液的动量和动能传递进行工作的。其与射流管阀的不同之处是，偏导射流阀的射流过程分为两次射流和四次能量转换阶段，分别为固定喷嘴初次射流、导流槽内压力恢复、偏导板喷嘴二次射流、接受孔内压力恢复。油液在固定喷嘴处，将压力能转换成动能，高速喷射到偏导板导流槽入口，称为初次射流阶段；油液进入偏导板导流槽内后速度减小，在导流槽内，大部分油液的动能转换成压力能，称为导流槽内压力恢复；接着油液流经偏导板导流槽末端射出，压力能再次转换成动能，称为二次射流；在两接受孔（左、右负载腔内）内动能再次转换成压力能，称为接受孔压力恢复。

偏导射流阀的工作原理如图 3-47 所示，当偏导板位于中位时，导流槽处于两接受孔中间位置，左、右两接受孔（左、右负载腔）接受到的油液射流动能相等，因此左、右负载腔内的恢复压力相等，滑阀阀芯两端的压力相同，压差为零，阀芯处于中位。当偏导板不在中位时，从导流槽分到左、右接受孔内的油液动能不再相等，左、右负载腔内的恢复压力不再相等，滑阀两端产生压差，阀芯在压差作用下移动。

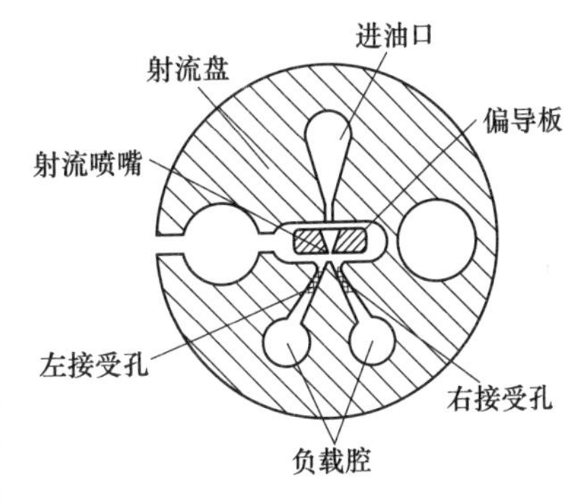

图 3-47　偏导射流阀的工作原理

3.4.2 静态特性及阀系数的数学模型

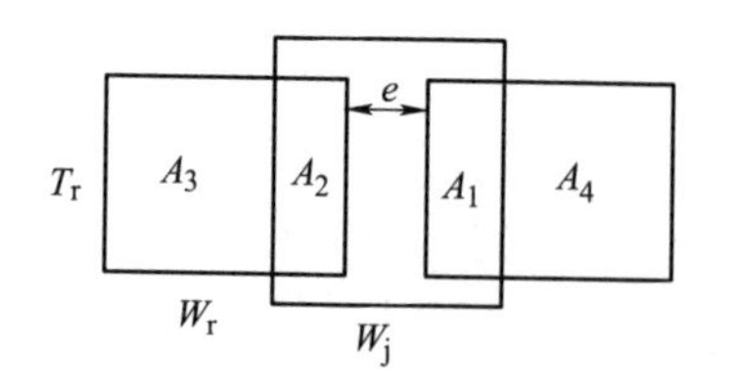

图 3-48 偏导射流阀通流面积的示意图

（1）流量特性 偏导射流阀的导流槽出口的射流喷嘴和射流盘上的两接受孔一般均为矩形，其通流面积的示意图如图 3-48 所示。

当偏导板移动距离 y 时，四个节流孔的通流面积为

$$\begin{cases} A_1(y)=T_r\left(\dfrac{W_j-e}{2}+y\right) \\ A_2(y)=T_r\left(\dfrac{W_j-e}{2}-y\right) \\ A_3(y)=T_r\left(W_r-\dfrac{W_j-e}{2}+y\right) \\ A_4(y)=T_r\left(W_r-\dfrac{W_j-e}{2}-y\right) \end{cases} \tag{3-235}$$

式中，T_r为接受孔的厚度，即射流盘厚度；W_j为喷嘴的宽度；W_r为接受孔宽度；e为两接受孔的间距。

由于射流边界的扩张等因素的影响，实际射流通流面积比上式给出的要大，综合式（3-150）可将上式修正为

$$\begin{cases} A_1(y)=T_r\left[\dfrac{W_j(1+0.4251\lambda_j)-e}{2}+y\right] \\ A_2(y)=T_r\left[\dfrac{W_j(1+0.4251\lambda_j)-e}{2}-y\right] \\ A_3(y)=T_r\left[W_r-\dfrac{W_j(1+0.4251\lambda_j)-e}{2}+y\right] \\ A_4(y)=T_r\left[W_r-\dfrac{W_j(1+0.4251\lambda_j)-e}{2}-y\right] \end{cases} \tag{3-236}$$

需要说明的是上述通流面积是在接受孔厚度 T_r小于射流喷嘴厚度 W_j的条件下得出的，但若分析的偏导射流阀的接受孔厚度大于射流喷嘴厚度的情况下，此时将式（3-236）中的 T_r用 W_j替换即可。

偏转板射流阀的工作原理和射流管阀相似，其压力-流量方程仍然可以用射流管阀的压力-流量方程来表示，将式（3-236）代入式（3-182）和式（3-183）可得

$$q_L=K_{aj}T_r\left(\frac{\lambda_d W_j-e}{2}+y\right)C_{sj}\sqrt{\frac{2}{\rho}(p_{sj}\cos\theta_r-p_1)}$$

$$-K_{aj}T_r\left[W_r-\left(\frac{\lambda_d W_j-e}{2}+y\right)\right]C_d\sqrt{\frac{2}{\rho}(p_1-p_r)} \tag{3-237}$$

$$q_L=K_{aj}T_r\left[W_r-\left(\frac{\lambda_d W_j-e}{2}-y\right)\right]C_d\sqrt{\frac{2}{\rho}(p_2-p_r)}$$
$$-K_{aj}T_r\left(\frac{\lambda_d W_j-e}{2}-y\right)C_{sj}\sqrt{\frac{2}{\rho}(p_{sj}\cos\theta_r-p_2)} \tag{3-238}$$

式中，C_{sj}为第二级射流喷嘴的流量系数；C_d为接受孔出流的流量系数；λ_d为射流扩张系数，取值为$\lambda_d=(1+0.4251\lambda_j)$；$p_{sj}$为偏导板导流槽内的恢复压力，其求解如下。

由前所述可知，偏导射流液压放大器由两级射流构成，第一级射流的出口流速v_{fj}，由流速公式可得

$$v_{fj}=C_{vj}\sqrt{\frac{2}{\rho}(p_s-p_r)}$$

式中，C_{vj}为第一级喷嘴的流速系数，其与射流喷嘴的角度有关，取0.91。

对第一级射流喷嘴处和偏导板导流槽内压力恢复处列伯努利方程可得

$$\frac{1}{2}\rho v_{fj}^2+p_r=p_{sj}$$

因此，联立上述两式可得

$$p_{sj}=C_{vj}^2(p_s-p_r)+p_r$$

(2) 压力特性

将$q_L=0$，代入式（3-237）和式（3-238）可得

$$p_1=\frac{\left(\frac{\lambda_d W_j-e}{2}+y\right)^2 p_{sj}\cos\theta_r+\left(\frac{C_d}{C_{sj}}\right)^2\left[W_r-\left(\frac{\lambda_d W_j-e}{2}+y\right)\right]^2 p_r}{\left(\frac{\lambda_d W_j-e}{2}+y\right)^2+\left(\frac{C_d}{C_{sj}}\right)^2\left[W_r-\left(\frac{\lambda_d W_j-e}{2}+y\right)\right]^2}$$
$$=\frac{p_{sj}\cos\theta_r+\left(\frac{C_d}{C_{sj}}\right)^2\left[\left(\beta_{dj}+\frac{y}{W_r}\right)^{-1}-1\right]^2 p_r}{1+\left(\frac{C_d}{C_{sj}}\right)^2\left[\left(\beta_{dj}+\frac{y}{W_r}\right)^{-1}-1\right]^2} \tag{3-239}$$

$$p_2=\frac{p_{sj}\cos\theta_r+\left(\frac{C_d}{C_{sj}}\right)^2\left[\left(\beta_{dj}-\frac{y}{W_r}\right)^{-1}-1\right]^2 p_r}{1+\left(\frac{C_d}{C_{sj}}\right)^2\left[\left(\beta_{dj}-\frac{y}{W_r}\right)^{-1}-1\right]^2} \tag{3-240}$$

式中，$\beta_{dj}=\dfrac{\lambda_d W_j-e}{2W_r}$

将式（3-239）和式（3-240）代入 $p_L=p_1-p_2$，可得偏导射流液压放大器的压力特性为

$$p_L=\frac{p_{sj}\cos\theta_r+\left(\frac{C_d}{C_{sj}}\right)^2\left[\left(\beta_{dj}+\frac{y}{W_r}\right)^{-1}-1\right]^2p_r}{1+\left(\frac{C_d}{C_{sj}}\right)^2\left[\left(\beta_{dj}+\frac{y}{W_r}\right)^{-1}-1\right]^2}-\frac{p_{sj}\cos\theta_r+\left(\frac{C_d}{C_{sj}}\right)^2\left[\left(\beta_{dj}-\frac{y}{W_r}\right)^{-1}-1\right]^2p_r}{1+\left(\frac{C_d}{C_{sj}}\right)^2\left[\left(\beta_{dj}-\frac{y}{W_r}\right)^{-1}-1\right]^2} \tag{3-241}$$

上式表明，负载压力不仅随偏导板位移 y 变化，还与偏导射流液压放大器的供油压力、结构参数、回油压力以及流量系数有关。

（3）模型线性化及阀系数

为简化推导，忽略排油腔压力，即 $p_r=0$，设零位时满足

$$p_1\big|_{y=0}=p_2\big|_{y=0}=\beta_j p_{sj}\cos\theta_r \tag{3-242}$$

由式（3-239）和式（3-240）可知

$$\beta_j=\frac{1}{1+\left(\frac{C_d}{C_{sj}}\right)^2\left(\frac{1}{\beta_{dj}}-1\right)^2} \tag{3-243}$$

对式（3-237）和式（3-238）在零位附近线性化可得

$$\Delta q_L=K_{aj}\left(C_{sj}\sqrt{(1-\beta_j)}+C_d\sqrt{\beta_j}\right)T_r\sqrt{\frac{2}{\rho}p_{sj}\cos\theta_r}\,\Delta y-\frac{T_rK_{aj}}{\sqrt{2\rho p_{sj}\cos\theta_r}}\left[\frac{C_{sj}\left(\frac{\lambda_dW_j-e}{2}\right)}{\sqrt{(1-\beta_j)}}+\frac{C_d\left(W_r-\frac{\lambda_dW_j-e}{2}\right)}{\sqrt{\beta_j}}\right]\Delta p_1 \tag{3-244}$$

$$\Delta q_L=K_{aj}\left(C_{sj}\sqrt{(1-\beta_j)}+C_d\sqrt{\beta_j}\right)T_r\sqrt{\frac{2}{\rho}p_{sj}\cos\theta_r}\,\Delta y+\frac{T_rK_{aj}}{\sqrt{2\rho p_{sj}\cos\theta_r}}\left[\frac{C_{dj}\left(\frac{\lambda_dW_j-e}{2}\right)}{\sqrt{(1-\beta_j)}}+\frac{C_d\left(W_r-\frac{\lambda_dW_j-e}{2}\right)}{\sqrt{\beta_j}}\right]\Delta p_2 \tag{3-245}$$

将式（3-244）和式（3-245）相加除2，并与 $\Delta p_L=\Delta p_1-\Delta p_2$ 合并，可得

$$\Delta q_L=\left(C_{sj}\sqrt{(1-\beta_j)}+C_d\sqrt{\beta_j}\right)T_rK_{aj}\sqrt{\frac{2}{\rho}p_{sj}\cos\theta_r}\,\Delta y-\frac{T_rK_{aj}}{2\sqrt{2\rho p_{sj}\cos\theta_r}}\left[\frac{C_{sj}\left(\frac{\lambda_dW_j-e}{2}\right)}{\sqrt{(1-\beta_j)}}+\frac{C_d\left(W_r-\frac{\lambda_dW_j-e}{2}\right)}{\sqrt{\beta_j}}\right]\Delta p_L \tag{3-246}$$

同射流管阀，在一定范围内，射流喷嘴到接收面的距离增大，将增大偏导射流阀传递的流量，因此由上式算出的流量应该再乘以射流距离的影响因子 K_{aj}，取值按式（3-173）计算。

由式（3-246）可得

零位流量增益 $$K_{q0}=\left(C_{sj}\sqrt{(1-\beta_j)}+C_d\sqrt{\beta_j}\right)K_{aj}T_r\sqrt{\frac{2}{\rho}p_{sj}\cos\theta_r} \tag{3-247}$$

零位压力-流量系数

$$K_{c0}=\frac{K_{aj}T_r}{2\sqrt{2\rho p_{sj}\cos\theta_r}}\left[\frac{C_{sj}\left(\frac{\lambda_d W_j-e}{2}\right)}{\sqrt{(1-\beta_j)}}+\frac{C_d\left(W_r-\frac{\lambda_d W_j-e}{2}\right)}{\sqrt{\beta_j}}\right] \tag{3-248}$$

零位压力增益 $$K_{p0}=\frac{K_{q0}}{K_{c0}}=\frac{4\left(C_{sj}\sqrt{(1-\beta_j)}+C_d\sqrt{\beta_j}\right)}{\frac{C_{sj}\left(\frac{\lambda_d W_j-e}{2}\right)}{\sqrt{(1-\beta_j)}}+\frac{\left(W_r-\frac{\lambda_d W_j-e}{2}\right)C_d}{\sqrt{\beta_j}}}p_{sj}\cos\theta_r \tag{3-249}$$

3.4.3　参数优化与设计准则

由零位阀系数的公式可知，零位阀系数与 β_j 有关。若令零位流量增益最大，可对式（3-247）求关于 β_j 的导数，并令其等于零，可得

$$\frac{dK_{q0}}{d\beta_j}=\left(\frac{C_d}{2\sqrt{\beta_j}}-\frac{C_{sj}}{2\sqrt{(1-\beta_j)}}\right)K_{aj}T_r\sqrt{\frac{2}{\rho}p_{sj}\cos\theta_r}=0 \tag{3-250}$$

解方程可得

$$\beta_j=\frac{C_d^2}{C_d^2+C_{sj}^2} \tag{3-251}$$

若取 $C_d=0.61$，$C_{sj}=0.89$，则 $\beta_j=0.3196$。此时，零位控制压力

$$p_1|_{y=0}=p_2|_{y=0}=0.3196p_{sj}+4.5476p_r \tag{3-252}$$

将式（3-251）与式（3-243）联立可得

$$\beta_{dj}=\frac{1}{1+\frac{C_{sj}}{C_d}\sqrt{\beta_j^{-1}-1}}=0.3196$$

即 $$\beta_{dj}=\frac{(1+0.4251\lambda_j)W_j-e}{2W_r}=0.3196 \tag{3-253}$$

上式中 $C_d=0.61$、$C_{sj}=0.89$ 时，零位流量增益最大时结构参数满足的条件。

忽略回油腔压力 p_r，由式（3-241）可得，零位压力增益为

$$\left.\frac{\mathrm{d}p_{\mathrm{L}}}{\mathrm{d}y}\right|_{y=0}=\frac{4\left(\frac{C_{\mathrm{d}}}{C_{\mathrm{sj}}}\right)^{2}\left(\frac{1}{\beta_{\mathrm{dj}}}-1\right)}{W_{\mathrm{r}}\beta_{\mathrm{dj}}^{2}\left[\left(\frac{C_{\mathrm{d}}}{C_{\mathrm{sj}}}\right)^{2}\left(\frac{1}{\beta_{\mathrm{dj}}}-1\right)^{2}+1\right]^{2}}p_{\mathrm{sj}}\cos\theta_{\mathrm{r}} \tag{3-254}$$

通过化简可知，式（3-254）和式（3-249）是相同的。

零位压力灵敏度最高时，应满足

$$\frac{\mathrm{d}}{\mathrm{d}\beta_{\mathrm{dj}}}\left(\left.\frac{\mathrm{d}p_{\mathrm{L}}}{\mathrm{d}y}\right|_{y=0}\right)=0$$

化简可得方程

$$2\left(\frac{C_{\mathrm{d}}^{2}}{C_{\mathrm{sj}}^{2}}+1\right)\beta_{\mathrm{dj}}^{3}-3\left(\frac{C_{\mathrm{d}}^{2}}{C_{\mathrm{sj}}^{2}}+1\right)\beta_{\mathrm{dj}}^{2}+\frac{C_{\mathrm{d}}^{2}}{C_{\mathrm{sj}}^{2}}=0$$

令 $C_{\mathrm{d}}=0.61$、$C_{\mathrm{sj}}=0.89$，代入上式可得

$$2.9395\beta_{\mathrm{dj}}^{3}-4.4093\beta_{\mathrm{dj}}^{2}+0.4698=0$$

求解此三次方程可得三个根，分别为-0.2981，1.4209，0.3773，由于 β_{dj} 取值在0到1之间，因此可得 $\beta_{\mathrm{dj}}=0.3773$ 时，零位压力增益最大。

即零位压力增益最大时，偏导射流液压放大器的结构参数满足

$$\frac{(1+0.4251\lambda_{\mathrm{j}})W_{\mathrm{j}}-e}{2W_{\mathrm{r}}}=0.3773 \tag{3-255}$$

将 $\beta_{\mathrm{dj}}=0.3773$ 代入式（3-239）和式（3-240）可得，在偏导射流液压放大器零位压力增益最大时，两接受孔的零位恢复压力为

$$p_{1}\big|_{y=0}=p_{2}\big|_{y=0}=\frac{p_{\mathrm{sj}}+0.4698\left(\frac{1}{0.3773}-1\right)^{2}p_{\mathrm{r}}}{1+0.4698\left(\frac{1}{0.3773}-1\right)^{2}} \tag{3-256}$$

将 $\beta_{\mathrm{dj}}=0.3773$ 代入式（3-254）可得零位压力增益

$$\left.\frac{\mathrm{d}p_{\mathrm{L}}}{\mathrm{d}y}\right|_{y=0}\approx 4.1923\frac{p_{\mathrm{sj}}}{W_{\mathrm{r}}}\cos\theta_{\mathrm{r}}=\frac{3.4716p_{\mathrm{s}}+0.7207p_{\mathrm{r}}}{W_{\mathrm{r}}}\cos\theta_{\mathrm{r}} \tag{3-257}$$

综上所述，若取 $C_{\mathrm{d}}=0.61$、$C_{\mathrm{sj}}=0.89$，按零位压力增益最大设计时，β_{dj} 取0.3773。

同射流管阀，偏导射流阀也可以按传递功率最大来设计。由于直接优化，模型较复杂，本书通过绘制零位附近传递功率与 β_{dj} 的关系曲线来获得功率最大时的 β_{dj} 取值。

取射流喷嘴位移 $y=0.01\mathrm{mm}$，其他参数取表3-4中并代入式（3-247）和式（3-249），可绘制参数 β_{dj} 对偏导射流阀的控制流量和控制压力的影响曲线，如图3-49所示。将压力和流量相乘，可得 $y=0.01\mathrm{mm}$ 下，参数 β_{dj} 对偏导射流阀的输出功率的影响，如图3-50所示。

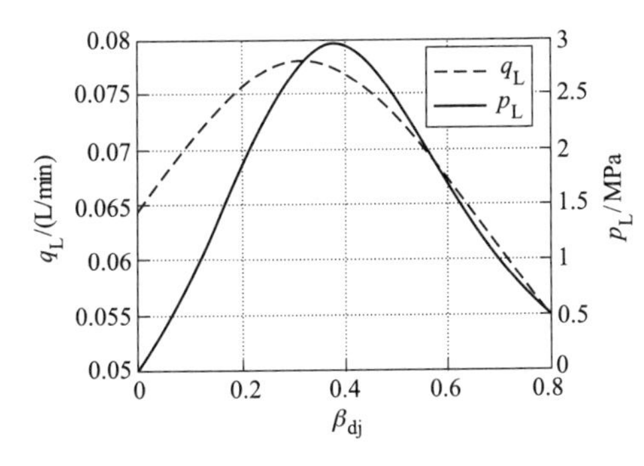

图 3-49　β_{dj}控制流量和控制压力的影响曲线

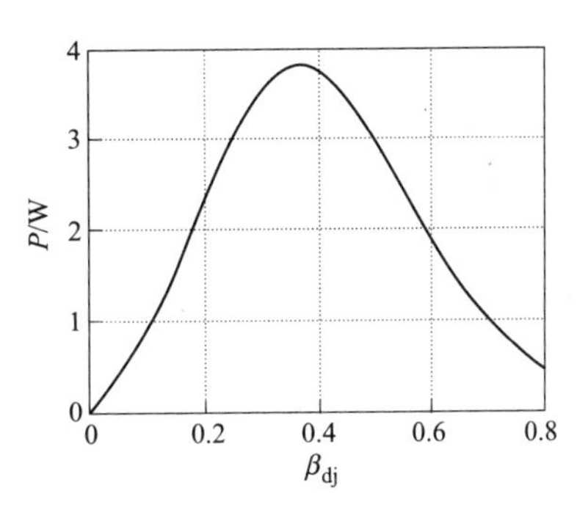

图 3-50　β_{dj}对输出功率的影响

由图 3-49 和图 3-50 可知，存在最佳参数使偏导射流阀传递的压力、流量或功率最大，但三者最大时的β_{dj}取值不同，在β_{dj}等于 0. 3661 时，偏导射流阀的传递功率最大。

综上所述，若取 $C_d = 0.61$、$C_{sj} = 0.89$，按零位压力增益最大设计时，β_{dj}取 0. 3773；按零位流量增益最大设计时，β_{dj}取 0. 3196；按零位功率最大设计时，β_{dj}取 0. 366。需要强调的是，流量系数 C_d、C_{sj}取值不同，优化的结构是不同的，初步设计可按此处给出的参数设计。

3. 4. 4　静态特性仿真分析

将表 3-4 中的参数代入式（3-241），可得偏导射流阀的负载压力特性曲线；将式（3-249）与射流喷嘴位移 y 相乘，可得其线性化的负载压力特性曲线，如图 3-51所示。在射流喷嘴位移 y 运动距离小于 0. 05mm 时，线性化负载压力特性较接近负载压力特性曲线。图 3-52 为线性化的负载流量特性曲线。

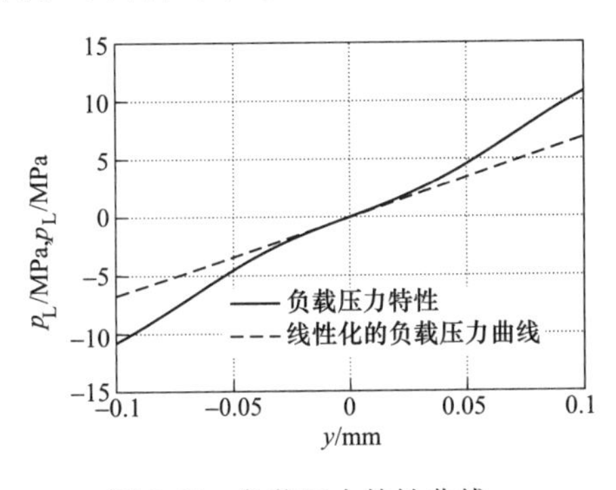

图 3-51　负载压力特性曲线

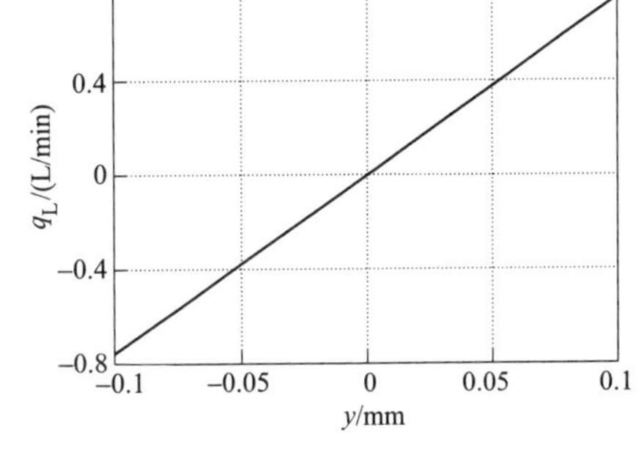

图 3-52　负载流量特性曲线

表 3-4　偏导射流液压放大器结构参数

物理量名称及代号	参数	物理量名称及代号	参数
接收面到射流喷嘴的距离 l_j	0. 2mm	两接受孔的孔间距 e	0. 1mm
射流喷嘴宽度 W_j	0. 15mm	接受孔厚度 T_r	0. 51mm
接受孔宽度 W_r	0. 24mm	油液密度 ρ	850kg/m^3
两接受孔间夹角 $2\theta_r$	45°	供油压力 p_s	21MPa

3.5 液压放大元件的 Simulink 物理模型

3.5.1 SimHydraulics 介绍

SimHydraulics（最新版本更名为 Simscape™ Fluids™）是流体传动和控制系统的建模和仿真工具，其扩展了 Simulink ® 的功能。这个工具同 SimMechanics、SimDriveline 和 SimPowerSystems 一起使用，可以建立复杂的机电液系统模型。SimHydraulics 使用物理网络方式构建模型，而不是从基本的数学方程做起。每个建模模块对应真实的液压元器件，诸如液压泵，液压马达和液压控制阀。元件模块之间以代表动力传输管路的线条连接。

SimHydraulics 库提供了 75 个以上的流体和液压机械元件，包括液压泵、液压缸、蓄能器、液压管路和一维机构单元，大部分商品化元器件都可以找到对应模型，库中也包括了用于构造其他元件的基本元素模块。用户可以将 Simulink 模块建立的模型和 SimHydraulics 建立的物理对象模型部分连接起来进行分析与控制。伺服阀液压放大元件建模所用到的 SimHydraulic 库中常用节流口符号及作用见表 3-5。建模中位实时监测出液压系统中的压力和流量，需要用到流量传感器和压差传感器见表 3-5。

表 3-5 液压放大元件建模常用节流口符号及作用

名称及符号	作用及构成	名称及符号	作用及构成
矩形窗可变节流口	由圆柱形锐边阀芯和开有矩形窗的阀套构成。通过节流口的流量与节流口的开度成线性关系	通用可变节流孔	通流面积与控制位移成线性关系，在初始位置（零位移）关闭，最大开度发生在最大位移处
环形节流口	由圆形阀套和圆形阀芯构成的可变节流口，其通流面积为环形或偏心环形	两圆孔相交的可变节流孔	两个相交的圆孔创建的可变节流孔。一个位于阀芯上，另一个在阀套上。其通流面积为两圆相交部分，两孔可以有不同的直径
固定节流孔	由固定通流面积构成的节流孔。节流孔开度是固定的，通过节流孔的流量不能调节	圆形窗可变节流口	由圆柱阀芯和开有一组圆形节流口的阀套构成。通过节流口的流量与节流口的开度成线性关系
流量传感器	测量从 A 口进 B 口出的流量，Q 口测体积流量，M 口测质量流量	压差传感器	测量从 A 口与 B 口之间的压差，测量结果从 P 口引出

液压流量传感器即通过液压管路将体积流量转换成与此流量成比例的控制信号的装置。Q 是一个输出体积流量值的物理信号端口。M 是一个输出质量流量值的物理信号端口。

压差传感器即将两点之间测量的液压差转换为与此压力成比例的控制信号的装置。此传感器是理想的，因为它不考虑惯性、摩擦、延迟、压力损失等。

3.5.2　滑阀的物理建模与仿真

由滑阀的工作原理可建立图 3-53 所示的滑阀压力特性仿真的 Simulink 物理模型，其滑阀的采用矩形可变节流口，滑阀的参数设置如图 3-54 所示。通过仿真可得，滑阀的流量和位移随时间变化的曲线，如图 3-55 所示，其对应的空载流量特性曲线如图 3-56 所示。

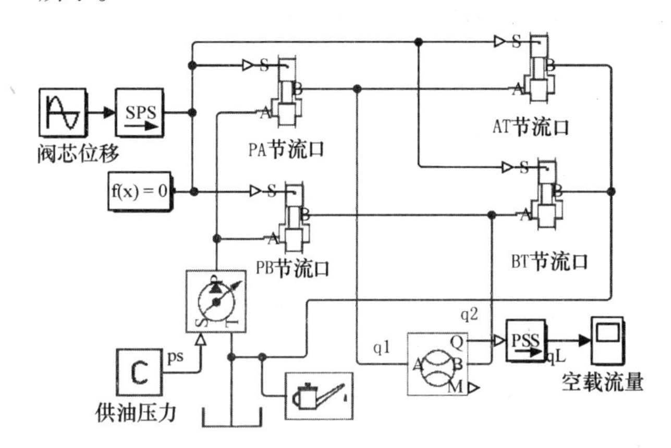

图 3-53　滑阀压力特性仿真的 Simulink 物理模型

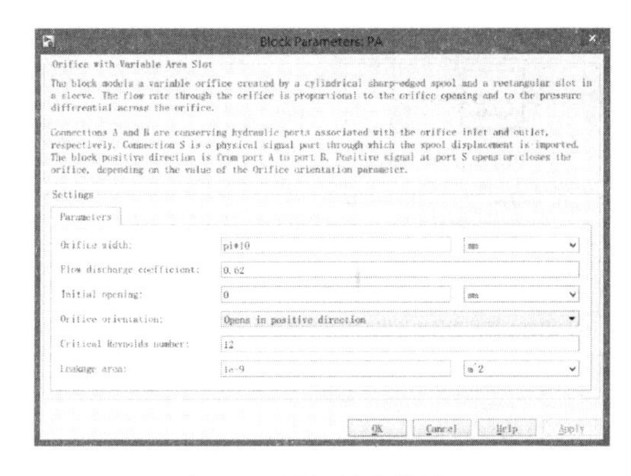

图 3-54　滑阀的参数设置

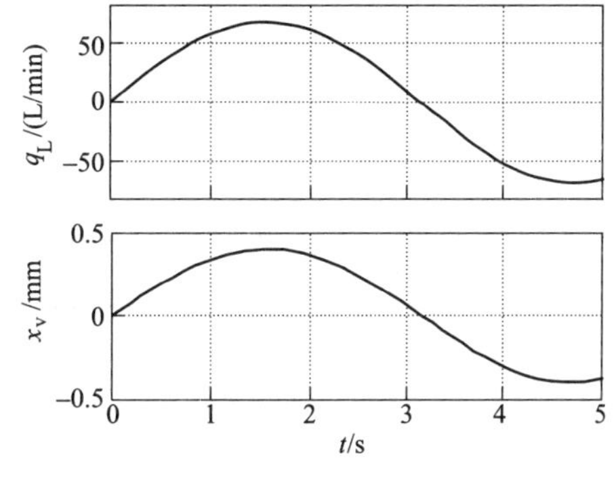

图 3-55　滑阀的流量和位移随时间变化的曲线

将图 3-53 中的流量传感器换成压差传感器可得滑阀的负载压力和滑阀位移随时间的变化曲线，如图 3-57 所示。由于滑阀零位压力增益十分大，在 1μm 时压力就可以达到 21MPa。

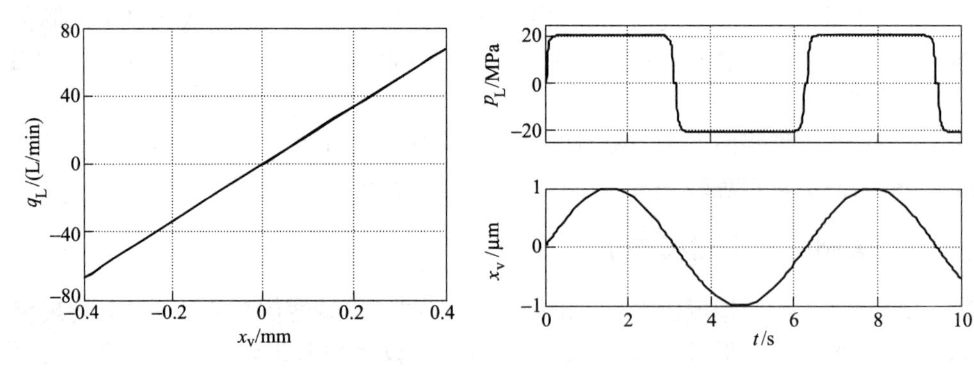

图 3-56　滑阀的空载流量特性曲线　　　　图 3-57　滑阀负载压力和位移随时间的变化曲线

3.5.3　双喷嘴挡板阀的物理建模与仿真

由上述双喷嘴挡板阀的工作原理可建立图 3-58 所示的双喷嘴挡板阀的 Simulink 物理模型。取供油压力 21MPa、固定节流口直径 0.2mm、喷嘴直径 0.4mm、喷嘴挡板零位间距 60μm，喷嘴参数设置如图 3-59 所示。通过仿真可得其压力特性曲线和空载流量特性曲线，如图 3-60 所示。

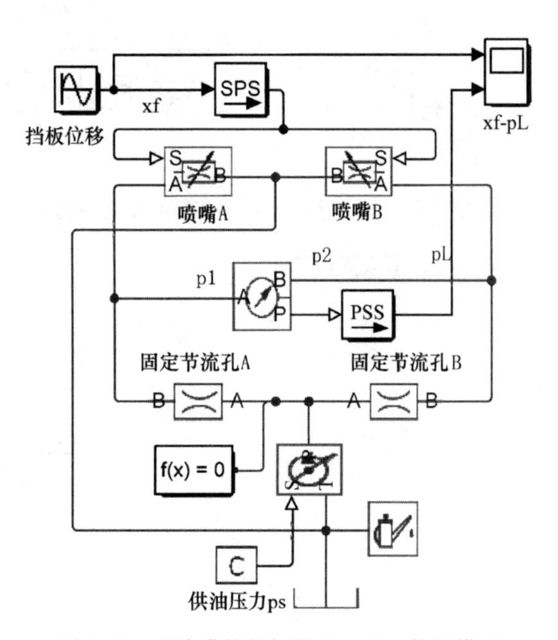

图 3-58　双喷嘴挡板阀的 Simulink 物理模型

由图 3-60 可知，挡板在−30～30μm 运动时，压力特性曲线变化范围为−16.85～16.85MPa，空载流量特性曲线变化范围为−0.218～0.218L/min。取挡板运动区间［−1μm，1μm］内的压力灵敏度近似为零位压力灵敏度，由图 3-60a 可知，挡板运

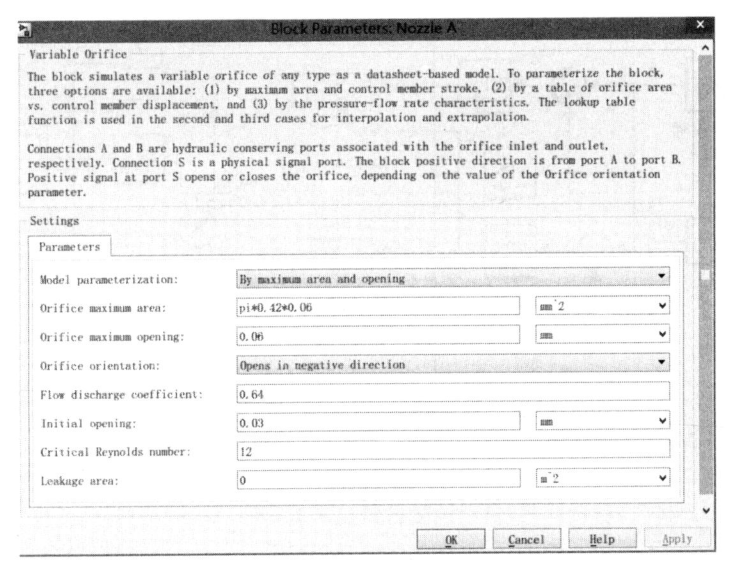

图 3-59 喷嘴参数设置

动范围为-1~1μm 时的仿真压力灵敏度为 0.6998MPa/μm。采用理论公式（3-103）计算的零位压力灵敏度为 0.7MPa/μm，仿真和计算值十分接近。同理可得，通过物理模型仿真的空载零位流量灵敏度为 0.0073L/min/μm，而采用理论公式（3-102）计算的零位流量灵敏度为 0.007964L/min/μm，两者误差也较小。

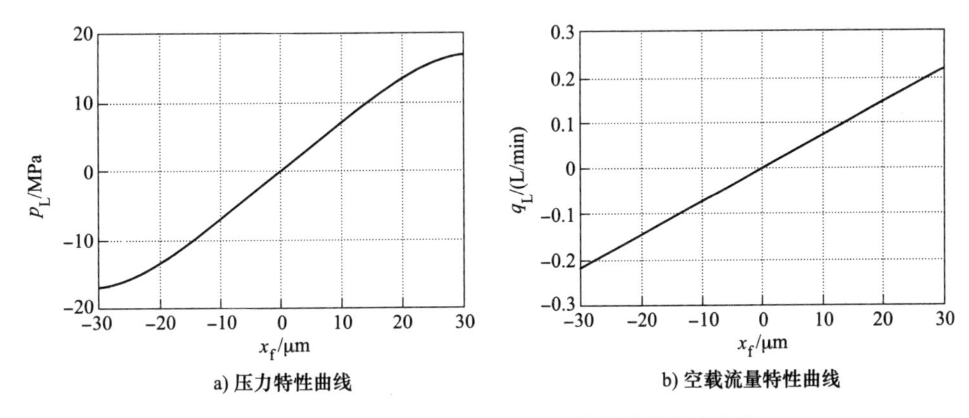

图 3-60 双喷嘴挡板阀物理模型的静态特性仿真曲线

3.5.4 射流管阀的物理建模与仿真

由射流管阀的结构和工作原理可建立图 3-61 所示射流管阀的 Simulink 物理模型。

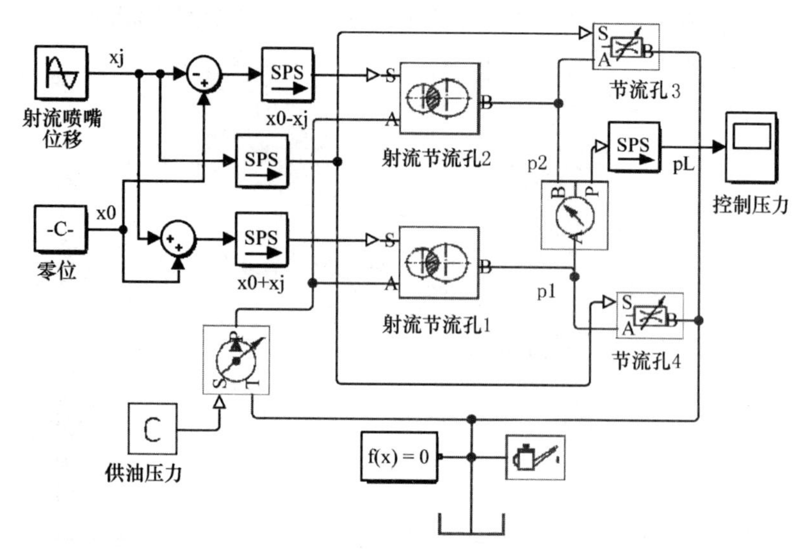

图 3-61　射流管阀的 Simulink 物理模型

图中 x_0 取接受孔直径和两接受圆孔间距之和的一半，节流孔 1 和节流孔 2 采用两相交圆构成的可变节流孔，节流孔 3 和节流孔 4 采用通用节流孔，其变化方向取相反，其开度和对应面积可由式（3-135）计算。取射流喷嘴直径 1.2mm，接受孔直径 1.5mm，供油压力 21MPa，节流孔 1 和节流孔 4 的参数设置如图 3-62 和图 3-63 所示。

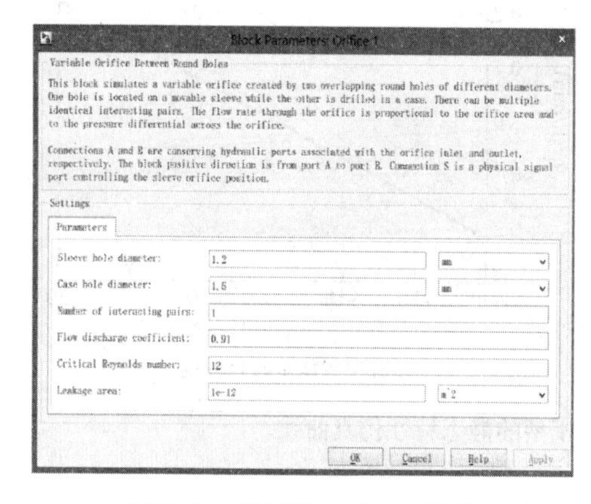

图 3-62　节流孔 1（相交圆节流孔）的参数设置

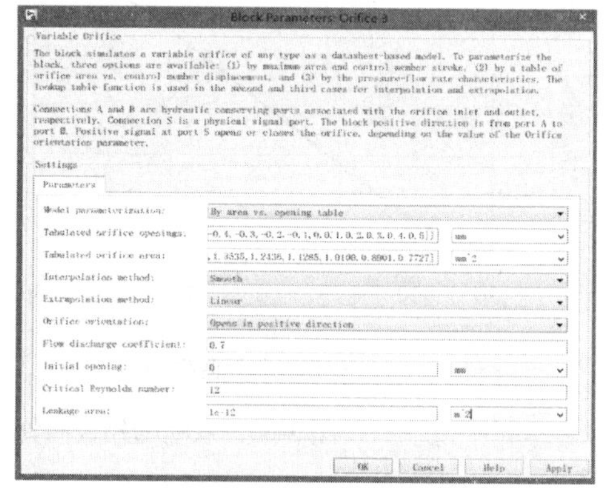

图 3-63　节流孔 4（通用节流孔）的参数设置

对图 3-61 所示物理模型仿真可得射流管阀的压力特性曲线，如图 3-64a 所示，将压差传感器换成流量传感器可得流量特性曲线，如图 3-64b 所示。

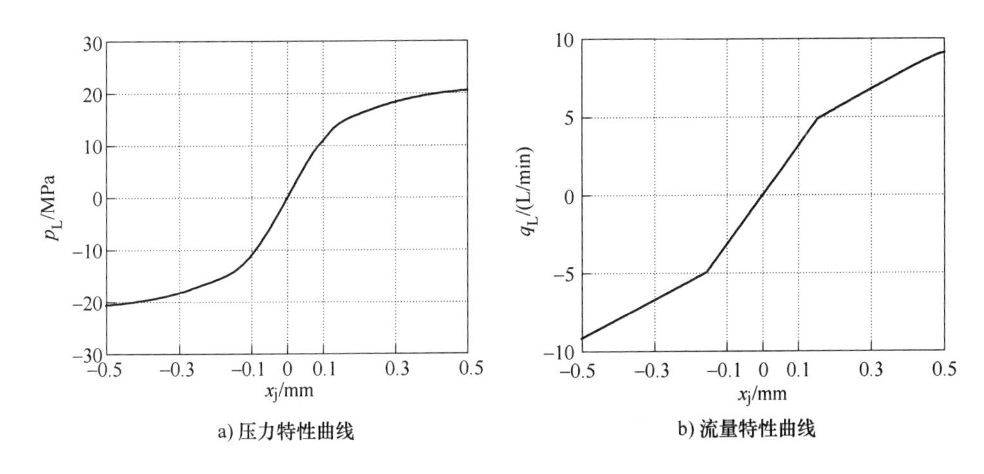

a) 压力特性曲线　　b) 流量特性曲线

图 3-64　射流管阀物理模型的静态特性仿真曲线

3.5.5　偏导射流阀的物理建模与仿真

由前述分析可知，偏导射流阀的工作原理等效于四个可变液阻构成的全桥液阻网络，因此可建立其 Simulink 的物理模型，如图 3-65 所示。

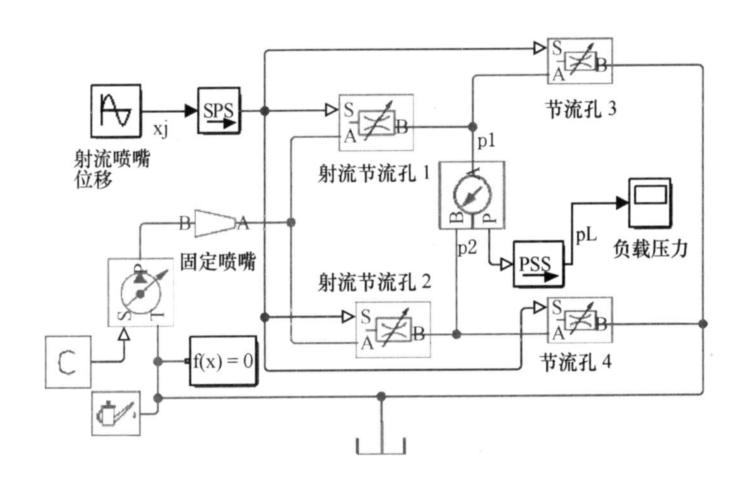

图 3-65　偏导射流阀的 Simulink 物理模型

取固定喷嘴夹角 41°，固定喷嘴宽度 0. 155mm，其余结构参数取表 3-4 中数值。其射流节流孔 1 和节流孔 3 分别设置如图 3-66 和图 3-67 所示，节流孔 2 和 4 的设置与节流孔 1 和 3 相同。

对图 3-65 的物理模型仿真，可得其压力特性曲线，如图 3-68a 所示，将压差传感器换成流量传感器可得空载流量特性曲线，如图 3-68b 所示。

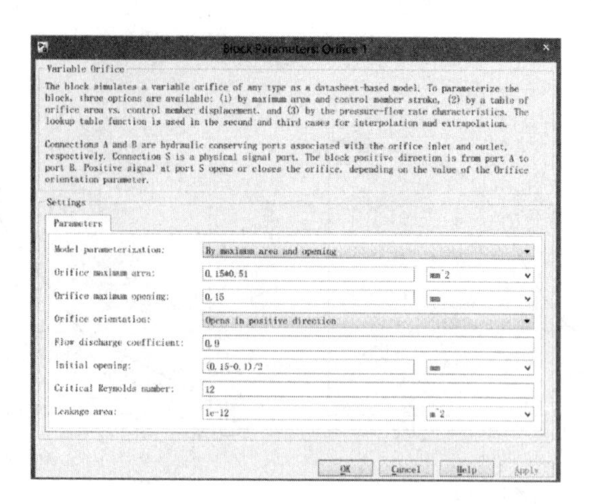

图 3-66　节流孔 1 的参数设置

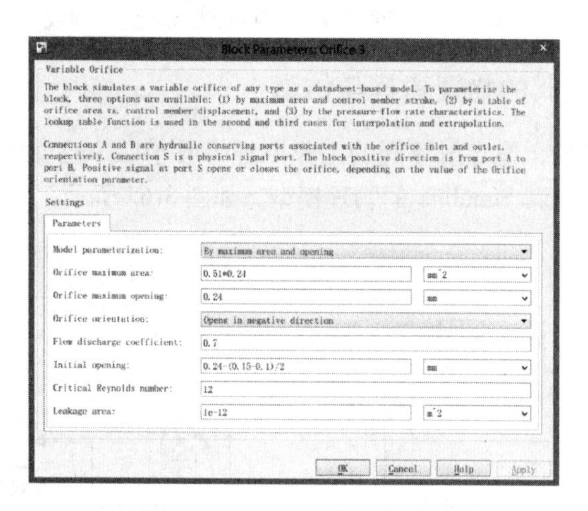

图 3-67　节流孔 3 的参数设置

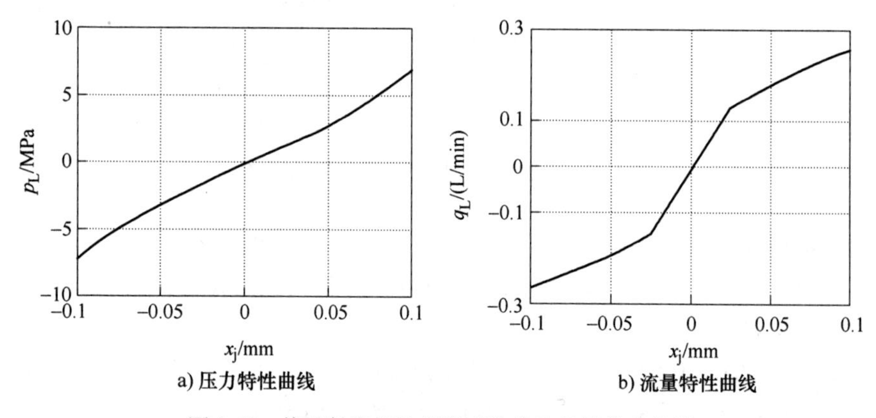

图 3-68　偏导射流阀物理模型的静态特性仿真曲线

3.6　本章小结

本章主要介绍圆柱滑阀、双喷嘴挡板阀、射流管阀和偏导射流阀等伺服阀常用液压放大元件的结构、工作原理、数学模型、设计准则以及基于 Simulink 的物理模型等内容，主要结论如下。

1）若滑阀全周开口，阀杆直径和阀芯直径满足 $d_r=0.5d$，则阀芯直径要求 $d>2.61\sqrt{Wx_{vm}}$，阀芯位移要求 $x_{vm}<0.047d$。

2）双喷嘴挡板阀，为避免流量饱和，要求 $x_{f0}\leqslant 0.125D_N$，若满足 $C_{df}=0.8C_{d0}$，则固定节流孔直径 $D_0\leqslant\sqrt{0.2a^{-1}}D_N$，当 $a=1$ 时，压力增益最大；挡板位移等于零位间隙时，双喷嘴挡板阀达到最大控制压力 $0.8p_s$，在挡板位移取 $(-0.6\sim0.6)x_{f0}$ 时，压力特性有着较好的线性性能。

3）射流管阀，射流喷嘴端面到接受孔所在平面的距离取 1.5 倍的射流喷嘴直径，接受孔与射流喷嘴面积比约为 2.6，两接受孔的间距 e 取 0.01~0.02mm。

4）偏导射流阀，若取 $C_d=0.61$、$C_{sj}=0.89$，按零位压力增益最大设计时，β_{dj} 取 0.3773；按零位流量增益最大设计时，β_{dj} 取 0.3196；按零位功率最大设计时，β_{dj} 取 0.3661。

第4章 直动式电液伺服阀

直动式电液伺服阀也称直驱式电液伺服阀（Direct Drive Servovalve，DDV），为采用永磁动铁式力马达直接驱动滑阀阀芯运动且具有阀芯位置电反馈的单级伺服阀。由于采用阀芯位置电反馈和单级结构，因此与两级或多级伺服阀相比，DDV具有结构简单、无先导级泄漏、抗污染能力强、滞环低、分辨率高、重复精度高、稳定性好且具有“故障对中”等优点。

本章主要介绍直动式电液伺服阀的结构、工作原理、静动态性能的数学模型以及基于 Simulink 的物理建模等内容。

4.1 DDV 的结构与工作原理

DDV 的结构如图 4-1 所示，其由永磁动铁式线性力马达、圆柱滑阀、位移传感器、集成控制电路、对中弹簧等组成。永磁动铁式力马达是差动马达，可产生与输入电流大小成比例的双向位移，直接推动阀芯运动。集成控制电路包含了用于驱动力马达的脉宽调制（PWM）电路和阀芯位置反馈控制电路，其全部按 IP65 防

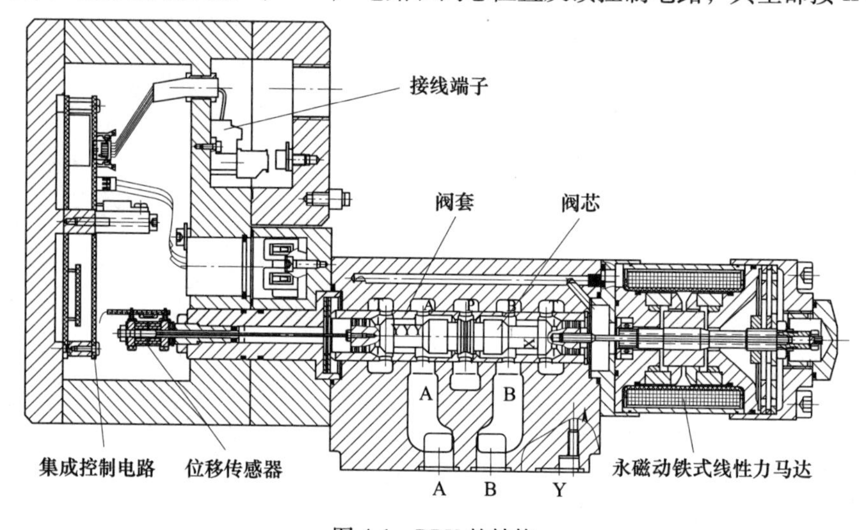

图 4-1　DDV 的结构

护等级集成在阀内。对中弹簧作用在阀芯上，在力马达无电流输入时，使阀芯复位，避免“满舵”现象。

将与所期望的阀芯位移成正比的电信号输入阀内放大电路，此电信号将转换成对应的脉宽调制（PWM）电流作用在力马达上，力马达产生推力，推动阀芯产生一定的位移。同时激励器激励阀芯位移传感器产生一个与阀芯实际位移成正比的电信号，解调后的阀芯位移信号与输入指令信号进行比较，比较后得到的偏差信号将改变输入至力马达的电流大小，直到阀芯位移达到所需值，使得阀芯位移的偏差信号为零，最后得到与输入电信号成正比的阀芯位移。由于采用阀芯位置电反馈和大驱动力的线性马达，因此 DDV 具有很高的分辨率和很小的滞环，使系统具有优良的重复精度。

阀在输出流量的过程中必须克服由于大刚度的对中弹簧所引起的弹簧力和一些外力（如流体液动力、油液中的杂质所引起的摩擦力等）。阀芯在复位的过程中，对中弹簧力加上力马达的输出力一齐推动阀芯回复到零位，使得阀芯对油液污染的敏感程度减弱。阀体上设计有备用泄漏油口 Y，如图 4-1 所示，当油源系统的回油反压力大于 5MPa 时，应将力马达内部的漏油通过泄漏油口单独引回油箱。

DDV 典型代表产品有美国 MOOG 公司的 D633、D634 系列和 D636、D637 系列（带总线接口可数字指令输入），外观分别如图 4-2 和图 4-3 所示。国内中航工业南京伺服控制系统有限公司的产品为 F-133 系列和 F-133D（带总线接口可数字指令输入）。

图 4-2 D633 和 D634 外观

图 4-3 D636 和 D637 外观

其职能符号如图 4-4 和图 4-5 所示。

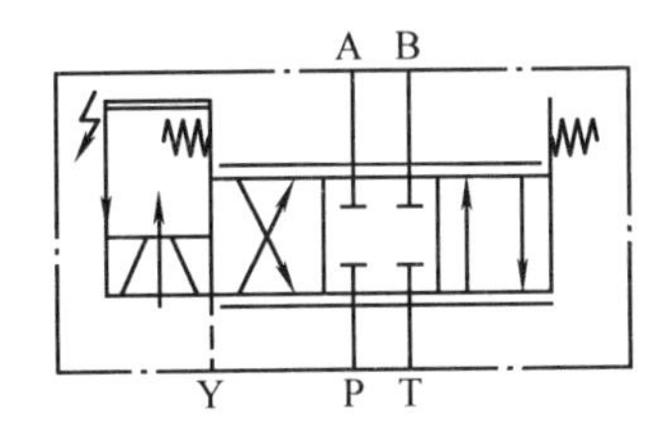

图 4-4 D633 职能符号

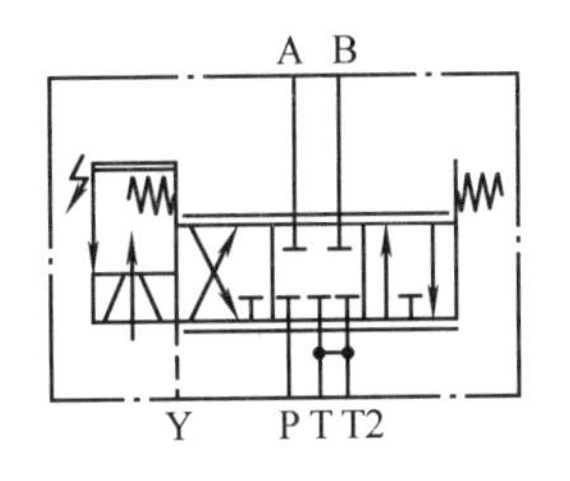

图 4-5 D634 职能符号

在 7MPa 额定压力下，D633、D634、D636 和 D637 系列的额定流量范围为 5～100L/min，最大工作压力为 35MPa，最大流量为 180L/min，在 21MPa 供油压力下，额定行程的阶跃响应时间<12ms。其中，D633 的滞环<0.2%，分辨率<0.1%，最大流量为 75L/min，在 7MPa 额定压力下，额定流量为 40L/min，25%额定输入下的幅频宽（-3dB）为 50Hz，相频宽（-90°）为 80Hz。D634 的滞环<0.2%，分辨率<0.1%，在 7MPa 额定压力下，额定流量为 100L/min，阶跃响应时间约为 20ms，25%额定输入下的幅频宽（-3dB）为 25Hz，相频宽（-90°）为 60Hz。

4.2 DDV 的数学模型

4.2.1 DDV 控制信号传递图

DDV 控制信号传递图如图 4-6 所示。

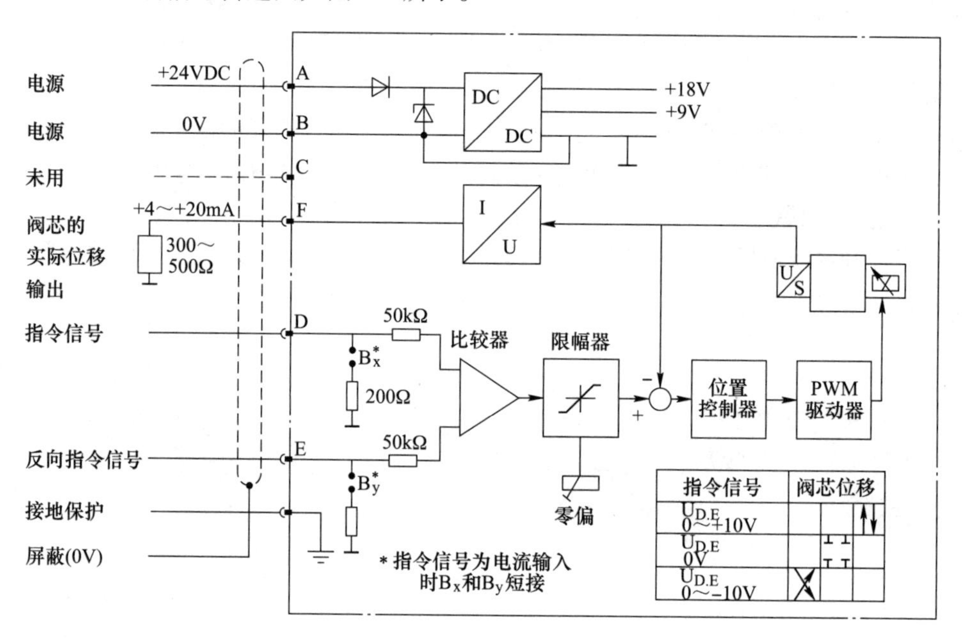

图 4-6　DDV 控制信号传递图

信号输入可以为电压输入，也可以为电流输入。由于输给马达的电功率较大，伺服放大器的功放级采用脉宽调制（PWM）驱动，以减小功率管的功耗。伺服放大器设有电器外调零和阀芯位移检测口，通过检测口可以监视阀芯实际位置。由图 4-6 可得 DDV 的控制流程图，如图 4-7 所示。位置控制器、PWM 驱动器、滑阀和线性可变差动变压器（linear Variable Differential Transformer，LVDT）型位移传感器构成位置闭环控制。LVDT 型位移传感器将阀芯位移转换成电压信号并反馈到控制电路的输入端，并与输入指令信号相比较后，通过位置控制器（一般为积分控制器）产生控制信号，经 PWM 驱动器放大成控制电流驱动力马达产生力，推动滑阀运动，使滑阀产生液压能输出。

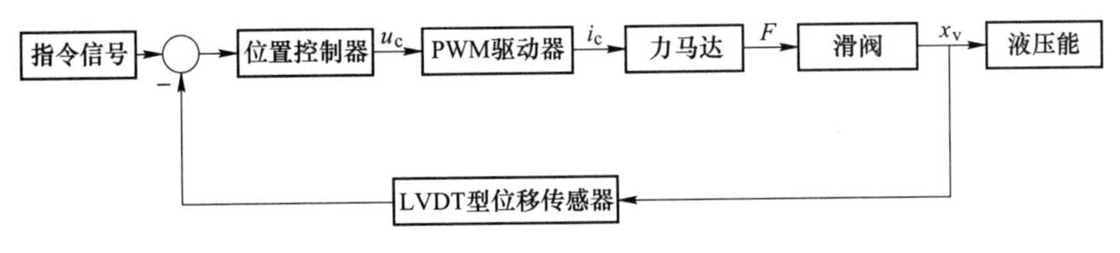

图 4-7　DDV 的控制流程图

4.2.2　力马达滑阀组件数学模型

在考虑滑阀稳态液动力、瞬态液动力、黏性摩擦力、液压卡紧力、弹簧力等影响时，由式（2-71）可得力马达和滑阀组件构成的系统满足

$$K_t i_c + K_m x_v = m_v \frac{d^2 x_v}{dt} + (B_a + B_v + B_f)\frac{dx_v}{dt} + (K_a + K_{wy})x_v \tag{4-1}$$

式中，m_v 为衔铁、阀芯及阀腔内油液的等效质量；B_a 为力马达的黏性摩擦系数；B_f 为瞬态液动力阻尼系数，其取值由式（3-51）求出；K_a 为力马达综合刚度；K_{wy} 为稳态液动力刚度，其取值由式（3-45）求出；B_v 为阀芯与阀套间的黏性摩擦系数，下面给出其求解方法。

阀芯在阀套内运动为同心环形缝隙中直线运动，由于阀芯与阀套间的缝隙 r_c 远小于滑阀直径 d，且缝隙内油液的流动为层流，其速度梯度为

$$\mathrm{grad}u = \frac{du}{dr} = -\frac{v_0}{r_c}$$

阀芯与阀套间的摩擦面积为 πld，因此由牛顿内摩擦力定律可得

$$F = A\mu\,\mathrm{grad}u = \pi ld\frac{\mu v_0}{r_c} = \frac{\pi\mu ld}{r_c}\frac{dx_v}{dt}$$

由于黏性摩擦力为 $B_v dx_v/dt$，因此可得阀芯与阀套间的黏性摩擦系数

$$B_v = \frac{\pi\mu ld}{r_c} \tag{4-2}$$

由式（4-1）可得，力马达滑阀组件的阀芯位移的动态输出模型为

$$x_v = \frac{K_t i_c}{m_v s^2 + (B_a + B_v + B_f)s + (K_a + K_{wy} - K_m)} \tag{4-3}$$

代入滑阀的流量-压力特性方程式（3-13）可得，滑阀输出流量、负载压力和力马达控制电流三者间的关系为

$$q_L = C_d W \frac{K_t i_c}{m_v s^2 + (B_a + B_v + B_f)s + (K_a + K_{wy} - K_m)}\sqrt{\frac{1}{\rho}\left(p_s - \frac{x_v}{|x_v|}p_L\right)} \tag{4-4}$$

代入式（3-35）可得在零位附近时，滑阀输出流量、负载压力和力马达控制电流三者间的关系为

$$q_L = C_d W \sqrt{\frac{p_s}{\rho}} \frac{K_t i_c}{m_v s^2 + (B_a + B_v + B_f)s + (K_a + K_{wy} - K_m)} - \frac{W}{32\mu}\pi r_c^2 p_L \quad (4\text{-}5)$$

4.2.3 LVDT 型位移传感器数学模型

LVDT 型位移传感器是一种互感传感器，其由一个初级线圈、两个次级线圈以及一个自由移动的磁芯组成。磁芯与线圈之间不接触，磁芯的移动不会与线圈产生摩擦，其工作原理可等效为图 4-8 所示的电路。在外部参考正弦信号对初级线圈的激励下，两个次级线圈产生感应电动势，当磁芯在零位时，两个次级线圈互感系数相等，感应电动势相等；当磁芯移动时，两个次级线圈的互感系数发生变化，感应电动势不相等，产生与磁芯位移成比例的电压输出。

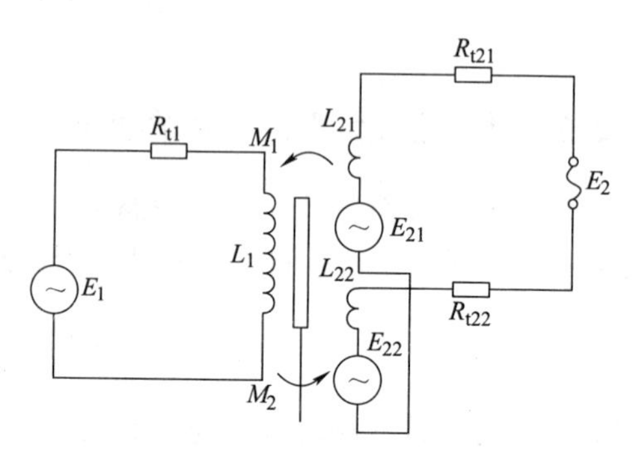

图 4-8　LVDT 型位移传感器等效电路图

根据变压器原理，两个次级线圈的感应电动势分别为

$$E_{21} = -j\omega M_1 I_1 \quad (4\text{-}6)$$

$$E_{22} = -j\omega M_2 I_1 \quad (4\text{-}7)$$

式中，I_1为初级线圈通过的电流；E_{21}为次级线圈 1 产生的感应电动势；E_{22}为次级线圈 2 产生的感应电动势；M_1、M_2 分别为初级线圈和两个次级线圈之间的互感。

输出电动势为

$$E_2 = E_{21} - E_{22} = -j\omega(M_1 - M_2)I_1 \quad (4\text{-}8)$$

若设初级线圈的电阻为 R_1，初级线圈的电感为 L_1，则初级线圈中的电流为

$$I_1 = \frac{E_1}{R_1 + j\omega L_1} \quad (4\text{-}9)$$

因此

$$E_2 = -j\omega(M_1 - M_2)\frac{E_1}{R_1 + j\omega L_1} \quad (4\text{-}10)$$

当磁芯处于中间位置时，两个次级线圈的参数及磁路尺寸相等，则 $M_1 = M_2$；当磁芯偏离中心位置时，$M_1 \neq M_2$，在一定位移范围内，其差值（$M_1 - M_2$）与磁芯位移成比例，因而输出电压随磁芯的位移变化而变化。

位移传感器的输出电压与阀芯位移之间的传递函数可表示为

$$E_2 = \frac{K_{xf}}{\frac{s}{\omega_{tr}} + 1} x_v \tag{4-11}$$

式中，K_{xf}为位移传感器增益；ω_{tr} 为位移传感器转折频率。

由于位移传感器与滑阀组件相比，LVDT 型位移传感器的响应频率较快，因而在 DDV 模型中通常将 LVDT 型等效为比例环节。

4.2.4　位置控制器数学模型

在控制系统中，比例积分微分（Proportion Integration Differentiation，PID）控制器最为常用，其将偏差的比例、积分和微分通过线性组合构成控制量，对被控对象进行控制。由于 PID 控制器基于对“过去”“现在”“将来”的信息估计，因此其简单、有效、可靠，是目前应用最广泛的控制算法，其控制系统如图 4-9 所示。

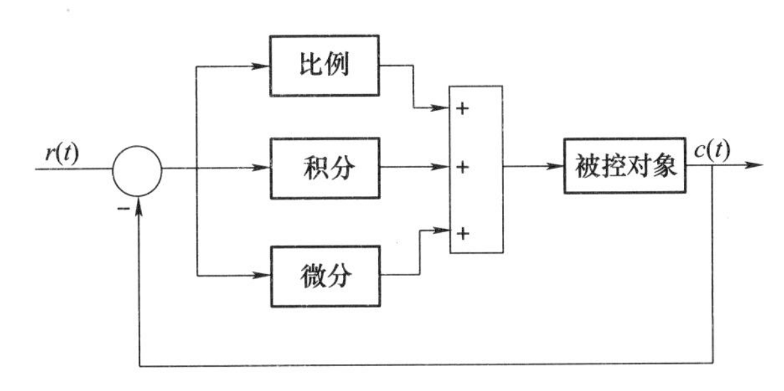

图 4-9　采用 PID 控制器的控制系统

若设输入信号为 $r(t)$，输出信号为 $c(t)$，则误差信号为

$$e(t) = r(t) - c(t) \tag{4-12}$$

PID 控制器输出为

$$u(t) = K_p e(t) + K_I \int_0^t e(t)\,dt + K_D \frac{de(t)}{dt} \tag{4-13}$$

式中，K_p、K_I和 K_D分别为比例系数、积分系数和微分系数，通过调节这三个参数可以实现控制系统性能的整定。

4.2.5　DDV 的数学模型

由前面所述及图 4-7 可建立图 4-10 所示的 DDV 控制系统框图。为提高阀芯位置控制精度和分辨率，降低滞环影响，位置控制器采用了积分调节器，目的是将零型系统改造成 I 型系统。图中，K_{xf}为 LVDT 增益，K_I为位置控制器积分系数，K_u为 PWM 驱动器增益（电压电流转换系数）。

由图 4-10 可得，DDV 控制系统的开环传递函数为

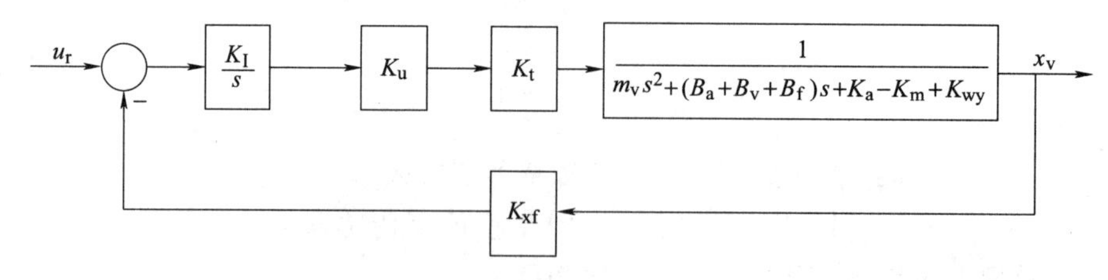

图 4-10　DDV 控制系统框图

$$G(s)H(s)=\frac{K_IK_uK_tK_{xf}}{s}\frac{1}{m_vs^2+(B_a+B_v+B_f)s+K_a-K_m+K_{wy}}=\frac{K_{dvf}}{s\left(\frac{s^2}{\omega_v^2}+\frac{2\zeta_v}{\omega_v}s+1\right)} \tag{4-14}$$

式中，ω_v 为滑阀和力马达的综合固有频率，取值为

$$\omega_v=\sqrt{\frac{K_a-K_m+K_{wy}}{m_v}}=\sqrt{\frac{K_{mf}}{m_v}} \tag{4-15}$$

K_{mf} 为综合刚度，取值为

$$K_{mf}=K_a-K_m+K_{wy} \tag{4-16}$$

ζ_v 为滑阀和力马达等效阻尼产生的阻尼比，取值为

$$\zeta_v=\frac{B_a+B_v+B_f}{2\sqrt{K_{mf}m_v}} \tag{4-17}$$

K_{dvf} 为开环放大系数，取值为

$$K_{dvf}=\frac{K_IK_uK_tK_{xf}}{K_{mf}} \tag{4-18}$$

因此，可以通过增加位置控制器积分系数 K_I、驱动器增益 K_u、传感器增益 K_{xf}、力马达电磁力系数 K_t来提高开环放大系数 K_{dvf}。

由于图 4-10 所示 DDV 数学模型的传递函数为 I 型位置伺服系统，其回路的稳定条件为固有频率 ω_v处的谐振峰值不能超过零分贝线，即

$$K_{dvf}<2\zeta_v\omega_v=\frac{B_a+B_v+B_f}{m_v}$$

在设计时取

$$K_{dvf}\leqslant 0.25\omega_v \tag{4-19}$$

可以保证充分的稳定裕度。

由图 4-10 可得，DDV 的闭环传递函数为

$$\frac{x_v}{u_r}=\frac{1/K_{xf}}{\frac{s^3}{K_{dvf}\omega_v^2}+\frac{2\zeta_v}{K_{dvf}\omega_v}s^2+\frac{1}{K_{dvf}}s+1} \tag{4-20}$$

由幅频宽的定义可知，当 DDV 的驱动频率取频率值 ω_b（幅频宽的频率值）时，

阀芯位移幅值下降-3dB，即为幅值为基准频率时的0.707倍。为简化计算，此处认为基准频率幅值等于零频率时的输出值，因此由式（4-20）可得

$$\frac{1}{K_{xf}}\frac{1}{\sqrt{\left(1-\frac{2\zeta_v}{K_{dvf}\omega_v}\omega_b^2\right)^2+\left(\frac{\omega_b}{K_{dvf}}-\frac{\omega_b^3}{K_{dvf}\omega_v^2}\right)^2}}\approx\frac{1}{\sqrt{2}}\frac{1}{K_{xf}} \tag{4-21}$$

化简可得

$$\left(1-\frac{2\zeta_v}{K_{dvf}\omega_v}\omega_b^2\right)^2+\left(\frac{\omega_b}{K_{dvf}}-\frac{\omega_b^3}{K_{dvf}\omega_v^2}\right)^2\approx 2 \tag{4-22}$$

此方程为六次方程，不易求解。但由方程形式可知，幅频宽 ω_b 随着开环增益 K_{dvf} 和固有频率 ω_v 的增大而增大，随着阻尼比 ζ_v 的增大而降低。

由相频宽的定义可知，取相频宽的频率值代入式（4-20），输出相位滞后90°，因此将相频宽的频率点设为 ω_{-90°，可令DDV传递函数式（4-20）分母的实部项之和等于零，因此可得

$$1-\frac{2\zeta_v}{K_{dvf}\omega_v}\omega_{-90^\circ}^2=0 \tag{4-23}$$

解方程得

$$\omega_{-90^\circ}=\sqrt{\frac{K_{dvf}\omega_v}{2\zeta_v}}=\sqrt{\frac{K_I K_u K_t K_{xf}}{(B_a+B_v+B_f)}} \tag{4-24}$$

因此可知，提高DDV的相频宽同样需要增加开环增益 K_{dvf} 和固有频率 ω_v，降低阻尼比 ζ_v。

在DDV的幅频宽接近相频宽时，即 $\omega_b\approx\omega_{-90^\circ}$，由式（4-23）可得式（4-22）左边第一项约等于零，即

$$\left(\frac{\omega_b}{K_{dvf}}-\frac{\omega_b^3}{K_{dvf}\omega_v^2}\right)^2\approx 2 \tag{4-25}$$

进一步可得

$$\frac{\omega_b}{K_{dvf}}\left(1-\frac{\omega_b^2}{\omega_v^2}\right)\approx\sqrt{2} \tag{4-26}$$

通常，DDV的固有频率 $\omega_v \gg \omega_b$，因此代入式（4-26）可得幅频宽

$$\omega_b\approx\sqrt{2}K_{dvf} \tag{4-27}$$

由于力马达输出是非线性的，而非线性会引起整个DDV控制系统的振荡和不稳定，需要减弱非线性和增加系统阻尼来提高控制系统的线性和稳定性。

实际DDV控制系统框图如图4-11所示，其由三环控制回路构成，其中最内环由LVDT增益 K_{xf}、内回路反馈增益 K_{nf}、PWM驱动器增益 K_u、力马达电磁力系统 K_t 和滑阀传递函数构成，用来减弱非线性环节的影响，使阀避免非线性振荡；中间环的反馈回路为由两个串联微分环节构成的加速度校正回路，其目的是增加系统阻尼，增加系统稳定裕量，从而可以适当提高阀的开环增益，使阀的频率响应

满足设计要求；最外环为位置环，由 LVDT 增益 K_{xf}作为反馈回路，此环为主回路。

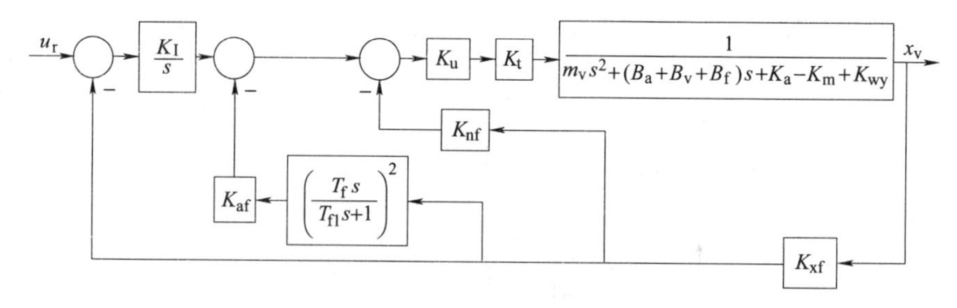

图 4-11　实际 DDV 控制系统框图

图 4-11 中系数 K_t和 K_m不是常数，它随阀芯位移非线性地变化，但为简化计算在动态性能仿真中取衔铁中位时的值。位置控制器的积分系数对阀的性能影响较大，较大的 K_I可以提高阀的频宽和消除静差，但会导致阀的超调增大，甚至出现不稳定现象，一般取 $K_I = 1 \sim 4ms^{-1}$[19]。

内回路反馈增益 K_{nf}值小，对阀芯非线性改善效果不佳；取值过大，将使输给马达的最大控制电流幅值随着阀芯位移增大而减小，使马达输出的最大驱动力减小，将使阀抗污染能力降低，建议取 $K_{nf}=1\sim2$。应指出，尽管在阀的控制电路上采取了 K_{xf}、K_{nf}组成的内反馈回路，用以抑制阀磁滞摩擦非线性影响，而且是行之有效的，仍希望设计制造者应注意选择合适的导磁材料，适当提高有关零组件的加工精度，尽可能减小磁滞摩擦非线性影响，因为磁滞摩擦非线性程度太大，电控电路也将难以将其影响完全抑制。

加速度反馈环常数的 T_f、T_{f1}和 K_{af}的取值应恰当，建议取 $T_f=0.5\sim1ms$，如取 T_f值比上述更小或更大，都起不了抑制阻尼作用。T_{f1}值应比 T_f降低 20%~50%，建议取 $T_{f1}=0.2\sim0.5ms$。系数 K_{af}取 0.5~1.5。此型阀的另外两个重要结构和性能参数是对中弹簧刚度和中位力。对中弹簧刚度取值太大，为了得到合理的马达净刚度，则要求采用尺寸较大和磁性能很强的永磁铁，而中位力大小直接决定磁刚度 K_m和力马达电磁力系数 K_t[19]。

需要说明的是，虽然实际 DDV 控制系统采用图 4-11，但设计与计算时可采用图 4-10 初步计算。

4.3　DDV 的设计与计算

DDV 的设计一般是从额定供油压力、额定流量和动态响应等性能要求出发，从滑阀的计算开始往前推到力马达。设计参数包括：滑阀（阀芯行程、阀芯直径、阀杆直径、开口形式）、力马达（电磁力系数、极化磁通、磁弹簧刚度、弹簧刚度）、传感器增益等。在设计中，有些参数和几何尺寸可参考同类产品初步选定。下面给出某型号 DDV 的设计方法。

给定条件和设计要求如下。

额定供油压力 $p_s=7\text{MPa}$；额定流量 $q_{0m}=20\text{L/min}$；指令电压最大值 10V；幅频宽 $\omega_b \geqslant 50\text{Hz}$，相频宽 $\omega_{-90°} \geqslant 50\text{Hz}$；响应时间 $t_r \leqslant 12\text{ms}$。

1. 滑阀主要结构参数的确定

采用矩形阀口，根据滑阀流量方程可求出阀的最大开口面积

$$Wx_{vm}=\frac{q_{0m}}{C_d\sqrt{\dfrac{p_s}{\rho}}}=\frac{20\times10^{-3}/60}{0.62\times\sqrt{7\times10^6/850}}\text{m}^2\approx5.92\times10^{-6}\text{m}^2=5.92\ \text{mm}^2$$

参考同类伺服阀，取阀芯行程 $x_{vm}=0.5\text{mm}$，则

$$W=\frac{5.92}{0.5}\text{mm}=11.84\text{mm}$$

由于

$$\frac{W}{x_{vm}}=\frac{11.84}{0.5}=23<67$$

因此采用非全周开口。若取 $d_r=0.5d$，由式（3-65）可得，为避免流量饱和，需满足

$$0.047\pi d^2\geqslant Wx_{vm}=5.92\ \text{mm}^2$$

因此可得，阀芯直径需满足

$$d\geqslant6.33\text{mm}$$

这里取阀芯直径 $d=7\text{mm}$，因此阀杆直径 $d_r=3.5\text{mm}$。

由第 3 章滑阀设计准则可知，阀芯长度为 42mm，阻尼长度为 14mm，两端密封的凸肩宽 4.9mm。

2. 力马达设计计算

力马达设计参数为力马达中位电磁力系数、极化磁通和控制磁通等。根据伺服阀的频宽要求，由式（4-27）可求出开环增益

$$K_{dvf}\approx0.707\omega_b=0.707\times2\pi\times50\text{rad/s}=222.1\text{rad/s}$$

为使阀的固有频率远大于电液伺服阀频宽，取 $\omega_v\geqslant10\omega_b\approx3000\text{rad/s}$。

由于

$$\omega_v\geqslant4K_{dvf}=4\times222.1\text{rad/s}=888.4\text{rad/s}$$

因此其取值满足式（4-19）所给稳定条件。

衔铁、阀芯及阀腔油液的等效质量 m_v 近似为 15g，由式（4-15）可得

$$K_{mf}=m_v\omega_v^2=0.015\times(3000)^2\text{N/m}=135\text{kN/m}$$

参考 MOOG 的 D633，取力马达的额定电流 $I_N=1.2\text{A}$，则由式（4-3）和式（4-16）可得力马达电磁力系数

$$K_t=\frac{x_{vm}K_{mf}}{I_N}=\frac{0.5\times10^{-3}\times135\times10^3}{1.2}\text{N/A}=56.25\text{N/A}$$

依据 K_t 就可以选择和计算极化磁通和控制磁通。

由于零位间隙需要大于三倍的阀芯行程，因此取 $g=1.5\text{mm}$，参考已有结构取

衔铁工作面积 $A_g = 197.7\text{mm}^2$，可得衔铁在中位时气隙磁阻为

$$R_g = \frac{g}{\mu_0 A_g} = \frac{1.5 \times 10^{-3}}{4\pi \times 10^{-7} \times 1.977 \times 10^{-4}}\text{H}^{-1} = 6.04 \times 10^6 \text{H}^{-1}$$

为保证较好的线性和稳定性，取极化磁通不小于3倍的控制磁通，即 $\Phi_g \geqslant 3\Phi_c$，因此由式（2-68）和式（2-74）可得

$$\frac{N_c I_N}{2R_g} \leqslant \frac{1}{3}\frac{K_t g}{N_c}$$

化简可得

$$N_c \leqslant \sqrt{\frac{2}{3}\frac{K_t g R_g}{I_N}} = \sqrt{\frac{2 \times 56.25 \times 1.5 \times 10^{-3} \times 6.04 \times 10^{-6}}{3 \times 1.2}}\text{匝} \approx 532\text{匝}$$

因此，取力马达匝数为532匝。

由式（2-74）可得力马达的极化磁通

$$\Phi_g = \frac{K_t g}{N_c} = \frac{56.25 \times 1.5 \times 10^{-3}}{532}\text{Wb} \approx 1.59 \times 10^{-4}\text{Wb}$$

由式（2-68）可得力马达的额定控制磁通

$$\Phi_c = \frac{N_c I_N}{2R_g} = \frac{532 \times 1.2}{2 \times 6.04 \times 10^6}\text{Wb} = 5.29 \times 10^{-5}\text{Wb}$$

由式（4-20）可得传感器增益 $K_{xf} = \frac{u_r}{x_v} = \frac{10}{0.5}\text{V/mm} = 20\text{V/mm}$

由式（2-75）可得，中位电磁弹簧刚度

$$K_m = \frac{2\Phi_g^2}{\mu_0 A_g g} = \frac{2 \times (1.59 \times 10^{-4})^2}{4\pi \times 10^{-7} \times 1.977 \times 10^{-4} \times 1.5 \times 10^{-3}}\text{N/m} = 135.68\text{kN/m}$$

由式（3-47）可得空载稳态液动力刚度

$$K_{wy} = 0.487 W p_s = 0.487 \times 11.84 \times 7\text{kN/m} = 40.36\text{kN/m}$$

由式（4-16）可得复位弹簧刚度

$$K_a = K_{mf} + K_m - K_{wy} = (135 + 135.68 - 40.36)\text{kN/m} = 230.32\text{kN/m}$$

依据 K_a 值可以设计复位弹簧的结构尺寸。

由上述计算设计过程可得DDV阀的结构参数，见表4-1。

表4-1　DDV阀的结构参数

物理量名称及代号	参数	物理量名称及代号	参数
阀芯、衔铁和油液等效质量 m_v	15g	PWM放大器增益 K_u	0.01A/V
阀芯-衔铁组件等效阻尼 B_b	100N·s/m	额定电流 I_N	1.2A
复位弹簧刚度 K_a	230.32kN/m	极化磁通 Φ_g	1.59×10^{-4}Wb
衔铁零位间隙 g	1.5mm	LVDT型传感器增益 K_{xf}	20V/mm

（续）

物理量名称及代号	参数	物理量名称及代号	参数
控制线圈匝数 N_c	532 匝	阀芯直径 d	7mm
衔铁工作面积 A_g	$197.7mm^2$	滑阀面积梯度 W	11.84mm
供油压力 p_s	7MPa	阀芯位移 x_v	0.5mm
综合刚度 K_{mf}	135kN/m	中位电磁力系数 K_t	56.25N/A

4.4　DDV 数学模型的仿真分析

DDV 的仿真主要是静、动态性能的仿真，其中的静态性能主要包括空载流量特性，动态性能主要包括响应时间、幅频宽和相频宽等动态特性。由于伺服阀的静、动态性能可以用滑阀阀芯位移的静、动态性能直接替代，因此本书的数学模型仿真以滑阀位移为研究对象进行仿真。由图 4-11 可得图 4-12 所示 DDV 数学模型

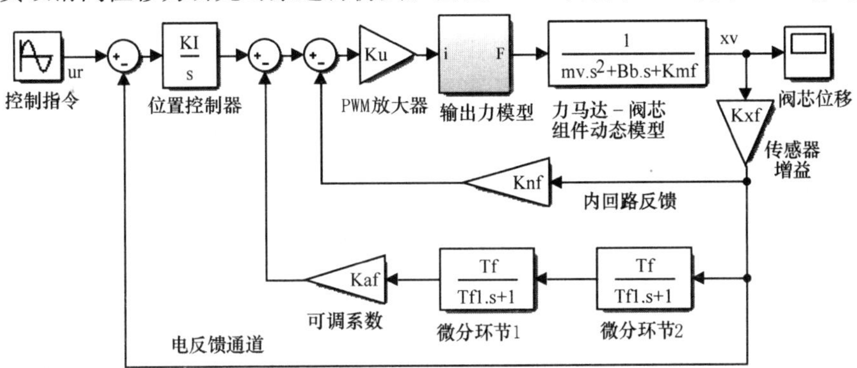

a) Simulink 仿真图

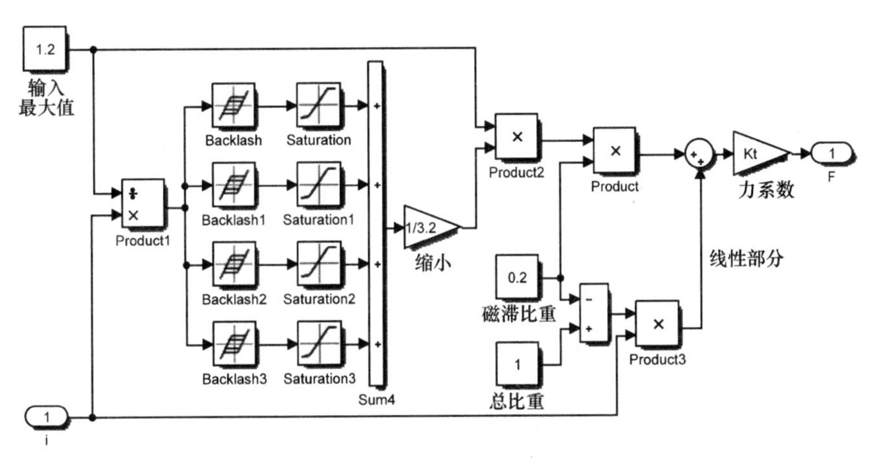

b) 计磁滞影响的力马达输出力的 Simulink 物理模型

图 4-12　DDV 数学模型的 Simulink 仿真图

的 Simulink 仿真图，其中磁滞部分可以采用 Simulink 中的非线性模块 Backlash 建立，也可以采用第 2 章所给磁滞模型建立，为减少仿真参数采用前者，仿真时取磁滞电流所占比重为 20%。将表 4-1 中参数代入，取内反馈增益 $K_{nf}=1$，加速度反馈环节的三个系数 $K_{af}=0.5$，$T_f=0.5\text{ms}$，$T_{f1}=0.2\text{ms}$；取输入指令为 10V（100%阀芯行程输入），并调整位置控制器的积分常数使其阶跃响应上升时间不大于 12ms，最终可知只要积分常数大于 3600s^{-1} 就能够满足设计要求，为留一定余量，在此取 3700s^{-1}。令输入指令分别为 5V（50%输入）、2.5V（25%输入）时，可得其阀芯位移的阶跃响应曲线，如图 4-13a 所示。由仿真可知，阀芯额定行程下上升时间约为 12ms，调节时间为 15ms，稳态输出位移为 0.5mm，稳态误差接近 0。

在所给仿真参数下，对 DDV 的频域响应特性进行分析，其幅频特性和相频特性的仿真结果如图 4-13b 所示。由仿真结果可知，所仿真 DDV 的幅频宽 51.1Hz、相频宽约为 85Hz，满足设计要求。

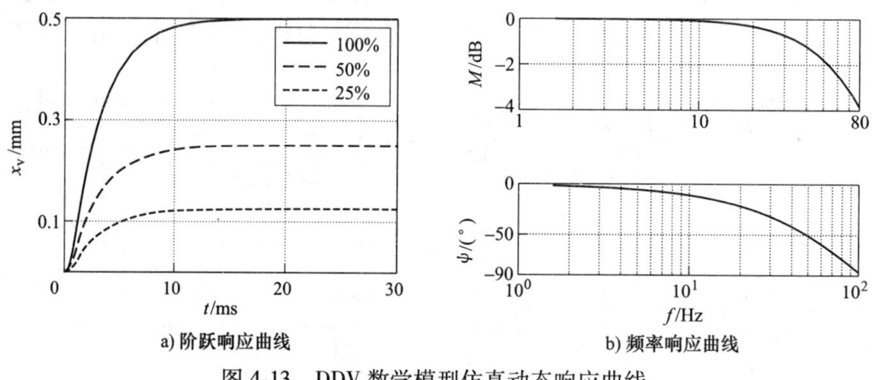

a) 阶跃响应曲线　　b) 频率响应曲线

图 4-13　DDV 数学模型仿真动态响应曲线

取力马达-滑阀组件为研究对象，取控制电流幅值为 1.2A、频率为 0.1Hz，仿真可得在磁滞影响下控制电流和阀芯位移的关系曲线，如图 4-14a 所示。取控制信号幅值为 10V，频率为 0.1Hz，基于图 4-12 所给仿真模型仿真可得，实际 DDV 输入电压和阀芯位移的关系曲线如图 4-14b 所示。

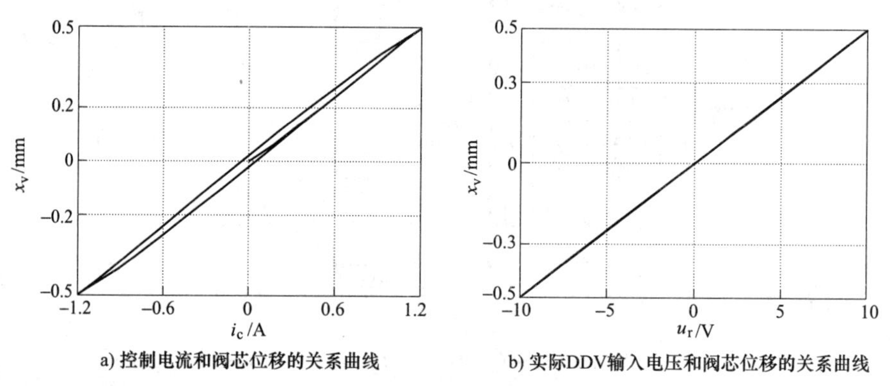

a) 控制电流和阀芯位移的关系曲线　　b) 实际DDV输入电压和阀芯位移的关系曲线

图 4-14　DDV 静态特性曲线

由图 4-14 可知，由于磁滞的影响，开环控制下，DDV 控制电流和阀芯位移存在磁滞非线性，实际 DDV 控制系统采用闭环控制，能有效降低这种非线性滞环，线性度较好。

4.5　DDV 的 Simulink 物理模型

由前面章节所建力马达物理模型和滑阀液压放大器物理模型及本章所述的 DDV 控制系统模型可建立图 4-15 所述的 DDV 物理模型。其由控制系统、力马达和滑阀等三部分模型构成。其中力马达模型如图 2-38 所示，滑阀构成模型如图 4-16a 所示，其由节流口 AT 模型、节流口 PA 模型、节流口 PB 模型、节流口 BT 模型构成，四个节流口模型构建方法一样且包含阀芯液动力的影响，如图 4-16b 所示。

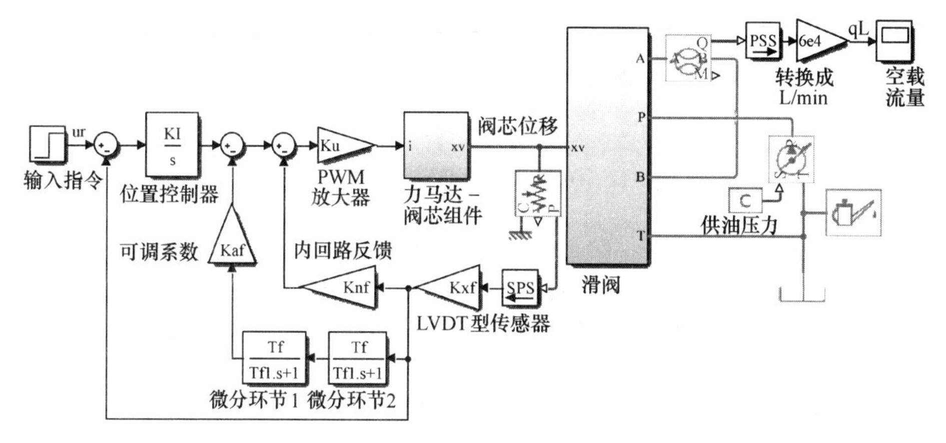

图 4-15　基于 Simulink 的 DDV 物理模型

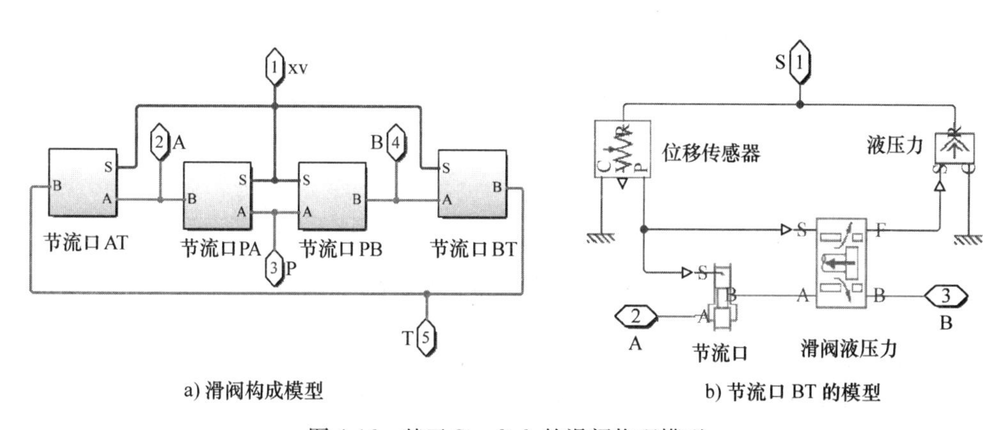

图 4-16　基于 Simulink 的滑阀物理模型

仿真参数取表 4-1 中值，取输入指令为 10V（100%输入），可得其阶跃响应曲线，如图 4-17a 所示。由仿真曲线可知，在 100%输入下，DDV 阶跃响应的上升时间约为12ms，调节时间约为15ms，输出流量为20L/min；将输入指令换成正弦信号，取幅值为10V，频率间隔为10Hz，从5Hz取到100Hz（在输出幅值下降到−3dB左右时，缩小间隔），通过仿真可得驱动频率和空载流量幅值的关系，可绘制出频率响应曲线，如图4-17b所示。由仿真图可得所仿真DDV的幅频宽接近55Hz。

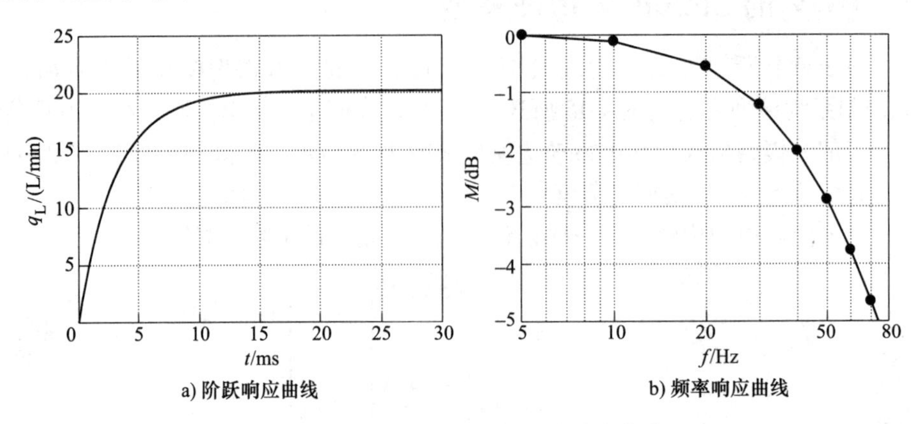

a) 阶跃响应曲线　　b) 频率响应曲线

图4-17　DDV物理模型的动态响应曲线

取控制信号幅值为10V，频率为0.1Hz，可得准静态驱动下DDV输入指令和空载输出流量随时间的变化关系曲线，如图4-18a所示，进一步可得输入指令和空载输出流量的变化关系曲线，如图4-18b所示。

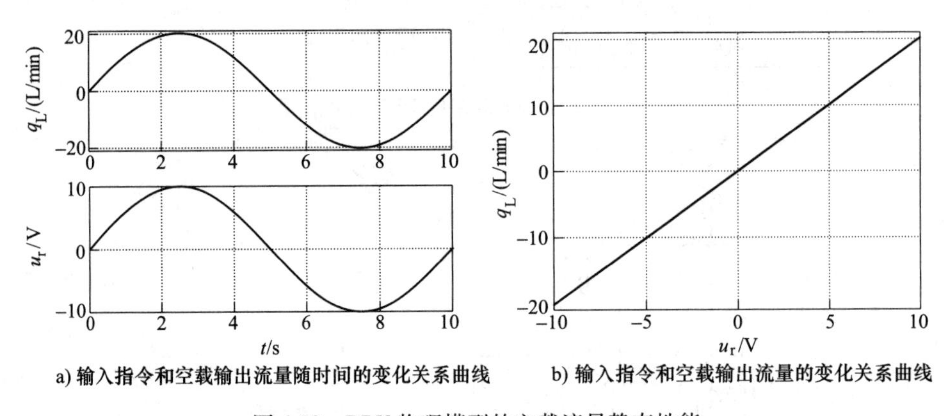

a) 输入指令和空载输出流量随时间的变化关系曲线　　b) 输入指令和空载输出流量的变化关系曲线

图4-18　DDV物理模型的空载流量静态性能

对比上节数学模型仿真结果可知，两种建模方法所得仿真结果几乎是一致的。但物理建模无需考虑滑阀和力马达的数学模型，只需关注其物理机理即可，且能够考虑到电磁力系数随位移的变化关系，因此模型相对简单，且容易理解。

4.6　本章小结

直动式电液伺服阀具有结构简单、无先导级泄漏、阀芯驱动力大、抗污染能力强、重复精度优异、控制性能好等优点。本章介绍了其结构和工作原理，基于其磁路模型建立了其流量输出的数学模型并基于 Simulink 对其性能进行了仿真，仿真结果表明，所仿真 DDV 的幅频宽为 51.1Hz、相频宽约为 85Hz，100%输入下阶跃响应的上升时间约为 12ms，调节时间约为 15ms，对应输出位移为 0.5mm。通过基于 Simulink 的物理建模仿真可得，在 100%输入下，阶跃响应时间上升时间约为 12ms，空载流量为 20L/min，幅频宽接近 55Hz。

第5章

双喷嘴挡板电液伺服阀

双喷嘴挡板电液伺服阀是第一级采用双喷嘴挡板阀的一类电液伺服阀，主要类型有双喷嘴挡板力反馈两级电液伺服阀、双喷嘴挡板电反馈两级电液伺服阀和双喷嘴挡板电反馈三级电液伺服阀等。力反馈两级电液伺服阀的第二级为滑阀，其位置反馈是通过反馈杆将阀芯位移与衔铁挡板组件相连构成滑阀位移力反馈来实现的。电反馈两级电液伺服阀的第二级也为滑阀，其位置反馈是通过位移传感器检测，构成滑阀位移电反馈回路来实现的。电反馈三级电液伺服阀由一个力反馈两级电液伺服阀和一个带位移电反馈的滑阀构成。双喷嘴挡板力反馈两级电液伺服阀是目前广泛应用的一种伺服阀。

本章主要介绍双喷嘴挡板力反馈和电反馈电液伺服阀的结构、工作原理、数学模型、物理建模及基于两种建模方法的仿真分析等内容。双喷嘴挡板电反馈三级电液伺服阀的数学模型可由其余两种伺服阀的模型得出，本书不再介绍。

5.1 结构与工作原理

5.1.1 双喷嘴挡板力反馈两级电液伺服阀

双喷嘴挡板力反馈两级电液伺服阀的结构剖切图及原理图如图 5-1 所示，这是目前广泛应用的一种结构形式，其由永磁力矩马达、双喷嘴挡板阀和滑阀构成。其中力矩马达为电-机转换器，实现电能到机械能的转换驱动挡板运动；双喷嘴挡板阀为先导控制级，将机械能转化为液压能控制滑阀阀芯运动；滑阀为功率级，将阀芯运动转换为大功率的液压能输出。力矩马达的衔铁位于上、下导磁体的中间位置，弹簧管一端固定于衔铁中心上，末端安装在先导级的阀块上。反馈杆从弹簧管中心穿过，焊接于衔铁上，末端小球插在阀芯中间的槽内，用以将滑阀的阀芯位移反馈到力矩马达端，实现闭环[22]。

当无控制电流信号输入时，力矩马达也相应地无输出力矩，衔铁在弹簧管作用下，被支承在上、下导磁体中间位置。挡板处于两喷嘴中间位置，此时两个喷嘴和挡板构成的可变节流口大小是一样的，喷嘴挡板阀对滑阀两端的控制压力相等，滑阀阀芯在反馈杆的约束下处于零位，滑阀无液压能输出。

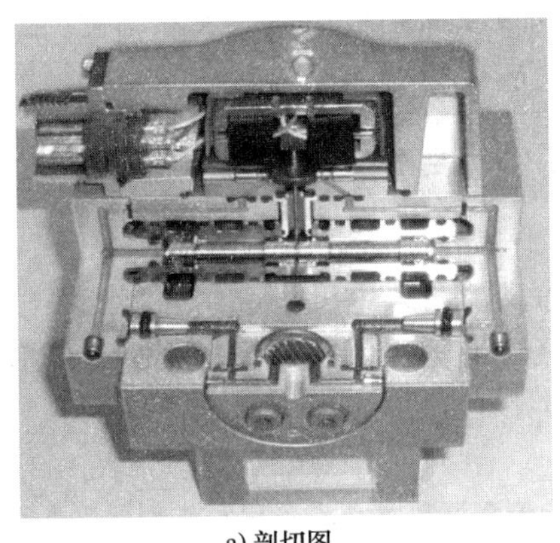

a) 剖切图

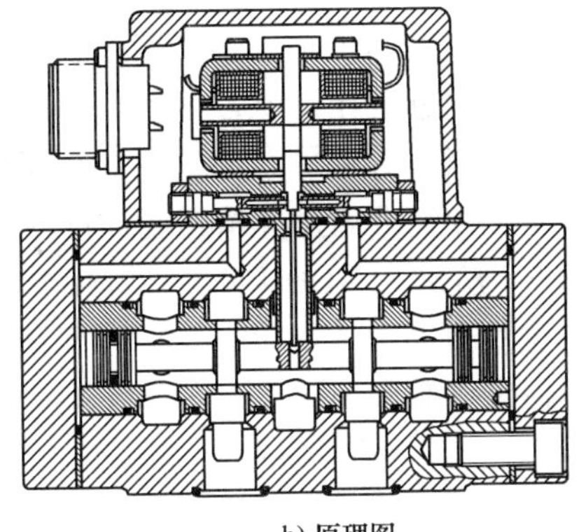

b) 原理图

图 5-1　双喷嘴挡板力反馈两级电液伺服阀的结构剖切图及原理图

当伺服阀输入控制电流使衔铁上产生逆时针方向的电磁力矩，使得衔铁挡板组件绕弹簧转动中心逆时针方向偏转，弹簧管和反馈杆产生变形，挡板偏离中位，喷嘴挡板阀的右侧喷嘴和挡板的间隙减小而左侧喷嘴和挡板的间隙增大，引起滑阀阀芯右侧控制压力增大，左侧控制压力减小，两侧液流产生压力差，此压力差推动阀芯左移。与此同时，阀芯带动反馈杆端部小球左移，使反馈杆进一步变形。当反馈杆和弹簧管变形产生的反馈力矩与电磁力矩相平衡时，衔铁挡板组件便处于一个平衡位置。在反馈杆端部左移进一步变形时，使挡板的偏移减小，趋于中位。这使得阀芯右侧压力降低，左侧压力增高，当阀芯两端的液压力与反馈杆变形对阀芯产生的反作用力以及滑阀的液动力相平衡时，阀芯停止运动，其位移与控制电流成比例。在负载压差一定时，阀的输出流量与控制电流成比例。当伺服阀输入控制电流使衔铁上产生顺时针方向的电磁力矩时，衔铁带动挡板向右偏转，阀芯左侧压力大于右侧，阀芯向右移动，滑阀控制油口进出油方向和衔铁逆时针旋转相反，同样在负载压差一定时，阀的输出流量也与控制电流成比例。

由上所述，可得双喷嘴挡板力反馈两级电液伺服阀的工作原理流程图如图 5-2 所示。

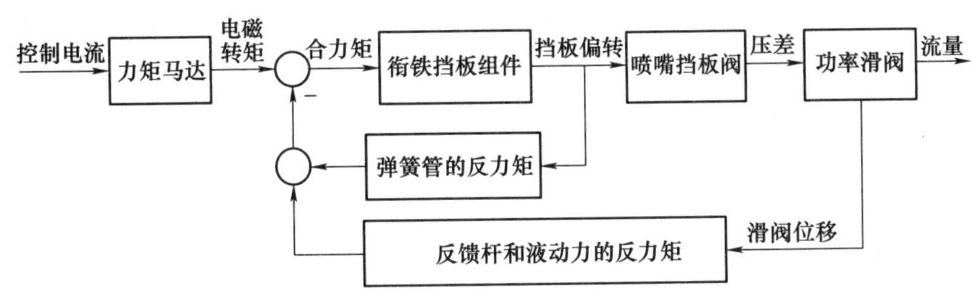

图 5-2　双喷嘴挡板力反馈两级电液伺服阀的工作原理流程图

双喷嘴挡板力反馈两级电液伺服阀采用双喷嘴挡板液压放大器结构类型使得该类型的伺服阀体积小、结构简单，且拥有较优越的动态特性。又由于衔铁和挡板均在中位附近工作，所以线性好，对力矩马达的线性要求也不高，可以允许滑阀有较大的工作行程。但因喷嘴和挡板之间的间隙很小，容易堵塞，因此该类型伺服阀对工作油液的过滤精度要求较高。

图 5-3 所示为 MOOG 公司双喷嘴挡板力反馈两级电液伺服阀典型产品的原理图，从这些图可知，双喷嘴挡板力反馈两级电液伺服阀虽然型号很多，外形区别很大，但工作原理相同。

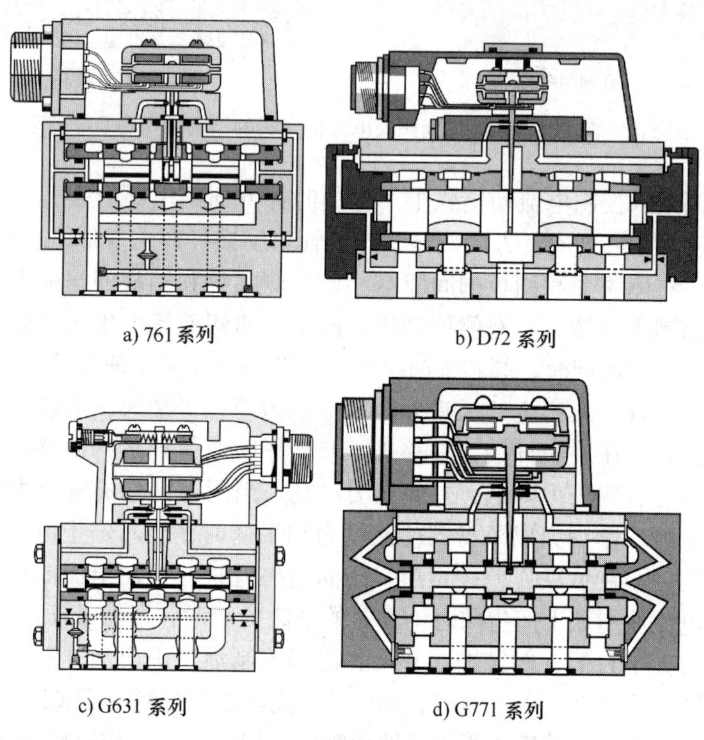

a) 761 系列　b) D72 系列　c) G631 系列　d) G771 系列

图 5-3　MOOG 公司双喷嘴挡板力反馈两级电液伺服阀典型产品的原理图

双喷嘴挡板力反馈两级电液伺服阀的生产企业很多，型号也较多。如美国 MOOG 公司的 D761 系列、G761 系列、D72 系列、G631 系列、G77x 系列、78 系列等型号，国内航空工业南京伺服控制系统有限公司（原 609 所）的 FF-101、FF-102、FF-103、FF-130、FF-115 等型号，中国运载火箭技术研究院第十八研究所的 SF21 系列电液伺服阀都属于此类型。

5.1.2　双喷嘴挡板电反馈两级电液伺服阀

双喷嘴挡板电反馈两级电液伺服阀是在双喷嘴挡板力反馈两级电液伺服阀基础上改进而来的。由图 5-4 可知，其结构除有力矩马达、双喷嘴挡板阀、滑阀组件外，还有 LVDT 型位移传感器、集成电路等。

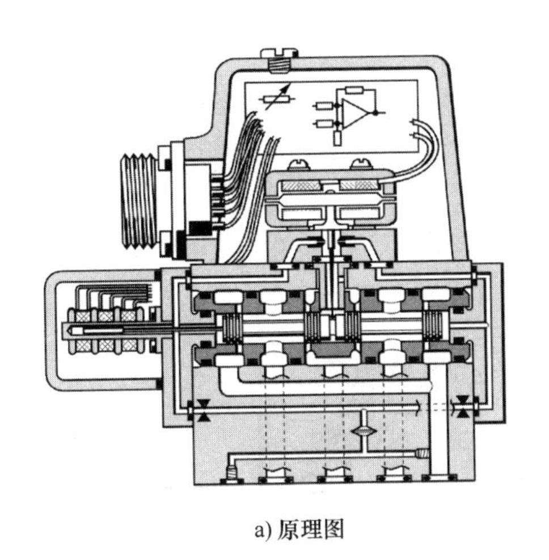

a) 原理图

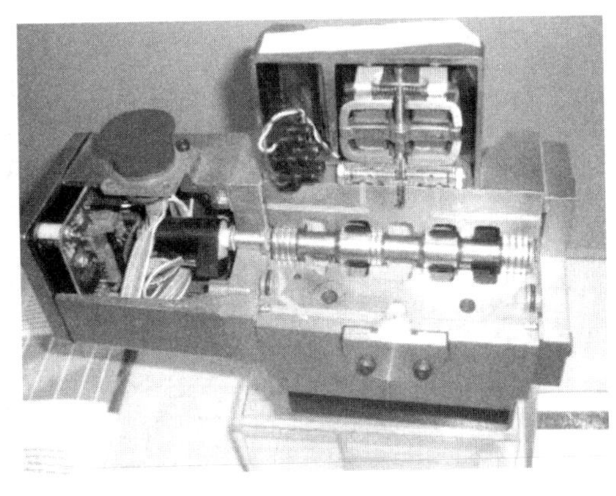

b) 剖切图

图 5-4　双喷嘴挡板电反馈两级电液伺服阀的原理图及剖切图

双喷嘴挡板电反馈两级电液伺服阀是阀芯位移负反馈控制系统。当发出指令信号给控制器后，控制器通过伺服放大器产生的控制电流驱动力矩马达，使得力矩马达带动衔铁挡板组件运动，从而使双喷嘴挡板阀输出压差，驱动滑阀阀芯运动。滑阀阀芯位移通过 LVDT 型位移传感器检测，检测到的阀芯位移信号通过调整反馈给控制器，并与输入指令信号比较，若两者之间存在误差，将持续调节，直至阀芯位移的反馈信号和指令信号之间误差为零。因此，滑阀阀芯位移由指令信号确定，伺服阀输出流量与指令信号成比例。

与机械反馈相比，电反馈的开环增益可以设计得比机械反馈的开环增益高，因此静、动态性能优于力反馈伺服阀。因此与双喷嘴挡板力反馈两级电液伺服阀相比，双喷嘴挡板电反馈两级电液伺服阀精度更高、线性更好、响应更快，可以应用在对动态性能要求较高的位置、速度、力控制系统中。如 MOOG 的伺服阀 D765 系列，在 21MPa 供油压力下，其高动态时，输出流量可分为 4L/min、10L/min、19L/min、38L/min 四种规格，阶跃响应时间可达 2ms。

需要说明的是，除图 5-4 中所示带机械反馈的结构外，有的电反馈双喷嘴挡板两级电液伺服阀将机械反馈构件取消，在同样条件下可获得更高的动态响应。但在导线断开或欠电压时，电反馈为开路，由于无机械反馈，阀芯将处于极端位置，使得执行机构处于“满舵”状态。而带机械反馈的电反馈电液伺服阀会使得阀芯处于某个确定位置，不会使整个电液控制系统处于失控状态。

5.1.3　双喷嘴挡板电反馈三级电液伺服阀

图 5-5 为双喷嘴挡板电反馈三级电液伺服阀的结构，其由伺服控制器、前置级

伺服阀（其通常为双喷嘴挡板力反馈两级电液伺服阀）、主功率级滑阀、阀芯位移传感器四大部分组成。

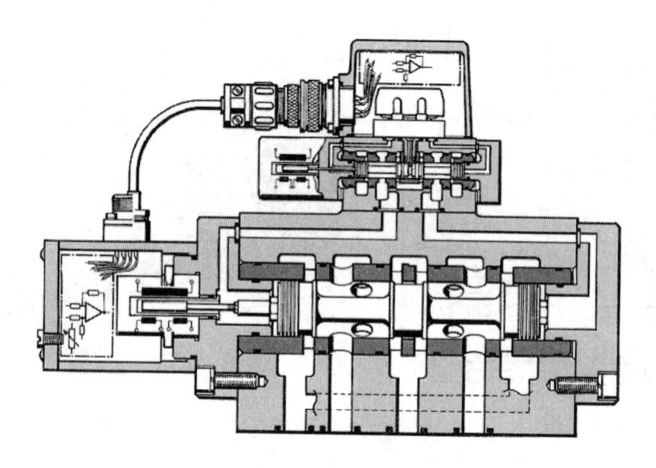

图 5-5　双喷嘴挡板电反馈三级电液伺服阀的结构

伺服控制器将控制信号和反馈信号的比较结果转换为驱动前置级伺服阀力矩马达工作的控制电流。除此之外，伺服控制器可以对输入信号进行微分、积分处理再输出，根据需要，伺服控制器内还设有颤振电路，调偏电路等。前置级伺服阀为小流量的两级电液伺服阀，接收伺服控制器传来的信号，并驱动第三级滑阀工作。第三级的功率滑阀依靠位置反馈定位，一般为电反馈。电反馈调节方便，改变频响容易，适应性强，灵活性好，是三级阀的主要优点。它的工作过程是，输入控制电压经放大和电压-电流转换，使前置级伺服阀的控制腔输出流量推动主阀芯移动。主阀芯的位置由位移传感器检测，经解调、放大后成为与主阀芯位移成正比的反馈电压信号，然后反馈到伺服控制器。于是，前置级伺服阀的输入电流减小，一直到近似为零，力矩马达、挡板、前置级阀的阀芯被移回到近似对中的位置（但仍有一定的位移，以产生输出压差克服主阀芯的液动力）。此时，主阀芯停留在某一平衡位置。在该位置上，反馈电压等于输入控制电压。当供油压力与负载压力一定时，输出到负载的流量与输入控制电压的大小成正比。

双喷嘴挡板电反馈三级电液伺服阀的典型产品为 MOOG 伺服阀 D79 系列和 79 系列。D79 系列内置了位移传感器调制解调和伺服控制器集成电路，采用双喷嘴力反馈两级电液伺服阀 D761 或 D765 作为前置级，包括 S10、S16、S25、S40、S63、S80、S99 七种规格，功率级滑阀阀芯行程分别为 ±1.4mm（S10）、±1.2mm（S16）、±2.0mm（S25）、±1.8mm（S40）、±1.9mm（S63）、±2.6mm（S80）、±4.0mm（S99）。0~100%信号输入的阶跃响应时间为 3~12ms，功率级控制精度达到 0.2%，额定流量为 100~1000L/min（7MPa 压降下）。而 79 系列需要外加电路实现闭环控制，用双喷嘴力反馈两级电液伺服阀 760 作前置级阀，79 系列阀包括

S10、S/H25、S/H04、S/H08、H10 五种规格，功率级阀芯的行程分别为±1.9mm（S10，S25）、±3.3mm（H25、S/H04、S/H08、H10）。0~100%信号输入的阶跃响应时间为6~15ms，功率级控制精度可达到0.5%，额定质量流量为30~260g/min（7MPa 压降下）。

5.2 双喷嘴挡板力反馈两级电液伺服阀

5.2.1 数学模型

1. 控制器输入信号到控制电流的关系

推挽工作时，输入每个线圈的信号电压为

$$u_1 = u_2 = K_u u_g \tag{5-1}$$

式中，u_1、u_2 为每个线圈的输入信号电压；K_u 为放大器每边的增益；u_g 为输入伺服放大器的信号电压。

每个线圈回路的电压平衡方程为

$$E_b + u_1 = i_1(Z_b + R_c + r_p) + i_2 Z_b + N_c \frac{d\Phi_a}{dt} \tag{5-2}$$

$$E_b - u_2 = i_2(Z_b + R_c + r_p) + i_1 Z_b - N_c \frac{d\Phi_a}{dt} \tag{5-3}$$

式中，E_b 为产生常值电流所需的电压；i_1、i_2 为每个线圈的输入信号电流；Z_b 为线圈公用边的阻抗；R_c 为每个线圈的电阻；r_p 为每个线圈回路中的放大器内阻；N_c 为每个线圈的匝数；Φ_a 为衔铁磁通。

由式（5-2）减去式（5-3），并将式（5-1）代入，可得

$$2K_u u_g = (R_c + r_p)\Delta i + 2N_c \frac{d\Phi_a}{dt} \tag{5-4}$$

此式为力矩马达电路的基本电压方程。它表明，经放大器放大后的控制电压一部分消耗在线圈电阻和放大器内阻上，另一部分用来克服衔铁磁通变化在控制线圈中所产生的反电动势。

将衔铁磁通表达式（2-33）代入式（5-4），得力矩马达电路基本电压方程

$$2K_u u_g = (R_c + r_p)\Delta i + 2K_b \frac{d\theta}{dt} + 2L_c \frac{d\Delta i}{dt} \tag{5-5}$$

其拉氏变换式为

$$2K_u U_g = (R_c + r_p)\Delta I - 2K_b s\theta + 2L_c s\Delta I \tag{5-6}$$

式中，K_b 为每个线圈的反电动势常数

$$K_b = 2\frac{a_m}{l_g} N_c \Phi_g \tag{5-7}$$

L_c 为每个线圈的自感系数

$$L_c = \frac{N_c^2}{R_g} \tag{5-8}$$

方程式左边为放大器加在线圈上的总控制电压，右边第一项为电阻上的电压降，第二项为衔铁运动时在线圈内产生的反电动势，第三项是线圈内电流变化所引起的感应电动势。它包括线圈的自感和两个线圈之间的互感。由于两个线圈对信号电流来说是串联的，并且是紧密耦合的，因此互感等于自感。所以每个线圈的总电感为 $2L_c$。

式（5-6）可以改写为

$$\Delta I = \frac{2K_u U_g}{(R_c + r_p)\left(1 + \dfrac{s}{\omega_a}\right)} - \frac{2K_b s\theta}{(R_c + r_p)\left(1 + \dfrac{s}{\omega_a}\right)} \tag{5-9}$$

式中，ω_a 为控制线圈回路的转折频率

$$\omega_a = \frac{R_c + r_p}{2L_c} \tag{5-10}$$

2. 控制电流到挡板位移的模型

图 5-6 为衔铁挡板组件的受力示意图[23]。在考虑喷嘴挡板液流力和反馈杆变形的影响下，衔铁挡板组件的动力学方程为

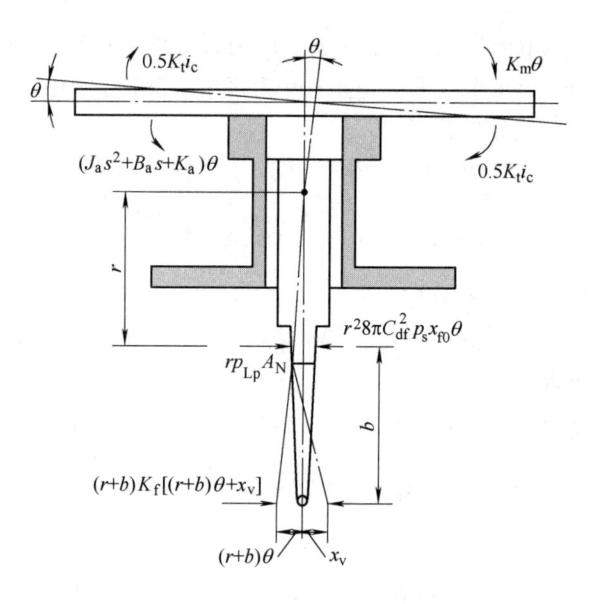

图 5-6　衔铁挡板组件的受力示意图

$$K_t i_c + K_m\theta = J_a \frac{d^2\theta}{dt^2} + B_a \frac{d\theta}{dt} + K_a\theta + T_{L1} + T_{L2} \tag{5-11}$$

式中，J_a 为衔铁组件的转动惯量；B_a 为衔铁组件的等效阻尼；K_a 为衔铁组件的综合刚度；T_{L1} 为喷嘴对挡板的液流力产生的负载力矩；T_{L2} 为反馈杆变形对衔铁挡板组件产生的负载力矩。

作用在挡板上的液流力对衔铁挡板组件产生的负载力矩

$$T_{L1} = rp_{Lp}A_N - r^2 8\pi C_{df}^2 p_s x_{f0}\theta \tag{5-12}$$

式中，A_N为喷嘴孔的面积；p_{Lp}为两个喷嘴腔的负载压差；r 为喷嘴中心至弹簧管回转中心（弹簧管薄壁部分的中心）的距离；C_{df}为喷嘴与挡板间的流量系数；x_{f0}为喷嘴与挡板阿的零位间隙。

反馈杆变形对衔铁挡板组件产生的负载力矩为

$$T_{L2} = (r+b)K_f[(r+b)\theta + x_v] \tag{5-13}$$

式中，b 为反馈杆小球中心到喷嘴中心的距离；K_f为反馈杆刚度；x_v为滑阀阀芯位移。

将式（5-11）~式（5-13）合并，经拉氏变换得衔铁挡板组件的运动方程为

$$K_t i_c = (J_a s^2 + B_a s + K_{mf})\theta + (r+b)K_f x_v + rp_{Lp}A_N \tag{5-14}$$

式中，K_{mf}为力矩马达的总刚度（综合刚度）

$$K_{mf} = K_{an} + (r+b)^2 K_f \tag{5-15}$$

K_{an}为力矩马达的净刚度

$$K_{an} = K_a - K_m - 8\pi C_{df}^2 p_s x_{f0} r^2 \tag{5-16}$$

因此式（5-14）可改写为

$$\theta = \frac{1}{K_{mf}} \frac{1}{\dfrac{s^2}{\omega_{mf}^2} + \dfrac{2\zeta_{mf}}{\omega_{mf}}s + 1}[K_t\Delta I - K_f(r+b)X_v - rA_N p_{Lp}] \tag{5-17}$$

式中，ω_{mf} 为力矩马达的固有频率，其取值为

$$\omega_{mf} = \sqrt{\frac{K_{mf}}{J_a}} \tag{5-18}$$

ζ_{mf} 为力矩马达的机械阻尼比，其取值为

$$\zeta_{mf} = \frac{B_a}{2\sqrt{J_a K_{mf}}} \tag{5-19}$$

由图 5-6 可知，挡板位移与衔铁转角的关系满足

$$x_f = r\tan\theta \tag{5-20}$$

因衔铁的转角很小，$\tan\theta \approx \theta$，因此式（5-20）可简化为

$$x_f \approx r\theta \tag{5-21}$$

3. 挡板位移到滑阀阀芯位移的传递函数

在不考虑泄漏和油液压缩性的影响时，双喷嘴挡板阀两个控制腔的流量相等，均等于负载流量。在动态分析时需要考虑油液压缩性的影响。由于压缩性的影响，

使流入滑阀的流量和流出流量不再相等。

忽略滑阀端部的泄漏和两腔内压力损失的影响，则双喷嘴挡板阀流入滑阀端部控制腔的流量为

$$q_{L1}=A_v\frac{dx_v}{dt}+\frac{V_{1v}}{\beta_e}\frac{dp_{1p}}{dt} \tag{5-22}$$

从滑阀端部的控制腔流入喷嘴挡板阀的流量为

$$q_{L2}=A_v\frac{dx_v}{dt}-\frac{V_{2v}}{\beta_e}\frac{dp_{2p}}{dt} \tag{5-23}$$

式中，A_v为阀芯端部面积；β_e 为有效体积弹性模量；V_{1v} 为滑阀端部进油端控制腔容积；V_{2v} 为滑阀端部出油端控制腔容积。

为了简化分析，定义双喷嘴挡板阀的负载流量为

$$q_{Lp}=\frac{q_{L1}+q_{L2}}{2}=A_v\frac{dx_v}{dt}+\frac{1}{2}\left(\frac{V_{1v}}{\beta_e}\frac{dp_{1p}}{dt}-\frac{V_{2v}}{\beta_e}\frac{dp_{2p}}{dt}\right) \tag{5-24}$$

式中右边第一项为推动滑阀运动所需的流量，第二项为油液压缩所需的流量。

滑阀两端控制腔的容积为

$$V_{1p}=V_{0p}+A_vx_v \tag{5-25}$$

$$V_{2p}=V_{0p}-A_vx_v \tag{5-26}$$

式中，V_{0p}滑阀一端的初始容积。滑阀在零位时，液体的压缩性影响最大，滑阀的固有频率最低，阻尼比最小，统稳定性最差。所以在分析时，应取滑阀零位为初始位置。

因此可得

$$q_{Lp}=\frac{q_{L1}+q_{L2}}{2}=A_v\frac{dx_v}{dt}+\frac{1}{2\beta_e}\left(V_{0p}\frac{dp_{1p}}{dt}-V_{0p}\frac{dp_{2p}}{dt}\right)+\frac{A_vx_v}{2\beta_e}\left(\frac{dp_{1p}}{dt}+\frac{dp_{2p}}{dt}\right) \tag{5-27}$$

由于 $p_{1p}-p_{2p}=p_{Lp}$ ，因此

$$\frac{dp_{1p}}{dt}-\frac{dp_{2p}}{dt}=\frac{dp_{Lp}}{dt} \tag{5-28}$$

式中，p_{Lp}为双喷嘴挡板阀的负载压力。

将式（5-28）代入式（5-27），又由于滑阀运动位移较小，则滑阀两端控制腔的容积变化 $A_vx_v \ll V_{0v}$ ，因此可得

$$q_{Lp}\approx A_v\frac{dx_v}{dt}+\frac{V_{0p}}{2\beta_e}\frac{dp_L}{dt} \tag{5-29}$$

对其拉氏变换可得

$$q_{Lp}\approx A_vsX_v+\frac{V_{0p}}{2\beta_e}sp_{Lp} \tag{5-30}$$

双喷嘴挡板阀零位静态流量满足

$$q_{Lp}=K_{qp}x_f-K_{cp}p_{Lp} \tag{5-31}$$

式中，K_{qp} 为喷嘴挡板阀的零位流量增益；K_{cp} 为喷嘴挡板阀的零位流量-压力系数。

双喷嘴挡板阀的负载为滑阀阀芯，其驱动力为双喷嘴挡板阀两控制口的压力差，因此可得，双喷嘴挡板阀驱动滑阀运动的动力学方程为

$$A_v p_{Lp} = m_v \frac{d^2 x_v}{dt^2} + B_v \frac{dx_v}{dt} + K_v x_v \tag{5-32}$$

其拉氏变换式为

$$A_v p_{Lp} = m_v s^2 X_v + B_v s X_v + K_v X_v \tag{5-33}$$

式（5-30）、式（5-31）和式（5-33）描述了双喷嘴挡板阀控制滑阀的运动特性。合并三个基本方程，消去中间变量 q_{Lp} 及 p_{Lp}，可得挡板位移到滑阀阀芯位移的传递函数

$$\frac{X_v}{X_f} = \frac{K_{qp}/A_v}{\dfrac{V_{0p}m_t}{2\beta_e A_v^2}s^3 + \left(\dfrac{K_{cp}m_t}{A_v^2} + \dfrac{B_v V_{0p}}{2\beta_e A_v^2}\right)s^2 + \left(\dfrac{K_v V_{0p}}{2\beta_e A_v^2} + \dfrac{B_v K_{cp}}{A_v^2} + 1\right)s + \dfrac{K_{cp}K_v}{A_v^2}} \tag{5-34}$$

此式考虑了惯性负载、黏性阻尼力、稳态液动力、反馈杆弹簧力以及油液的压缩性等因素的影响。

若忽略黏性阻尼力和弹性负载的影响后，式（5-34）可简化为

$$\frac{X_v}{X_f} = \frac{K_{qp}/A_v}{\dfrac{V_{0p}m_t}{2\beta_e A_v^2}s^3 + \dfrac{K_{cp}m_t}{A_v^2}s^2 + \left(\dfrac{K_v V_{0p}}{2\beta_e A_v^2} + 1\right)s} \tag{5-35}$$

其标准形式为

$$X_v = \frac{K_{qp}X_f}{A_v s\left(\dfrac{s^2}{\omega_{hp}^2} + \dfrac{2\zeta_{hp}}{\omega_{hp}}s + 1\right)} \tag{5-36}$$

式中，ω_{hp} 为滑阀的液压固有频率，其取值为

$$\omega_{hp} = \sqrt{\frac{2\beta_e A_v^2}{V_{0p}m_v}} \tag{5-37}$$

ζ_{hp} 为滑阀的液压阻尼比

$$\zeta_{hp} = \frac{K_{cp}}{A_v}\sqrt{\frac{\beta_e m_v}{2V_{0p}}} \tag{5-38}$$

K_h 为阀芯中位时的液压弹簧刚度，其是由油液压缩性所形成的，取值为

$$K_h = \frac{2\beta_e A_v^2}{V_{0p}} \tag{5-39}$$

4. 作用在挡板上的压力反馈

忽略滑阀阀芯运动时所受的黏性阻尼力和反馈杆弹簧力，只考虑阀芯的惯性力和稳态液动力，则双喷嘴挡板阀的负载压力为

$$p_{\mathrm{Lp}} = \frac{1}{A_{\mathrm{v}}}\left[m_{\mathrm{v}}\frac{\mathrm{d}^2x_{\mathrm{v}}}{\mathrm{d}t^2} + 0.487W(p_{\mathrm{s}} - p_{\mathrm{L}})x_{\mathrm{v}}\right] \tag{5-40}$$

上式中的稳态液动力是 p_{L} 和 x_{v} 两个变量的函数，需将上式在 x_{v0} 和 p_{L0} 处线性化。因液压缸的负载为纯惯性，在稳态时的 $p_{\mathrm{L0}}=0$，则得线性化增量方程的拉氏变换形式为

$$p_{\mathrm{Lp}} = \frac{1}{A_{\mathrm{v}}}[m_{\mathrm{v}}s^2X_{\mathrm{v}} + 0.487Wp_{\mathrm{s}}X_{\mathrm{v}} - 0.487WX_{\mathrm{v}}p_{\mathrm{L}}] \tag{5-41}$$

若液压缸的负载只考虑惯性，则滑阀负载压力满足

$$A_{\mathrm{p}}p_{\mathrm{L}} = m_{\mathrm{t}}\frac{\mathrm{d}^2x_{\mathrm{p}}}{\mathrm{d}t^2} \tag{5-42}$$

因此滑阀负载压力的拉氏变换式为

$$p_{\mathrm{L}} = \frac{1}{A_{\mathrm{p}}}m_{\mathrm{t}}s^2X_{\mathrm{p}} \tag{5-43}$$

5. 阀控液压缸的传递函数

式（5-17）中包含双喷嘴挡板阀的负载压力 p_{Lp}，其大小与滑阀的受力情况有关。滑阀受力包括惯性力、稳态液动力等，而稳态液动力又与滑阀输出的负载压力有关，即与液压执行元件的运动有关，为此需要推导四通滑阀控制液压缸的运动方程。

假设：①阀与液压缸的连接管道对称且短而粗，管道中的压力损失和管道动态可以忽略；②液压缸每个工作腔内各处压力相等，油温和体积弹性模量为常数；③液压缸内外泄漏均为层流流动。

流入液压缸进油腔的流量

$$q_1 = A_{\mathrm{p}}\frac{\mathrm{d}x_{\mathrm{p}}}{\mathrm{d}t} + \frac{V_1}{\beta_{\mathrm{e}}}\frac{\mathrm{d}p_1}{\mathrm{d}t} + C_{\mathrm{i}}(p_1 - p_2) + C_{\mathrm{e}}p_1 \tag{5-44}$$

式中，C_{i} 为液压缸内泄漏系数；C_{e} 为液压缸外泄漏系数。

从液压缸回油腔流出的流量

$$q_2 = A_{\mathrm{p}}\frac{\mathrm{d}x_{\mathrm{p}}}{\mathrm{d}t} - \frac{V_2}{\beta_{\mathrm{e}}}\frac{\mathrm{d}p_2}{\mathrm{d}t} + C_{\mathrm{i}}(p_1 - p_2) - C_{\mathrm{e}}p_2 \tag{5-45}$$

同样定义负载流量

$$q_{\mathrm{L}} = \frac{q_1 + q_2}{2} \tag{5-46}$$

液压缸工作腔的容积可写为

$$\begin{cases} V_1 = V_{01} + A_{\mathrm{p}}x_{\mathrm{p}} \\ V_2 = V_{02} - A_{\mathrm{p}}x_{\mathrm{p}} \end{cases} \tag{5-47}$$

式中，V_{01}、V_{02} 分别为进油腔和回油腔的初始容积，要使两腔油液的压缩量相等，

V_{01}和V_{02}应相等，设其为V_{0v}。

联立式（5-44）~式（5-47）可得

$$q_L = A_p\frac{dx_p}{dt} + C_i(p_1 - p_2) + \frac{C_e}{2}(p_1 - p_2) + \frac{1}{2\beta_e}\left(V_{01}\frac{dp_1}{dt} - V_{02}\frac{dp_2}{dt}\right) + \frac{A_p x_p}{2\beta_e}\left(\frac{dp_1}{dt} + \frac{dp_2}{dt}\right) \tag{5-48}$$

活塞在中间位置时，液体压缩性影响最大，固有频率最低；阻尼比最小因此，系统稳定性最差。所以，分析时取活塞的中间位置作为初始位置，取$V_{01} = V_{02} = V_{0v}$

由于$p_1 + p_2 \approx p_s$，$p_1 - p_2 = p_L$，所以

$$\frac{dp_1}{dt} + \frac{dp_2}{dt} \approx 0, \quad \frac{dp_1}{dt} - \frac{dp_2}{dt} = \frac{dp_L}{dt} \tag{5-49}$$

将其代入式（5-48），可得

$$q_L = A_p\frac{dx_p}{dt} + \frac{V_0}{2\beta_e}\frac{dp_L}{dt} + C_{tp}p_L \tag{5-50}$$

式中，液压缸的总泄漏系数$C_{tp} = C_{ip} + \frac{C_{ep}}{2}$。

总流量为推动活塞运动所需流量、经过活塞密封的内泄漏流量、经过活塞杆密封处的外泄漏流量、油液压缩和腔体变形所需的流量。

阀控缸的动态特性受负载特性的影响，负载力一般包括惯性力、黏性阻尼力、弹性力和任意外负载力。因此，液压缸的输出力与负载力的平衡方程为

$$A_p p_L = m_t\frac{d^2x_p}{dt^2} + B_p\frac{dx_p}{dt} + Kx_p + F_L \tag{5-51}$$

此外，还存在库仑摩擦等非线性负载，但采用线性化的方法分析系统的动态特性时，必须将这些非线性负载忽略。

合并式（3-29）、式（5-50）和式（5-51），消去中间变量q_L及p_L，可得到滑阀和外负载力同时作用时液压缸的输出位移

$$X_p = \frac{\frac{K_q}{A_p}X_v - \frac{K_{ce}}{A_p^2}\left(\frac{V_{0v}}{2\beta_e K_{ce}}s + 1\right)F_L}{\frac{V_{0v}m_t}{2\beta_e A_p^2}s^3 + \left(\frac{K_{ce}m_t}{A_p^2} + \frac{B_p V_{0v}}{2\beta_e A_p^2}\right)s^2 + \left(\frac{KV_{0v}}{2\beta_e A_p^2} + \frac{B_p K_{ce}}{A_p^2} + 1\right)s + \frac{K_{ce}K}{A_p^2}} \tag{5-52}$$

为简单起见，动力元件的负载只考虑惯性。在$K=0$，$B_p=0$时，上式可简化为

$$X_p = \frac{\frac{K_q}{A_p}X_v}{s\left(\frac{V_{0v}m_t}{2\beta_e A_p^2}s^2 + \frac{K_{ce}m_t}{A_p^2}s + 1\right)} \tag{5-53}$$

其标准形式为

$$\frac{X_p}{X_v}=\frac{K_q}{A_p}\frac{1}{s\left(\frac{s^2}{\omega_h^2}+\frac{2\zeta_h}{\omega_h}s+1\right)} \tag{5-54}$$

式中，液压固有频率 $\omega_h=\sqrt{\frac{2\beta_e A_p^2}{m_t V_{0v}}}$，液压阻尼比 $\zeta_h=\frac{K_{ce}}{A_p}\sqrt{\frac{\beta_e m_t}{2V_{0v}}}$。

联立式（5-17）、式（5-36）、式（5-41）、式（5-43）和式（5-54）可画出双喷嘴挡板力反馈两级电液伺服阀的数学模型方框图，如图5-7所示。

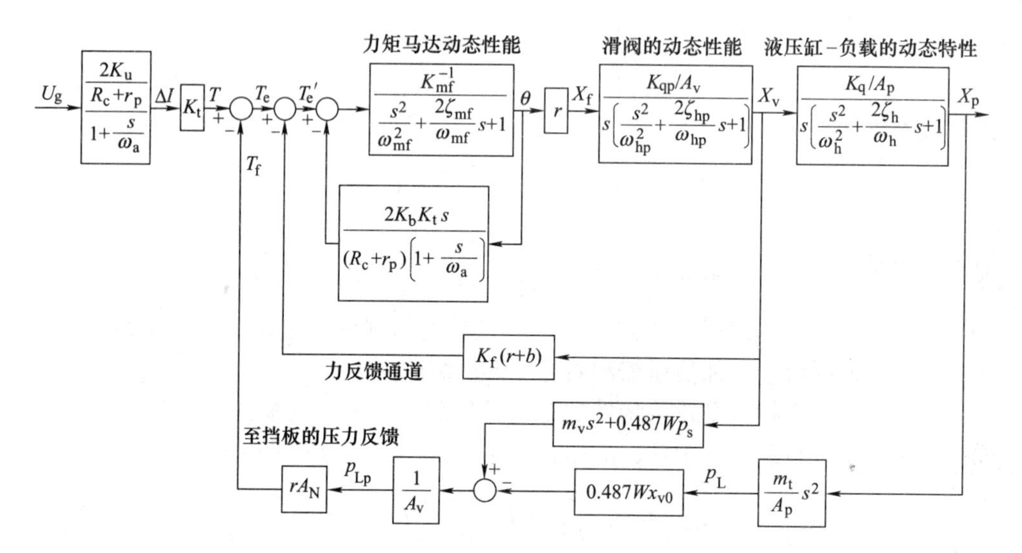

图5-7　双喷嘴挡板力反馈两级电液伺服阀的数学模型方框图

5.2.2　数学模型简化

由图5-7可知，双喷嘴挡板力反馈两级电液伺服阀的数学模型方框图包含两个反馈回路，一个是滑阀位移力反馈回路，为主要回路；另一个是作用在挡板上的压力反馈回路，为次要回路。这两个回路都存稳定性问题，下面分别加以讨论。

1. 力反馈回路的稳定性分析

由图5-7可见，力反馈回路包含力矩马达和滑阀两个动态环节。在实际使用中，为避免伺服放大器特性对伺服阀特性的影响，伺服阀放大器通常采用深度电流负反馈，以使控制线圈回路的转折频率 ω_a 很高，$\omega_a^{-1}\approx 0$，则力矩马达的传递函数可简化为

$$\frac{\theta}{T'_{e}}=\frac{1}{K_{mf}}\frac{1}{\frac{s^2}{\omega_{mf}}+\frac{2\zeta'_{mf}}{\omega_{mf}}s+1} \tag{5-55}$$

式中，ζ'_{mf} 为由机械阻尼和电磁阻尼产生的阻尼比

$$\zeta'_{mf}=\zeta_{mf}+\frac{K_tK_b}{K_{mf}(R_c+r_p)}\omega_{mf} \tag{5-56}$$

若采用深度电流负反馈，电磁阻尼可以不计。

由于滑阀的固有频率很高，$\omega_{hp}\gg\omega_{mf}$，故滑阀动态可以忽略。简化后的力反馈回路方框图如图 5-8 所示。

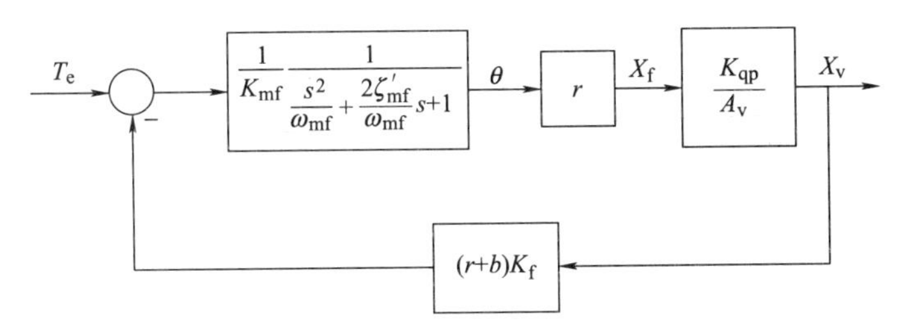

图 5-8　简化后的力反馈回路方框图

力反馈回路的开环传递函数为

$$G(s)H(s)=\frac{K_{vf}}{s\left(\frac{s^2}{\omega_{mf}^2}+\frac{2\zeta'_{mf}}{\omega_{mf}}s+1\right)} \tag{5-57}$$

式中，K_{vf} 为力反馈回路开环增益，其值为

$$K_{vf}=\frac{r(r+b)K_fK_{qp}}{A_vK_{mf}}=\frac{r(r+b)K_fK_{qp}}{A_v[K_{an}+K_f(r+b)^2]} \tag{5-58}$$

这是个 I 型伺服回路。根据式（5-57）可画出力反馈回路的开环 Bode 图，如图 5-9 所示。回路穿越频率近似等于开环增益，即 $\omega_c\approx K_{vf}$。

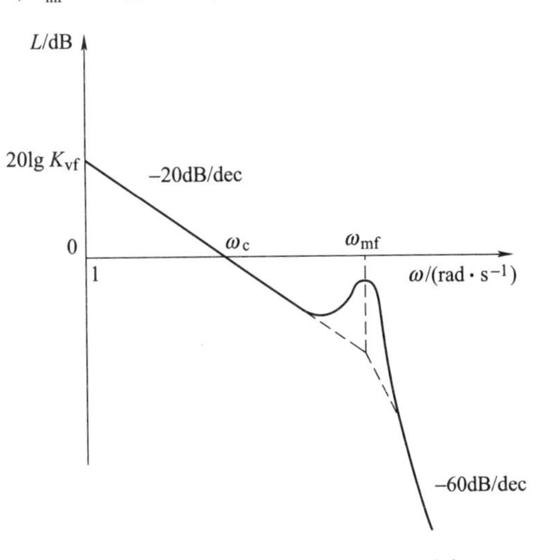

图 5-9　力反馈回路的开环 Bode 图

由图 5-8 可得，力反馈回路的闭环传递函数为

$$\frac{X_{\mathrm{v}}}{T_{\mathrm{e}}}=\frac{\dfrac{1}{(r+b)K_{\mathrm{f}}}}{\dfrac{s^{3}}{K_{\mathrm{vf}}\omega_{\mathrm{mf}}^{2}}+\dfrac{2\zeta'_{\mathrm{mf}}}{K_{\mathrm{vf}}\omega_{\mathrm{mf}}}s^{2}+\dfrac{s}{K_{\mathrm{vf}}}+1} \tag{5-59}$$

如果要使系统稳定，即系统全部特征根均具有负实部。由劳斯判据可知，该系统需满足条件：特征方程的三次项系数和常数项之积小于二次项系数和一次项系数之积。即

$$\frac{1}{K_{\mathrm{vf}}\omega_{\mathrm{mf}}^{2}}<\frac{2\zeta'_{\mathrm{mf}}}{K_{\mathrm{vf}}\omega_{\mathrm{mf}}}\frac{1}{K_{\mathrm{vf}}}$$

化简可得

$$K_{\mathrm{vf}}<2\zeta'_{\mathrm{mf}}\omega_{\mathrm{mf}} \tag{5-60}$$

此式为力反馈回路的稳定条件。

为保证充分的稳定裕度，在设计时取

$$K_{\mathrm{vf}}\leqslant 0.25\omega_{\mathrm{mf}} \tag{5-61}$$

2. 压力反馈回路的稳定性

由图 5-8 所示，作用在挡板上的压力反馈受滑阀阀芯位移和负载压力影响，显然这种影响越小越好。为此应使这个回路的开环增益在任何频率下都远小于 1，使回路近似于开环状态而不起作用。

由式（5-59）可知，力反馈回路的最大增益可近似为 $\dfrac{1}{(r+b)K_{\mathrm{f}}}$。

由图 5-7 可知，压力反馈回路反馈通道的传递函数为

$$\frac{T_{\mathrm{f}}}{X_{\mathrm{v}}}=\frac{rA_{\mathrm{N}}}{A_{\mathrm{v}}}\left[(m_{\mathrm{v}}s^{2}+0.487Wp_{\mathrm{s}})-\frac{0.487Wx_{\mathrm{v0}}\dfrac{m_{\mathrm{t}}}{A_{\mathrm{p}}}\dfrac{K_{\mathrm{q}}}{A_{\mathrm{p}}}s}{\dfrac{s^{2}}{\omega_{\mathrm{h}}^{2}}+\dfrac{2\zeta_{\mathrm{h}}}{\omega_{\mathrm{h}}}s+1}\right]$$

由于 $\sqrt{\dfrac{0.487Wp_{\mathrm{s}}}{m_{\mathrm{v}}}}\gg\omega_{\mathrm{h}}$，所以 m_{v} 可以忽略，又因为 $K_{\mathrm{q}}=K_{\mathrm{p}}K_{\mathrm{c}}=\dfrac{2p_{\mathrm{s}}}{x_{\mathrm{v0}}}K_{\mathrm{c}}$；在 $C_{\mathrm{tp}}=B_{\mathrm{p}}=0$ 时，$\dfrac{2\zeta_{\mathrm{h}}}{\omega_{\mathrm{h}}}=\dfrac{K_{\mathrm{c}}m_{\mathrm{t}}}{A_{\mathrm{p}}^{2}}$，所以上式可写为

$$\frac{T_{\mathrm{f}}}{X_{\mathrm{v}}}=0.487Wp_{\mathrm{s}}r\frac{A_{\mathrm{N}}}{A_{\mathrm{v}}}\frac{\dfrac{s^{2}}{\omega_{\mathrm{h}}^{2}}-\dfrac{2\zeta_{\mathrm{h}}}{\omega_{\mathrm{h}}}s+1}{\dfrac{s^{2}}{\omega_{\mathrm{h}}^{2}}+\dfrac{2\zeta_{\mathrm{h}}}{\omega_{\mathrm{h}}}s+1} \tag{5-62}$$

其最大增益为 $0.487Wp_{\mathrm{s}}r\dfrac{A_{\mathrm{N}}}{A_{\mathrm{v}}}$。

前向通道与反馈通道最大增益的乘积即是整个压力反馈回路的最大增益。为了确保压力反馈回路的稳定性，并使压力反馈回路的影响可以忽略不计，应满足以下条件

$$\frac{r}{r+b}\frac{A_N}{A_v}\frac{0.487Wp_s}{K_f} \ll 1 \tag{5-63}$$

在r、b、A_N、A_v、W、p_s已定的情况下，可选择K_f来满足上述条件，由于$\frac{r}{r+b}<1$，$\frac{A_N}{A_v}\leqslant 1$所以上述条件在一般情况下都不难满足，因此压力反馈回路可以忽略。

3. 力反馈伺服阀传递函数的简化

在一般情况下，$\omega_a \gg \omega_{hp} \gg \omega_{mf}$，力矩马达控制线圈的动态和滑阀的动态可以忽略。由于作用在挡板上的压力反馈的影响比力反馈小得多，因此压力反馈回路也可以忽略。另外伺服阀通常以电流为输入参量，电磁阻尼也可以不计，因此双喷嘴挡板力反馈两级电液伺服阀的方框图可简化成图5-10。

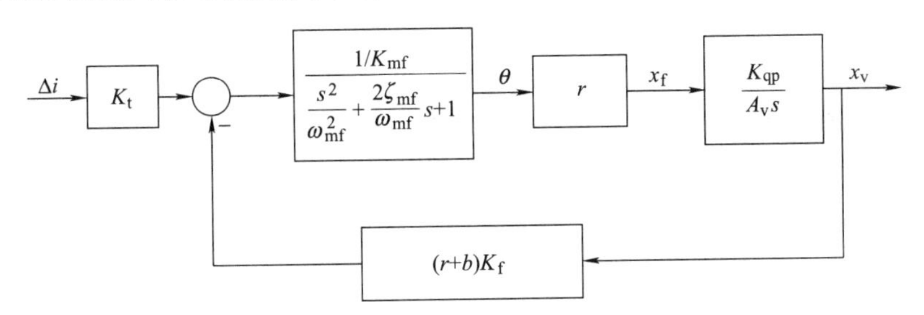

图5-10　双喷嘴挡板力反馈两级电液伺服阀的简化方框图

由图5-10可得，双喷嘴挡板力反馈两级电液伺服阀的传递函数为

$$\frac{X_v}{\Delta I}=\frac{K_{xv}}{\frac{s}{K_{vf}}\left(\frac{s^2}{\omega_{mf}^2}+\frac{2\zeta_{mf}}{\omega_{mf}}s+1\right)+1} \tag{5-64}$$

式中，K_{xv}为伺服阀增益，其取值为$K_{xv}=\frac{K_t}{(r+b)K_f}$。

伺服阀通常以空载流量$q_0=K_q x_v$为输出参量。因此双喷嘴挡板力反馈两级电液伺服阀的传递函数还可以表示为

$$\frac{q_0}{\Delta I}=\frac{K_{sv}}{\frac{s}{K_{vf}}\left(\frac{s^2}{\omega_{mf}^2}+\frac{2\zeta_{mf}}{\omega_{mf}}s+1\right)+1} \tag{5-65}$$

式中，K_{sv}为伺服阀的流量增益，其取值为$K_{sv}=\frac{K_t K_q}{(r+b)K_f}$。

在大多数电液伺服系统中，电液伺服阀的动态响应往往高于动力元件的动态响应。为了简化系统的动态特性分析与设计，其传递函数可以进一步简化，一般可用二阶振荡环节表示。如果电液伺服阀二阶环节的固有频率高于动力元件的固有频率，电液伺服阀的传递函数还可用一阶惯性环节表示。当电液伺服阀的固有频率远大于动力元件的固有频率时，电液伺服阀可看成比例环节。

电液伺服阀二阶近似的传递函数可由下式估计

$$\frac{q_0}{\Delta I}=\frac{K_{sv}}{\dfrac{s^2}{\omega_{sv}^2}+\dfrac{2\zeta_{sv}}{\omega_{sv}}s+1} \tag{5-66}$$

式中，ω_{sv} 为电液伺服阀的固有频率，定义为电液伺服阀相频特性曲线相位滞后 90°所对应的频率；ζ_{sv} 为电液伺服阀的等效阻尼比。下面将给出 W_{sv} 和 ζ_{sv} 的计算方法。

由式（5-65）可得电液伺服阀的相位滞后角度

$$\varphi(\omega)=\arctan\frac{\dfrac{1}{K_{vf}}\omega-\dfrac{1}{K_{vf}\omega_{mf}^2}\omega^3}{1-\dfrac{2\zeta_{mf}}{\omega_{mf}K_{vf}}\omega^2} \tag{5-67}$$

由伺服阀固有频率的定义可知，将 ω_{sv} 代入上式，滞后角等于 90°，因此可得

$$1-\frac{2\zeta_{mf}}{\omega_{mf}K_{vf}}\omega_{sv}^2=0$$

求解上式可得，电液伺服阀的固有频率为

$$\omega_{sv}=\sqrt{\frac{\omega_{mf}K_{vf}}{2\zeta_{mf}}} \tag{5-68}$$

将式（5-18）和式（5-19）代入式（5-68）可得

$$\omega_{sv}=\sqrt{\frac{1}{B_a}\frac{(r+b)rK_fK_{qp}}{A_v}} \tag{5-69}$$

由式（5-67）可得，电液伺服阀相位滞后角度满足

$$\varphi(\omega)=\arctan\frac{2\zeta_{sv}\dfrac{\omega}{\omega_{sv}}}{1-\left(\dfrac{\omega}{\omega_{sv}}\right)^2} \tag{5-70}$$

其应该与由式（5-65）求出的相位滞后角相等，因此将式（5-67）和式（5-70）联立可得

$$\frac{\dfrac{1}{K_{vf}}\omega-\dfrac{1}{K_{vf}\omega_{mf}^2}\omega^3}{1-\dfrac{2\zeta_{mf}}{\omega_{mf}K_{vf}}\omega^2}=\frac{2\zeta_{sv}\dfrac{\omega}{\omega_{sv}}}{1-\left(\dfrac{\omega}{\omega_{sv}}\right)^2}$$

上式展开

$$\frac{1}{K_{vf}\omega_{mf}^2\omega_{sv}^2}\omega^4+\left(\frac{4\zeta_{sv}\zeta_{mf}}{\omega_{mf}\omega_{sv}K_{vf}}-\frac{1}{K_{vf}\omega_{mf}^2}+\frac{1}{\omega_{sv}^2K_{vf}}\right)\omega^2+\frac{1}{K_{vf}}-\frac{2\zeta_{sv}}{\omega_{sv}}=0$$

在 $\omega \ll \omega_{mf}$ 且 $\omega \ll \omega_{sv}$ 时，与频率有关的项均近似等于零，因此上式可简化为

$$\frac{1}{K_{vf}}-\frac{2\zeta_{sv}}{\omega_{sv}}=0$$

解方程得

$$\zeta_{sv}=\frac{\omega_{sv}}{2K_{vf}}=\frac{K_{mf}}{2}\sqrt{\frac{A_v}{B_a(r+b)rK_fK_{qp}}} \tag{5-71}$$

上式是在低频条件下求出的，对于中高频段无效，可以由频率特性曲线求出每一相角 φ 所对应的电液伺服阀的等效阻尼比 ζ_{sv}，然后取平均值。

由自动控制原理可知，对各种不同的阻尼比，都有一条对应的相频特性曲线。因此也可以将电液伺服阀的相频特性曲线与此对照，通过比较确定 ζ_{sv} 值。

电液伺服阀一阶近似的传递函数可由下式估计

$$\frac{q_0}{\Delta I}=\frac{K_{sv}}{1+\dfrac{s}{\omega_{sv}}} \tag{5-72}$$

式中，ω_{sv} 为电液伺服阀的固有频率，$\omega_{sv}=K_{vf}$ 或取频率特性曲线上相位滞后45°所对应的频率。

5.2.3　频宽计算

在双喷嘴挡板力反馈两级电液伺服阀的闭环传递函数式（5-65）中，由于 K_{vf} 是最低的转折频率，所以整个电液伺服阀的频宽主要由 K_{vf} 决定。下面根据频宽的定义近似估计电液伺服阀的频宽。

设电液伺服阀的额定行程为 x_{vm}，阀芯以幅值为1/4额定行程按正弦规律运动，即

$$x_v=\frac{x_{vm}}{4}\sin\omega t \tag{5-73}$$

式中，ω 为阀芯运动频率。

对上式求导可得阀芯的运动速度

$$\frac{dx_v}{dt}=\frac{x_{vm}}{4}\omega\cos\omega t \tag{5-74}$$

由流量连续性方程可得

$$\frac{dx_v}{dt}=\frac{q_{Lp}}{A_v}=\frac{K_{qp}X_f}{A_v} \tag{5-75}$$

因此

$$\omega = \frac{4K_{qp}X_f}{A_v x_{vm}} \tag{5-76}$$

式中，X_f为挡板的峰值位移；$K_{qp}X_f$为喷嘴挡板阀的峰值流量。

随着阀芯运动频率的提高，阀芯位移幅值将衰减。设阀芯位移衰减至-3dB 时的频率为伺服阀的频宽 ω_b。则伺服阀的频宽为

$$\omega_b = \frac{\omega}{0.707} = \frac{4K_{qp}X_f}{0.707A_v x_{vm}} \tag{5-77}$$

根据图 5-10 可近似求得挡板峰值位移 X_f，当伺服阀的工作频率大于穿越频率时，由于开环增益很低，所以图 5-10 中的反馈可以忽略。此时偏差信号 $\varepsilon = K_t \Delta I_0 \sin\omega t$，忽略力矩马达的动态，则有

$$X_f = \frac{rK_t\Delta I_0}{K_{an} + K_f(r+b)^2} \tag{5-78}$$

将上式代入式（5-77），得伺服阀的频宽近似表达式

$$\omega_b = \frac{4K_{qp}rK_t\Delta I_0}{0.707A_v x_{vm}[K_{an} + K_f(r+b)^2]} \tag{5-79}$$

由上式可知，伺服阀频宽与阀芯面积和阀芯额定行程的乘积成反比例关系。

稳态时，由图 5-10 得

$$x_{vm} = \frac{4K_t\Delta I_0}{K_f(r+b)} \tag{5-80}$$

将上式代入式（5-79）得

$$\omega_b = \frac{r(r+b)K_f K_{qp}}{0.707A_v[K_{an} + K_f(r+b)^2]} \tag{5-81}$$

与式（5-58）相比较，可知

$$\omega_b = \frac{K_{vf}}{0.707} \tag{5-82}$$

上式表明，若已知电液伺服阀的开环增益就可以估算出伺服阀的幅频宽。

当 $X_f=X_{f0}$时，由式（5-77）可得，伺服阀的极限频宽为

$$\omega_{bmax} = \frac{K_{qp}X_{f0}}{0.702A_v X_{v0}} = \frac{q_c}{1.4A_v X_{v0}} = \frac{q_c}{0.35A_v x_{vm}} \tag{5-83}$$

式中，双喷嘴挡板阀的零位泄漏流量 $q_c = 2K_{qp}X_{f0}$。

由式（5-58）可知，适当减小力矩马达综合刚度 K_{mf}，将提高伺服阀力反馈回路开环增益 K_{vf}，对提高伺服阀的幅频宽十分显著。为减小综合刚度 K_{mf}，在设计时可使衔铁挡板的净刚度 $K_{an}=0$，即

$$K_{an} = K_a - K_m - 8\pi C_{df}^2 p_s x_{v0} r^2 = 0 \tag{5-84}$$

作用在挡板上的液动力刚度一般很小，可以忽略不计。这样弹簧刚度和磁弹

簧刚度近似相等。衔铁挡板组件刚好处在静稳定的边缘上。当力矩马达装入伺服阀后，反馈杆刚度就成为主要的弹簧刚度。当 $K_{an}=0$ 时，由式（5-58）可得

$$K_{vf}=\frac{r}{(r+b)}\frac{K_{qp}}{A_v} \tag{5-85}$$

由上式可知，为提高 K_{vf}，除了适当提高 $r/(r+b)$ 的比值外，还可以通过增大 K_{qp} 和减小 A_v（即增大喷嘴直径和减小滑阀阀芯直径）实现。但增大喷嘴直径和减小滑阀阀芯直径是有限制的，增大喷嘴直径受泄漏流量和力矩马达功率的限制，减小滑阀阀芯直径受阀的额定流量和阀芯最大行程的限制。

由式（5-61）可知，提高伺服阀力反馈回路开环增益 K_{vf} 受力反馈回路稳定性的限制。由式（5-68）可知，为了提高伺服阀的频宽，应提高力矩马达的固有频率和降低力矩马达阻尼。力反馈伺服阀的力矩马达动态被力反馈回路包围，由于力矩马达固有频率是回路中最低的转折频率，所以力矩马达就成了伺服阀响应能力的限制因素，在大流量伺服阀中更为突出。

5.2.4 静态特性的数学模型

在稳态情况下，由图5-10可得

$$x_v=\frac{K_t}{(r+b)K_f}\Delta i=K_{xv}\Delta i$$

式中，$(r+b)$ 为反馈杆对转动中心的力臂，用符号 L_f 表示，上式可简化为

$$x_v=\frac{K_t}{L_f K_f}\Delta i=K_{xv}\Delta i \tag{5-86}$$

电液伺服阀的功率级一般采用零开口四边滑阀，故其流量方程为

$$q_L=C_d W\frac{K_t}{(r+b)K_f}\Delta i\sqrt{\frac{1}{\rho}(p_s-p_L)}=C_d W K_{xv}\Delta i\sqrt{\frac{1}{\rho}(p_s-p_L)} \tag{5-87}$$

电液伺服阀的压力-流量曲线与滑阀的压力-流量曲线的形状是一样的，只是输入参量不同。滑阀以阀芯位移为输入参量，而电液伺服阀以电流为输入参量。

力反馈伺服阀闭环控制的是阀芯位移，由阀芯位移到输出流量是开环控制，因此流量控制的精确性要靠滑阀加工精度保证。

5.2.5 设计与计算

由于力矩马达、双喷嘴挡板阀等环节的数学模型是非线性的，因此完全靠分析计算达到设计要求较为困难，设计过程只能是将设计计算和经验两者结合起来，有时要反复多次才能达到设计目的。设计伺服阀时给定的主要技术条件一般为：额定供油压力、额定流量、额定电流、电阻、动态指标、静耗流量等。下面概述双喷嘴挡板力反馈两级电液伺服阀的设计思路和设计方法。

双喷嘴挡板力反馈两级电液伺服阀的设计一般是从给定的流量、压力和动态

响应等性能要求出发，从滑阀放大器的计算开始往前推到力矩马达。这个过程是反复进行的，直到得出一组匹配的参数为止。设计所得的参数应保证伺服阀稳定工作，压力反馈回路可以忽略，并满足静、动态特性的要求。

设计参数包括：滑阀（阀芯行程、阀芯直径、阀杆直径、开口形式）、喷嘴挡板阀（喷嘴孔直径、固定节流孔直径、可变节流口直径）、力矩马达（反馈杆刚度、力矩系数、极化磁通、磁弹簧刚度、弹簧管刚度）。

设计中，有些参数和几何尺寸可参考同类产品初步选定。下面举一个设计计算的例子。

给定条件和设计要求如下。

额定供油压力 $p_s = 21\text{MPa}$；额定流量（最大空载流）$q_{0m} = 15\text{L/min}$。

额定电流（最大差动电流）$\Delta I_m = 10\text{mA}$；第一级泄漏流量 $q_c \leqslant 0.5\text{L/min}$。

电液伺服阀频宽 $\omega_b \geqslant 225\text{Hz}$。

1. 滑阀主要结构参数的确定

根据滑阀流量方程可求出阀的最大开口面积

$$Wx_{vm} = \frac{q_{0m}}{C_d\sqrt{\dfrac{p_s}{\rho}}} = \frac{15\times10^{-3}/60}{0.62\times\sqrt{210\times10^5/850}}\text{m}^2 \approx 2.57\times10^{-6}\text{m}^2 = 2.57\text{ mm}^2$$

由于额定流量小于30L/min，一般采用非全周开口形式。若取 $d_r = 0.5d$，由式（3-64）可得，为避免流量饱和，需满足

$$0.047\pi d^2 > Wx_{vm} = 2.57\text{mm}^2$$

因此可得，阀芯直径需满足

$$d > 4.17\text{mm}$$

这里取阀芯直径 $d = 4.5\text{mm}$。由第3章3.1.5节中滑阀设计准则可知，阀杆直径为2.25mm，阀芯长度为24mm，阻尼长度为8mm，两端密封的凸肩宽为2.8mm，中间凸肩宽度为2mm。

由式（3-66）可知，对于非全周开口滑阀满足 $Wx_{vm} \leqslant 67x_{vm}^2$，将阀口的最大开口面积代入，可得非全周开口时阀芯行程需满足

$$x_{vm} \geqslant \sqrt{\frac{2.57}{67}}\text{mm} \approx 0.196\text{mm}$$

2. 力矩马达设计计算

力矩马达设计计算的方法和步骤比较灵活，但最终都是要选择计算出各种刚度，力矩系数，极化磁通和控制磁通等。

（1）根据电液伺服阀的频宽要求确定力矩马达的固有频率　根据电液伺服阀的频宽要求，由式（5-82）可求出开环增益

$$K_{vf} = 0.707\omega_b = 0.707\times2\pi\times225\text{rad/s} = 999.5\text{rad/s}$$

由式（5-61）可确定力矩马达的固有频率为

$$\omega_{mf} \geqslant 4K_{vf} = 4 \times 999.5\text{rad/s} = 3998\text{rad/s}$$

为留有一定裕度，这里取最小值的1.2倍，因此$\omega_{mf}=4800\text{rad/s}$。

（2）计算反馈杆刚度　参考已有双喷嘴挡板力反馈两级电液伺服阀结构参数，选取表5-1中结构参数。由式（5-18）得力矩马达综合刚度

$$K_{mf} = J_a \omega_{mf}^2 \approx 4.1\text{N}\cdot\text{m/rad}$$

由式（5-58）可求出反馈杆刚度

$$K_f = \frac{A_v K_{vf} K_{mf}}{r(r+b)K_{qp}} \approx 2357.4\text{N/m}$$

（3）计算力矩马达电磁结构参数　将电磁力矩系数和额定电流作为设计基准进行设计。参考同类电液伺服阀，见表5-1额定电流为10mA，线圈匝数3800匝，电磁力矩系数$K_t=2.7\text{N}\cdot\text{m/A}$左右。

表5-1　某双喷嘴挡板力反馈两级电液伺服阀的结构参数

物理量名称及代号	参数	物理量名称及代号	参数
喷嘴中心线到弹簧管回转中心的距离 r	8.9mm	反馈杆小球中心到喷嘴中心线的距离 b	13.3mm
衔铁转动力臂 a_m	14.5mm	中位气隙长度 g	0.25mm
衔铁挡板组件的转动惯量 J_a	$1.78\times10^{-7}\text{kg}\cdot\text{m}^2$	衔铁挡板组件的等效阻尼 B_a	$0.002\text{N}\cdot\text{s/m}$
磁极面的面积 A_g	8.1mm^2	控制线圈匝数 N_c	3800匝

因此由式（5-86）可得，滑阀阀芯行程修正值为

$$x_{vm} = \frac{K_t \Delta I_m}{(r+b)K_f} \approx 0.516\text{mm}$$

因此阀芯行程满足前述非全周开口的设计要求。

若将滑阀阀芯行程圆整为0.5mm，则代入式（5-86）计算，可得

$$K_t = \frac{(r+b)K_f x_{vm}}{\Delta I_m} \approx 2.62\text{N}\cdot\text{m/A}$$

由阀芯行程为0.5mm，则得滑阀的面积梯度为

$$W = \frac{W x_{vm}}{x_{vm}} = \frac{2.57}{0.5}\text{mm} = 5.14\text{mm}$$

根据力矩系数K_t，就可以选择和计算极化磁通、极化磁通密度、控制磁通和控制磁通密度。衔铁在中位时的气隙磁阻为

$$R_g = \frac{g}{\mu_0 A_g} = \frac{0.25\times10^{-3}}{4\pi\times10^{-7}\times8.1\times10^{-6}}\text{H}^{-1} = 2.5\times10^7\text{H}^{-1}$$

则控制磁通额定值为

$$\Phi_c = \frac{N_c \Delta I_m}{2R_g} = 7.72\times10^{-7}\text{Wb}$$

则控制磁通密度的额定值为

$$B_c = \frac{\Phi_c}{A_g} = 0.0953\text{T}$$

上式表明，在气隙磁阻一定时，控制磁通仅与控制线圈安匝数有关。

若考虑漏磁及磁路磁阻的影响且取修正系数为 1.34，由式（2-40）可求得极化磁通

$$\Phi_g = \frac{K_t g}{2a_m N_c \times 1.34} = \frac{2.62 \times 0.25}{2 \times 14.5 \times 3800 \times 1.34}\text{Wb}$$
$$\approx 4.4356 \times 10^{-6}\text{Wb} > 3\Phi_c = 2.316 \times 10^{-6}\text{Wb}$$

通过工作气隙的极化磁通密度为

$$B_g = \frac{\Phi_g}{A_g} = \frac{4.4356 \times 10^{-6}}{8.1 \times 10^{-6}}\text{T} \approx 0.5476\text{T}$$

由式（2-41）可求出磁弹簧刚度

$$K_m = 4\left(\frac{a_m}{g}\right)^2 R_g \Phi_g^2 \approx 7.28\text{N} \cdot \text{m/rad}$$

由式（5-15）和式（5-16）可求出弹簧管刚度

$$K_a = K_{mf} - (r+b)^2 K_f + K_m + 8\pi C_{df}^2 (p_s - p_r) x_{f0} r^2 \approx 10.03\text{N} \cdot \text{m/rad}$$

基于弹簧管刚度可以设计弹簧管的结构尺寸。

（4）双喷嘴挡板阀主要结构参数的确定　初步设计取双喷嘴挡板阀的零位泄漏流量 $q_c = 0.5\text{L/min}$ 。根据式（5-83）可计算出电液伺服阀的极限频宽

$$\omega_{bmax} = \frac{q_c}{0.35 A_v x_{vm}} = \frac{0.5}{60 \times 0.35 \times 0.25\pi \times 0.0045^2 \times 0.5}\text{rad/s}$$
$$= 2994.1\text{rad/s} \approx 476.5\text{Hz}$$

由式（5-83）和式（5-77）可知挡板的工作范围为

$$\frac{x_f}{x_{f0}} = \frac{\omega_b}{\omega_{bmax}} = \frac{225}{476.5} \approx 0.4722 < 0.6$$

符合压力增益线性段内的挡板位移要求，因此取零位泄漏流量 $q_c = 0.5\text{L/min}$ 。

电液伺服阀内部油液的过滤精度为 20μm，为保证喷嘴挡板阀可靠工作，x_{f0}应大于 25μm，这里取 30μm。则双喷嘴挡板阀的流量增益为

$$K_{qp} = \frac{q_c}{2x_{f0}} = \frac{0.5}{2 \times 30 \times 10^{-3}}(\text{L/min})/\text{mm} = 8.4(\text{L/min})/\text{mm} = 0.14\text{m}^2/\text{s}$$

双喷嘴挡板阀回油溢流腔保持一定的压力，可以改善喷嘴挡板间的工作条件，稳定流量系数，对抑制伺服阀回油零漂和工作平稳有利，通常取回油溢流腔压力 p_r =2MPa 左右，这里取 2.3MPa。

由流量增益表达式可求出喷嘴孔直径

$$D_N = \frac{K_{qp}}{C_{df}\pi\sqrt{\frac{p_s - p_r}{\rho}}} = \frac{0.14}{0.64\pi\sqrt{\frac{21 - 2.3}{850}}}\text{mm} \approx 0.48\text{mm}$$

因此可得，$\frac{x_{f0}}{D_N} = 0.0625$，满足式（3-121）避免流量饱和条件。

上述方法直接采用所给双喷嘴挡板阀的泄漏流量进行设计，若不知双喷嘴挡板阀的泄漏流量或者要求出满足要求的最小泄漏流量，可以采用下述方法。

由于双喷嘴挡板阀零位间隙和喷嘴孔直径的比值不大于0.0625，将式（3-117）和式（3-106）联立可得，

$$\frac{x_{f0}}{D_N} = \frac{x_{f0}}{\frac{q_c}{2x_{f0}}}C_{df}\pi\sqrt{\frac{p_s - p_r}{\rho}} = \frac{2x_{f0}^2}{q_c}C_{df}\pi\sqrt{\frac{p_s - p_r}{\rho}} \leqslant 0.0625$$

若取 $x_{f0} = 30\mu m$，可得双喷嘴挡板阀零位泄漏流量需要满足

$$q_c \geqslant \frac{2x_{f0}^2}{0.0625}C_{df}\pi\sqrt{\frac{p_s - p_r}{\rho}} \approx 0.5\text{L/min}$$

得到最小泄漏流量后，采用上述所给设计流程，即可得到喷嘴孔径。

由 3.2.5 节双喷嘴挡板阀设计准则可得，喷嘴孔断面壁厚

$$l_N < 2x_{f0} = 60\mu m$$

本设计取 $60\mu m$，喷嘴前端斜角取 45°。

若取喷嘴与固定节流孔的液导比 $a = 1$，$\frac{C_{df}}{C_{d0}} = 0.8$，由式（3-123）可得固定节流孔孔径

$$D_0 = \sqrt{0.2}D_N \approx 0.21\text{mm}$$

固定节流孔长度

$$l_0 \leqslant 3D_0 = 0.63\text{mm}$$

为了产生背压，在回油溢流腔与回油口之间设置节流孔。由式（3-118）可得回油节流孔孔径为

$$D_r = \sqrt{\frac{4q_c}{C_{dr}\pi\sqrt{2p_r/\rho}}} = 0.4\text{mm}$$

通过上述设计计算，决定伺服阀性能的结构参数基本上都定出来了，这时可以基于这些结构参数和前面所述的伺服阀数学模型，对整个伺服阀的动、静态性能进行仿真计算，检查是否能满足设计要求。如果不满足，还需要对个别参数作适当修改。如动态响应不够，可以适当增加喷嘴节流孔和固定节流孔孔径，适当减小力矩马达固有频率，直到满意为止。

还有一点应当指出的是，为使伺服阀的加速度零漂在合格范围内，结构设计时，应使衔铁组件的质量重心和衔铁组件的旋转中心尽量重合。衔铁组件的旋转中心在弹簧管支撑薄壁部分轴心线的中点处。

控制线圈安匝数代表控制力矩马达能量。考虑到标准化、通用化，不同流量规格和不同额定电流的力矩马达应按等功率原理进行设计，即尽管它们的额定电流不一样，然而安匝数的额定值应尽量一样，额定电流较小的力矩马达应选用线径较小的漆包线，绕较多的匝数；额定电流较大的力矩马达应选用线径较大的漆包线，绕较少的匝数。

5.2.6 性能仿真分析

由式（5-87）可得，双喷嘴挡板力反馈两级电液伺服阀的无因次压力、无因次流量和无因次电流三者之间的关系为

$$\frac{q_L}{q_n}=\frac{i}{I_m}\sqrt{\left(1-\frac{p_L}{p_s}\right)} \tag{5-88}$$

取无因次控制电流分别为25%、50%、75%、100%，可得压力-流量的无因次静态特性曲线，如图5-11所示。

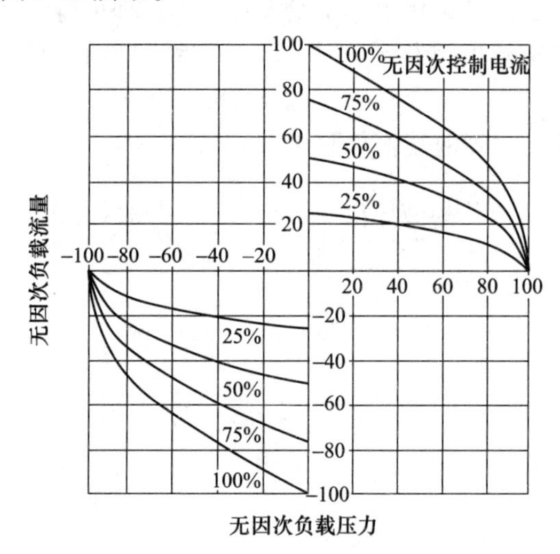

图5-11 压力-流量的无因次静态特性曲线

由图5-10可得双喷嘴挡板力反馈两级电液伺服阀的Simulink仿真模型，如图5-12所示。代入5.2.5节设计的结构参数仿真，可得额定电流10mA输入下的阶跃响应曲线，如图5-13所示，频率响应曲线如图5-14所示。

由图5-13可知，额定电流（10mA）输入下，滑阀阀芯位移为0.5mm，调节时间为4.8ms左右，峰值时间为2.8ms左右。由图5-14可知，所设计伺服阀幅频宽为252Hz，相频宽为230Hz，满足设计要求。

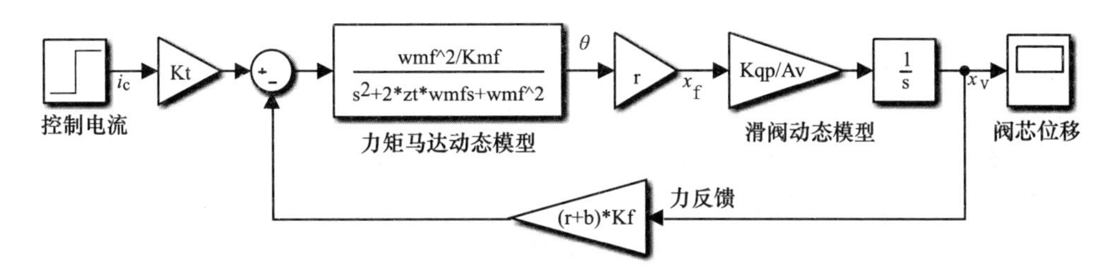

图 5-12　双喷嘴挡板力反馈两级电液伺服阀的 Simulink 仿真模型

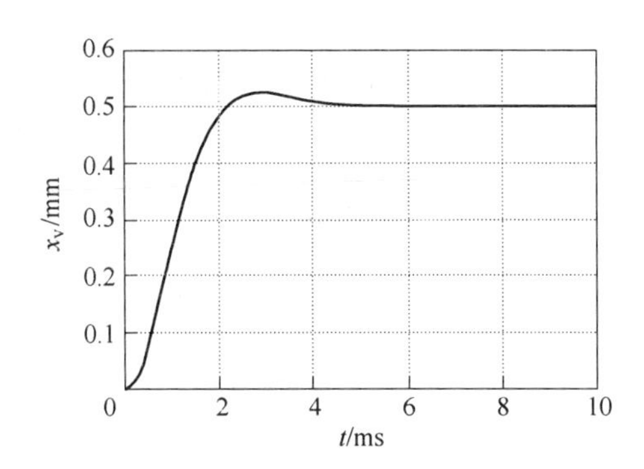

图 5-13　额定电流 10mA 输入下的阶跃响应曲线

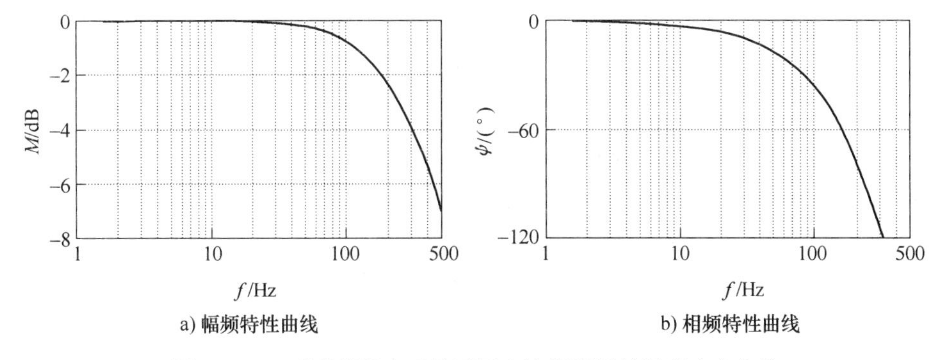

图 5-14　双喷嘴挡板力反馈两级电液伺服阀的频率响应曲线

5.3　双喷嘴挡板电反馈两级电液伺服阀

5.3.1　数学模型

如 5.1.2 节所述，双喷嘴挡板电反馈两级电液伺服阀分无力反馈和带力反馈两种，其构成分别如图 5-15 和图 5-16 所示。由图 5-15 和图 5-16 可知，无力反馈的双喷嘴挡板电反馈两级电液伺服阀的滑阀阀芯位移是通过位移传感器反馈到伺服阀输入端，通过对输入端比较来实现阀芯位移的控制。带力反馈的双喷嘴挡板电反馈两级电液伺服阀是在双喷嘴挡板力反馈两级电液伺服阀的基础上，增加滑阀阀芯位移的电反馈闭环控制实现的，因此与无力反馈的相比，其力矩马达仍然受滑阀位移的力反馈影响。

由图 5-15 和图 5-16 可知，双喷嘴挡板电反馈两级电液伺服阀的滑阀阀芯位移通过位移传感器（通常为 LVDT）将阀芯位移信号与输入指令相比较，产生的误差信号经过 PID 调节器校正后，传递给伺服放大器转换成电流驱动双喷嘴挡板阀产生对应压差，驱动滑阀阀芯准确、快速地达到指定值，最后得到与输入指令信号成比例的控制流量。

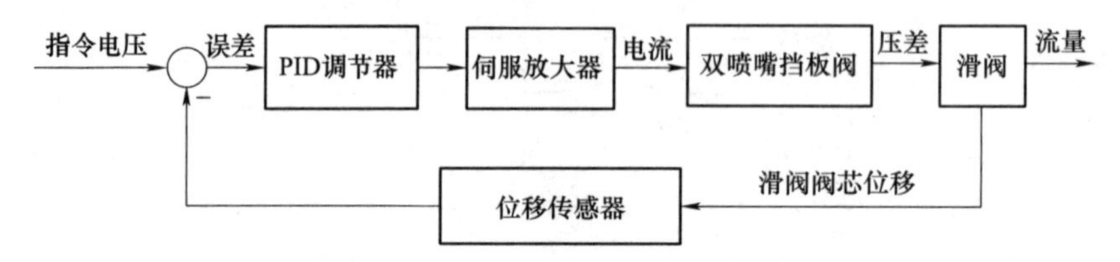

图 5-15　双喷嘴挡板电反馈两级电液伺服阀（无力反馈）的构成

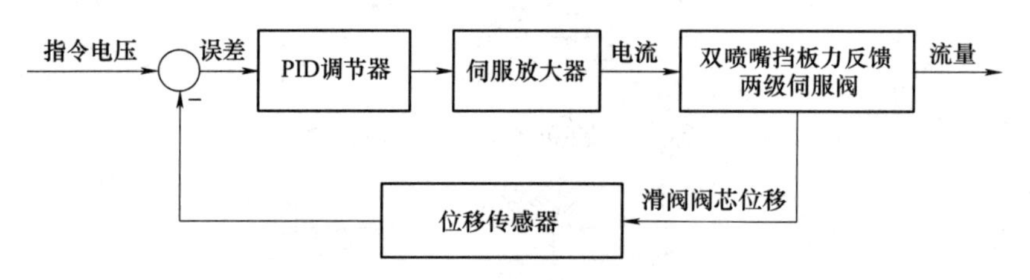

图 5-16　双喷嘴挡板电反馈两级电液伺服阀（带力反馈）的构成

由于无力反馈的电反馈伺服阀可由带力反馈的模型直接得出，因此本书先建立带力反馈的双喷嘴挡板电反馈两级电液伺服阀模型。电反馈伺服阀 PID 调节器可以 P 调节器或 PI 调节器并结合图 5-16 和前面所述力反馈伺服阀模型，可得到双喷嘴挡板电反馈两级电液伺服阀（带力反馈）的方框图，如图 5-17 所示。

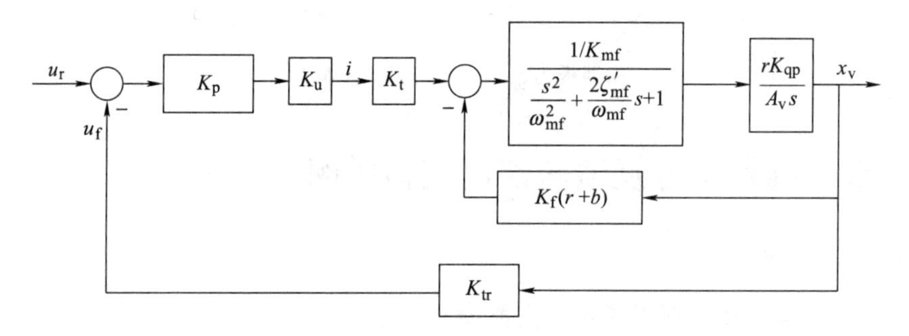

图 5-17　双喷嘴挡板电反馈两级电液伺服阀（带力反馈）方框图

由图 5-17 可知，从电流到阀芯输出位移为双喷嘴挡板力反馈两级电液伺服阀

的传递函数，因此结合式（5-64）可得图 5-17 所示的传递函数

$$\frac{X_{\mathrm{v}}}{U_{\mathrm{r}}}=\frac{\dfrac{K_{\mathrm{t}}K_{\mathrm{u}}K_{\mathrm{p}}}{(r+b)K_{\mathrm{f}}}}{\dfrac{s^{3}}{K_{\mathrm{vf}}\omega_{\mathrm{mf}}^{2}}+\dfrac{2\zeta'_{\mathrm{mf}}}{K_{\mathrm{vf}}\omega_{\mathrm{mf}}}s^{2}+\dfrac{s}{K_{\mathrm{vf}}}+1+\dfrac{K_{\mathrm{t}}K_{\mathrm{u}}K_{\mathrm{p}}K_{\mathrm{tr}}}{(r+b)K_{\mathrm{f}}}} \tag{5-89}$$

应用劳斯判据可知，此系统稳定性的条件为

$$\frac{1}{K_{\mathrm{vf}}\omega_{\mathrm{mf}}^{2}}\left[1+\frac{K_{\mathrm{t}}K_{\mathrm{u}}K_{\mathrm{p}}K_{\mathrm{tr}}}{(r+b)K_{\mathrm{f}}}\right]<\frac{2\zeta'_{\mathrm{mf}}}{K_{\mathrm{vf}}\omega_{\mathrm{mf}}}\frac{1}{K_{\mathrm{vf}}}$$

化简可得

$$K_{\mathrm{vf}}\left[1+\frac{K_{\mathrm{t}}K_{\mathrm{u}}K_{\mathrm{p}}K_{\mathrm{tr}}}{(r+b)K_{\mathrm{f}}}\right]<2\zeta'_{\mathrm{mf}}\omega_{\mathrm{mf}} \tag{5-90}$$

对图 5-17 进行变换，将力反馈比较点移至输入端比较点后可得图 5-18 所示等效方框图。

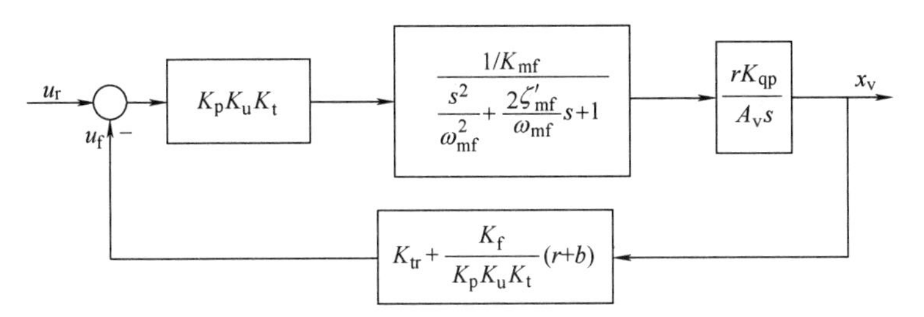

图 5-18　双喷嘴挡板电反馈两级电液伺服阀（带力反馈）等效方框图

图 5-18 的开环传递函数为

$$G(s)H(s)=\frac{rK_{\mathrm{qp}}K_{\mathrm{t}}K_{\mathrm{u}}K_{\mathrm{p}}}{A_{\mathrm{v}}K_{\mathrm{mf}}}\left[K_{\mathrm{tr}}+\frac{K_{\mathrm{f}}(r+b)}{K_{\mathrm{t}}K_{\mathrm{u}}K_{\mathrm{p}}}\right]\frac{1}{s\left(\dfrac{s^{2}}{\omega_{\mathrm{mf}}^{2}}+\dfrac{2\zeta'_{\mathrm{mf}}}{\omega_{\mathrm{mf}}}s+1\right)}=\frac{K_{\mathrm{dvf}}}{s\left(\dfrac{s^{2}}{\omega_{\mathrm{mf}}^{2}}+\dfrac{2\zeta'_{\mathrm{mf}}}{\omega_{\mathrm{mf}}}s+1\right)} \tag{5-91}$$

式中，K_{dvf}为回路的开环增益，取值为

$$K_{\mathrm{dvf}}=\frac{rK_{\mathrm{qp}}}{A_{\mathrm{v}}K_{\mathrm{mf}}}\left[K_{\mathrm{tr}}K_{\mathrm{t}}K_{\mathrm{u}}K_{\mathrm{p}}+K_{\mathrm{f}}(r+b)\right]=K_{\mathrm{vf}}\left[1+\frac{K_{\mathrm{t}}K_{\mathrm{u}}K_{\mathrm{p}}K_{\mathrm{tr}}}{(r+b)K_{\mathrm{f}}}\right] \tag{5-92}$$

由此式可知，电反馈伺服阀开环增益 K_{dvf}大于内部力反馈伺服阀开环增益 K_{vf}。

由式（5-91）可知，图 5-18 所描述的电反馈伺服阀也为Ⅰ型系统，回路穿越频率近似等于其开环增益。

由图 5-18 可得，带力反馈的双喷嘴挡板电反馈两级电液伺服阀的闭环传递函

数为

$$\frac{X_v}{U_r}=\frac{\dfrac{K_tK_uK_p}{K_{tr}K_tK_uK_p+K_f(r+b)}}{\dfrac{s}{K_{dvf}}\left(\dfrac{s^2}{\omega_{mf}^2}+\dfrac{2\zeta'_{mf}}{\omega_{mf}}s+1\right)+1} \tag{5-93}$$

应用劳斯判据可知，此系统稳定性的条件为

$$K_{dvf}<2\zeta'_{mf}\omega_{mf} \tag{5-94}$$

在设计时取

$$K_{dvf}<0.25\omega_{mf} \tag{5-95}$$

由式（5-93）可得，输入指令 u_r 和阀芯位移 x_v 的静态关系满足

$$x_v=\frac{K_tK_uK_p}{K_{tr}K_tK_uK_p+K_f(r+b)}u_r \tag{5-96}$$

由式（5-92）和式（5-93）可知，增加力矩马达固有频率 ω_{mf}、增大比例增益 K_p、增大喷嘴直径 D_N、减小滑阀直径 d 都可以提高阀的频宽，但 ω_{mf} 与液压源的油液脉动频率接近时，容易引起伺服阀啸叫。

由于无力反馈的伺服阀可认为是反馈杆刚度为零的带力反馈的伺服阀，因此将 $K_f=0$ 代入式（5-93）可得，无力反馈的双喷嘴挡板电反馈两级电液伺服阀的传动函数为

$$\frac{X_v}{U_r}=\frac{1}{K_{tr}}\frac{1}{\dfrac{s}{K_{dvf}}\left(\dfrac{s^2}{\omega_{mf}^2}+\dfrac{2\zeta'_{mf}}{\omega_{mf}}s+1\right)+1} \tag{5-97}$$

其开环增益为

$$K_{dvf}=\frac{rK_{qp}K_{tr}K_tK_uK_p}{A_vK_{an}} \tag{5-98}$$

图 5-17 中，比例增益 K_p 值应根据具体的力反馈阀参数进行适当调节，一般取值在 1.5~6.5 之间。如果在实际应用中存在稳态误差，也可以采用 PI 控制器。PI 控制器的积分时间一般取 1ms 左右，选的太小，阀系统不稳定，选的太大，阀芯位移的调节时间将变长。

5.3.2 设计与计算

给定设计要求如下。

额定供油压力 $p_s=21\text{MPa}$；额定流量（最大空载流）$q_{0m}=15\text{L/min}$。

额定输入 $u_r=10\text{V}$；第一级泄漏流量 $q_c\leqslant 15\text{L/min}$，伺服阀频宽 $\omega_b\geqslant 225\text{Hz}$。

双喷嘴挡板电反馈两级电液伺服阀设计参数包括：滑阀（阀芯行程、阀芯直径、阀杆直径、开口形式）、双喷嘴挡板阀（喷嘴孔径、固定节流孔直径、可变节流口直径）、力矩马达（反馈杆刚度、力矩系数、极化磁通、磁弹簧刚度、弹簧管

刚度）、传感器增益、控制器参数等。

初步设计时可以按双喷嘴挡板力反馈两级电液伺服阀进行设计，由于输出性能指标与前面所设计力反馈伺服阀性能指标一样，因此滑阀和双喷嘴挡板阀参数可按力反馈伺服阀设计，取阀芯直径 $d=5\text{mm}$，阀芯行程 $x_{vm}=0.5\text{mm}$，滑阀面积梯度 $W=5.14\text{mm}$，双喷嘴挡板阀喷嘴孔径 $D_N=0.48\text{mm}$，固定节流孔直径 $D_0=0.21\text{mm}$，喷嘴挡板零位间隙 $x_{f0}=30\mu\text{m}$。

下面设计计算主要用来确力矩马达、控制器、传感器等结构参数上。

1. 力矩马达设计计算

（1）根据电液伺服阀的频宽要求确定力矩马达的固有频率　根据伺服阀的频宽要求，由式（5-82）可求出开环增益

$$K_{dvf}=0.707\omega_b=0.707\times2\pi\times225\text{rad/s}=999.5\text{rad/s}$$

由式（5-61）可确定力矩马达的固有频率

$$\omega_{mf}\geqslant4K_{dvf}=4999.5\text{rad/s}=3998\text{rad/s}$$

为留有一定裕度，这里取最小值的1.2倍，因此 $\omega_{mf}=4800\text{rad/s}$。

电反馈电液伺服阀开环增益 K_{dvf} 大于力反馈电液伺服阀开环增益 K_{vf}，这里取

$$K_{vf}=0.5K_{dvf}=500\text{rad/s}$$

（2）计算反馈杆刚度　参考已有电液伺服阀结构参数，选取表5-1中结构参数。由式（5-18）得力矩马达综合刚度

$$K_{mf}=J_a\omega_{mf}^2\approx4.1\text{N}\cdot\text{m/rad}$$

由式（5-58）可求出反馈杆刚度

$$K_f=\frac{A_vK_{vf}K_{mf}}{r(r+b)K_{qp}}\approx1455.2\text{N/m}$$

由式（5-86）可得力矩马达的力矩系数

$$K_t=\frac{(r+b)K_fx_{vm}}{\Delta I_m}\approx1.62\text{N}\cdot\text{m/A}$$

根据力矩系数 K_t，就可以选择和计算极化磁通、极化磁通密度、控制磁通和控制磁通密度。

衔铁在中位时气隙磁阻为

$$R_g=\frac{g}{\mu_0A_g}=\frac{0.25\times10^{-3}}{4\pi\times10^{-7}\times8.1\times10^{-6}}\text{H}^{-1}=2.5\times10^{-7}\text{H}^{-1}$$

则控制磁通额定值为

$$\Phi_c=\frac{N_c\Delta I_m}{2R_g}=7.72\times10^{-7}\text{Wb}$$

则控制磁通密度的额定值

$$B_c=\frac{\Phi_c}{A_g}=0.0953\text{T}$$

上式表明，在气隙磁阻一定时，控制磁通仅与控制线圈安匝数有关。

若考虑漏磁及磁路磁阻的影响且取修正系数为 1.34，由式（2-40）可求得极化磁通

$$\Phi_g = \frac{K_t g}{2a_m N_c \times 1.34} = \frac{1.62 \times 0.25}{2 \times 14.5 \times 3800 \times 1.34}\text{Wb} = 2.7426 \times 10^{-6}\text{Wb} > 3\Phi_c$$
$$= 2.32 \times 10^{-6}\text{Wb}$$

满足设计要求。

极化磁通密度

$$B_g = \frac{\Phi_g}{A_g} = \frac{2.7426 \times 10^{-6}}{8.1 \times 10^{-6}}\text{T} \approx 0.3386\text{T}$$

由式（2-41）可求出磁弹簧刚度

$$K_m = 4\left(\frac{a_m}{g}\right)^2 R_g \Phi_g^2 \approx 2.7771\text{N} \cdot \text{m/rad}$$

由式（5-15）和式（5-16）可求出弹簧管刚度

$$K_a = K_{mf} - (r+b)^2 K_f + K_m + 8\pi C_{df}^2 (p_s - p_r) x_{f0} r^2 \approx 6.6174\text{N} \cdot \text{m/rad}$$

基于弹簧管刚度可以设计弹簧管的结构尺寸。

2. 传感器增益及控制器参数取值

由式（5-96）可知，额定输入指令和阀芯行程满足

$$K_{tr} = \frac{u_{rm}}{x_{vm}} - \frac{K_f}{K_t K_u K_p}(r+b)$$

由于前面假设 $K_{vf}=0.5K_{dvf}$，因此由式（5-92）可得

$$\frac{K_t K_u K_p K_{tr}}{(r+b)K_f} = 1$$

因此联立上述两式可得

$$K_{tr} = \frac{u_{rm}}{2x_{vm}} = \frac{10}{2 \times 0.5 \times 10^{-3}}\text{V/m} = 10\text{V/mm}$$

进一步可得

$$K_u K_p = \frac{(r+b)K_f}{K_t K_{tr}} = \frac{(8.9 + 13.3) \times 10^{-3} \times 1455.2}{1.62 \times 10000}\text{A/V} = 0.002\text{A/V}$$

取放大器增益 $K_u = 1\text{mA/V}$，则控制器的比例系数 K_p 取值为 2。为提高响应速度，比例系数 K_p 可以适当增加，但传感器增益也需要相应增加。如果采用 PI 控制器时，传感器增益取额定输入和输出的比值，仅需调整控制器参数即可。

5.3.3 仿真分析

由图 5-17 可建立双喷嘴挡板电反馈两级电液伺服阀的 Simulink 仿真模型，如图 5-19 所示。

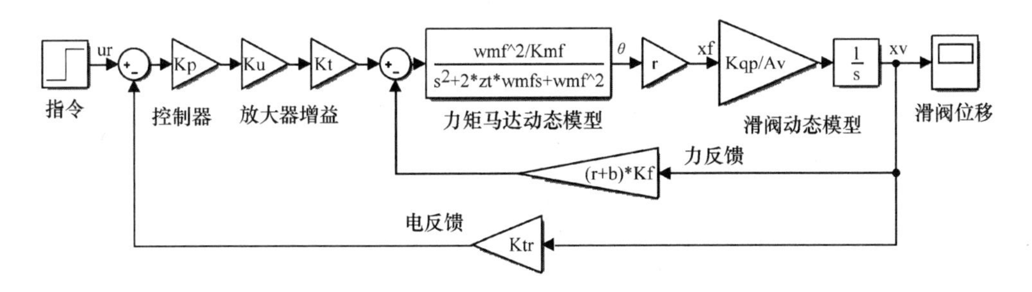

图 5-19　双喷嘴挡板电反馈两级电液伺服阀的 Simulink 仿真模型

代入上述设计参数，分别取比例系数 K_p 为 2 和 3（对应传感器增益取 13. 5V/mm）仿真可得额定输入（10V）下的双喷嘴挡板电反馈两级电液伺服阀的阶跃响应曲线，如图 5-20 所示。

由图 5-20a 可知，$K_p=2$ 时，额定输入下，滑阀稳态位移为 0. 5mm，峰值时间约为 2. 3ms 左右，调节时间约为 3. 84ms。$K_p=3$ 时，额定输入下，滑阀稳态位移为 0. 5mm，峰值时间约为 1. 75ms 左右，调节时间约为 4. 2ms。将图 5-19 中的控制器换成 PI 控制器，比例系数仍取 3，积分时间常数取 1ms，其余参数不变，仿真可得 PI 控制器作用下，双喷嘴挡板电反馈两级电液伺服阀的阶跃响应曲线，如图 5-20b 所示。在 10V 输入信号（额定输入）下，滑阀稳态位移为 0. 5mm，峰值时间约为 1. 5ms 左右，调节时间约为 4. 8ms。两者对比可知，PI 控制器的峰值时间缩短，但调节时间变长。

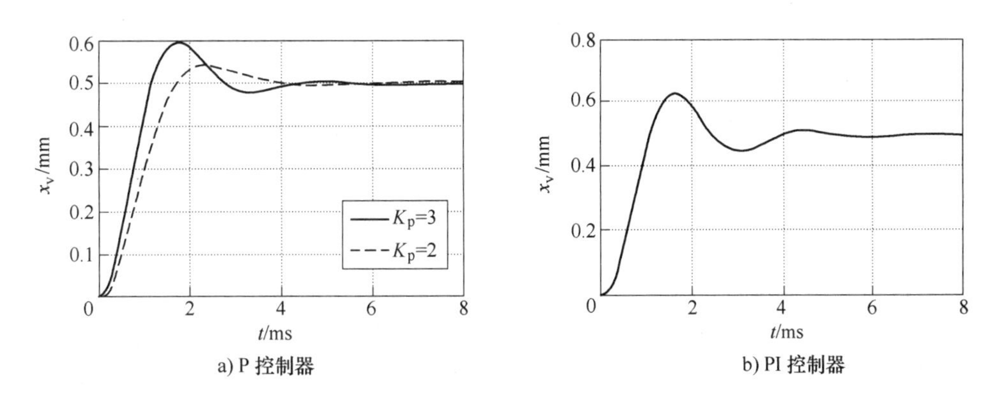

图 5-20　双喷嘴挡板电反馈两级电液伺服阀的阶跃响应曲线

P 控制器和 PI 控制器作用下的双喷嘴挡板电反馈两级电液伺服阀的频率响应曲线，如图 5-21 所示。P 控制器作用下的幅频宽为 447Hz，相频宽 315Hz。PI 控制器作用下幅频宽为 476Hz，相频宽 334Hz。两者对比可知，控制器增加积分环节后，频率响应稍有提高。

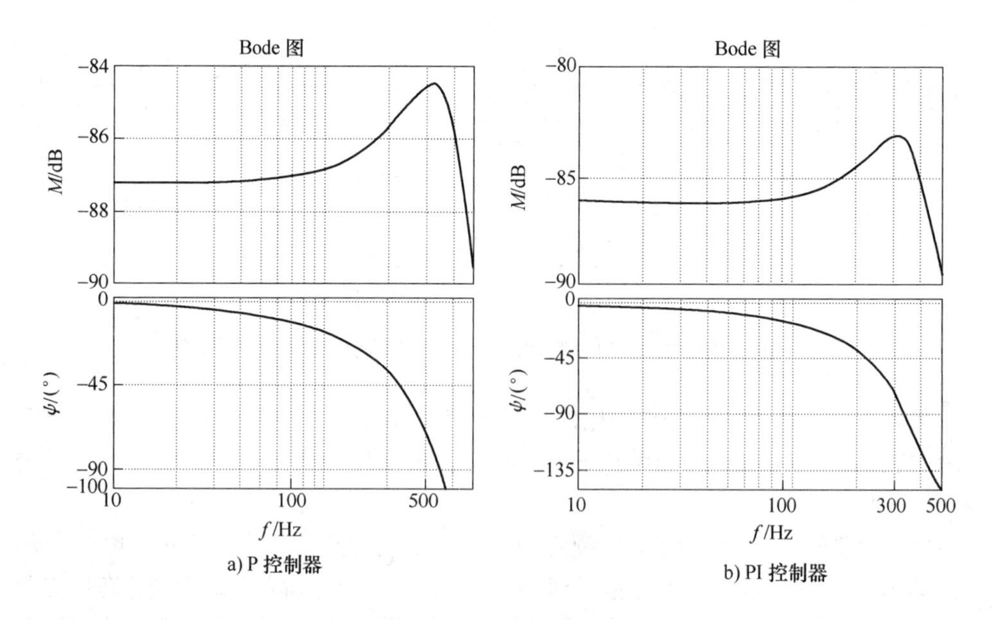

a) P 控制器

b) PI 控制器

图 5-21 双喷嘴挡板电反馈两级电液伺服阀的频率响应曲线

5.4 双喷嘴挡板两级电液伺服阀的 Simulink 物理模型

5.4.1 双喷嘴挡板力反馈两级电液伺服阀

结合双喷嘴挡板力反馈两级电液伺服阀的结构和工作原理，将力矩马达物理模型、双喷嘴挡板阀物理模型、滑阀物理模型相连可得其 Simulink 物理模型，如图 5-22 所示，其滑阀模型如图 5-23 所示。

仿真参数取 5.2.5 节设计参数，需要注意的是，图 5-22 中反馈杆刚度为直线刚度，其等于 $(r+b)/a_{\mathrm{m}}K_{\mathrm{f}}$，力矩马达内部刚度为 $K_{\mathrm{f}}/a_{\mathrm{m}}^2$，挡板阻尼取 8N/(m/s)。

取控制电流幅值为额定值（10mA），频率为 0.1Hz，仿真可得正弦驱动下，控制电流和负载流量随时间的变化曲线，如图 5-24 所示，电流和空载流量的特性曲线如图 5-25 所示。由这两幅图可知，10mA 对应额定流量为 15L/min。在额定电流下的阶跃响应曲线如图 5-26 所示，上升时间为 4ms，调节时间约为 7ms。由于物理模型频率响应不方便直接求取，可通过改变控制电流的频率来求其频率响应曲线，令控制电流幅值为 10mA，频率分别为 1Hz、5Hz、10Hz、50Hz、100Hz、150Hz、200Hz、300Hz（在频率下降到-3dB 左右时，增加试验点），可得负载流量的幅值，由负载流量幅值和频率的关系可绘成频率响应曲线，如图 5-27 所示。由图 5-27 可知，仿真的伺服阀幅频宽为 235Hz 左右。

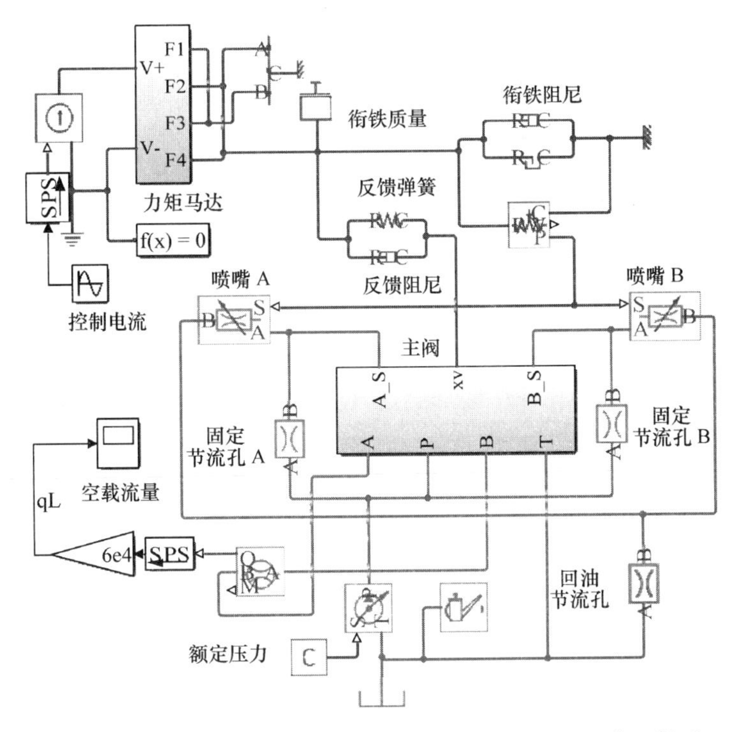

图 5-22　双喷嘴挡板力反馈两级电液伺服阀的 Simulink 物理模型

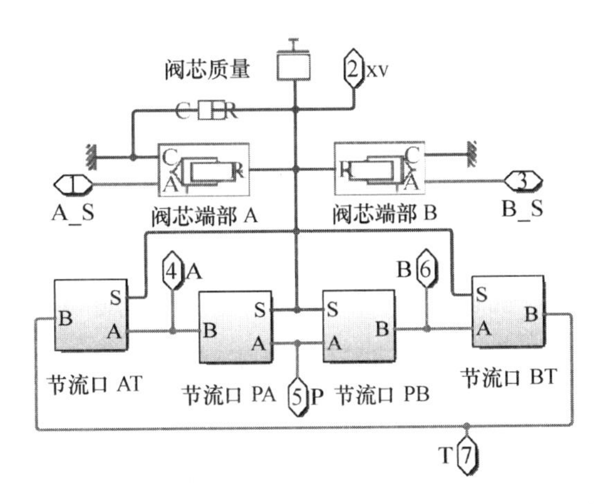

图 5-23　双喷嘴挡板力反馈两级电液伺服阀的滑阀 Simulink 物理模型

5.4.2　双喷嘴挡板电反馈两级电液伺服阀

由双喷嘴挡板电反馈两级电液伺服阀的结构和工作原理可知，电反馈伺服阀由力反馈伺服阀加滑阀阀芯位移电反馈闭环构成。因此将控制部分和双喷嘴挡板

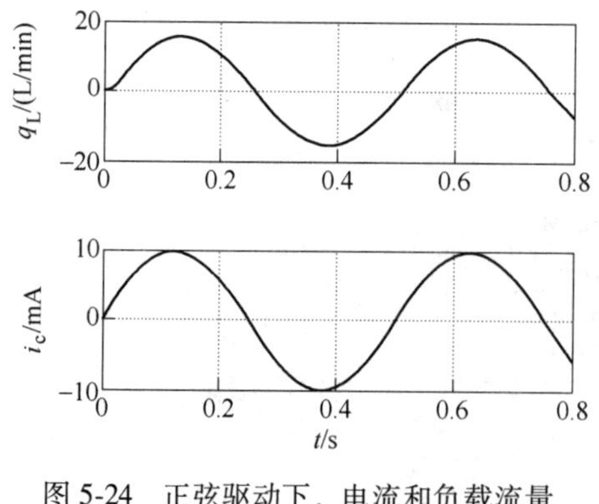

图 5-24 正弦驱动下，电流和负载流量随时间的变化曲线

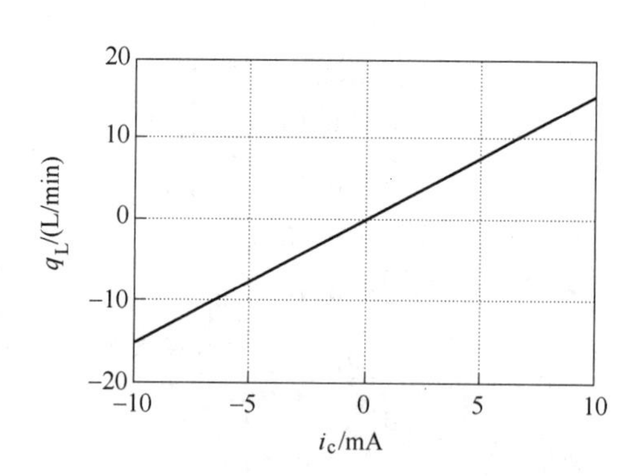

图 5-25 电流和空载流量的特性曲线

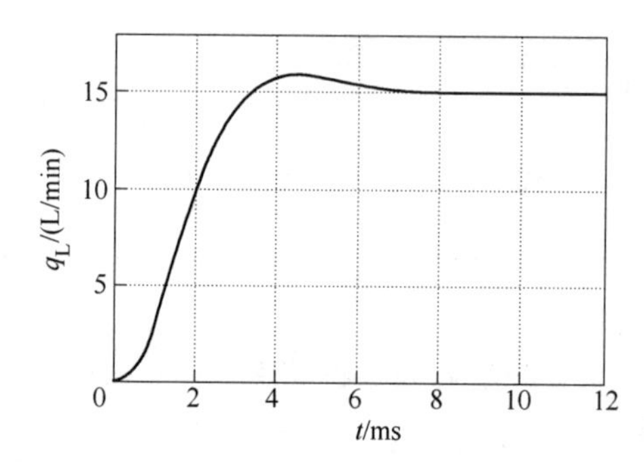

图 5-26 额定电流驱动下的阶跃响应曲线

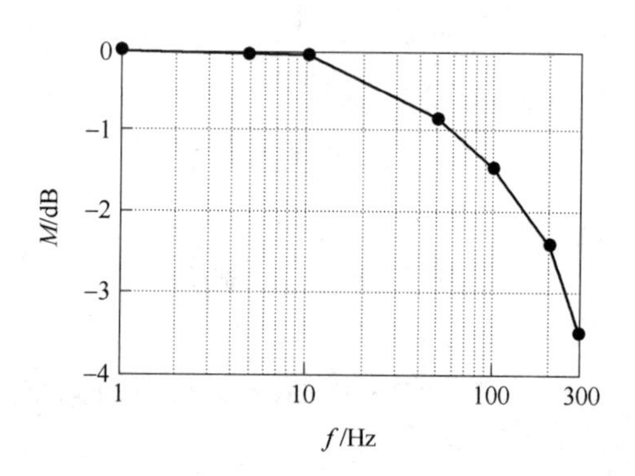

图 5-27 频率响应曲线

力反馈两级电液伺服阀物理模型相连可得其 Simulink 物理模型，如图 5-28 所示，其封装模型如图 5-29 所示。

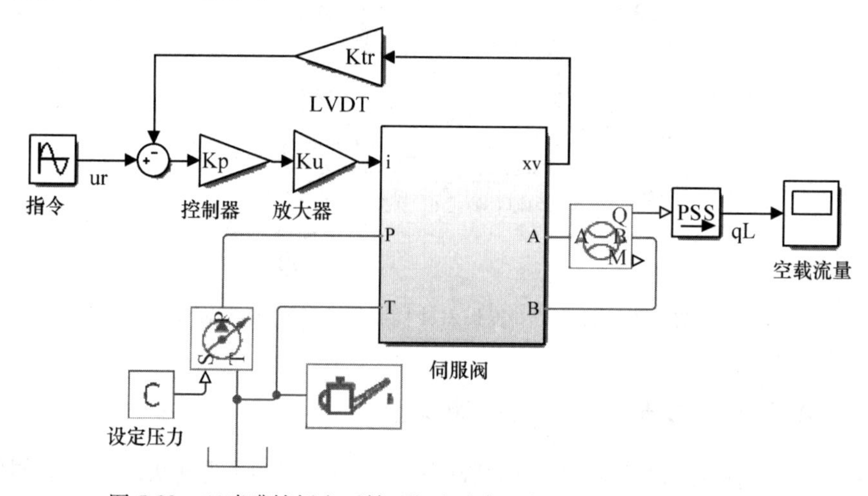

图 5-28 双喷嘴挡板电反馈两级电液伺服阀的 Simulink 物理模型

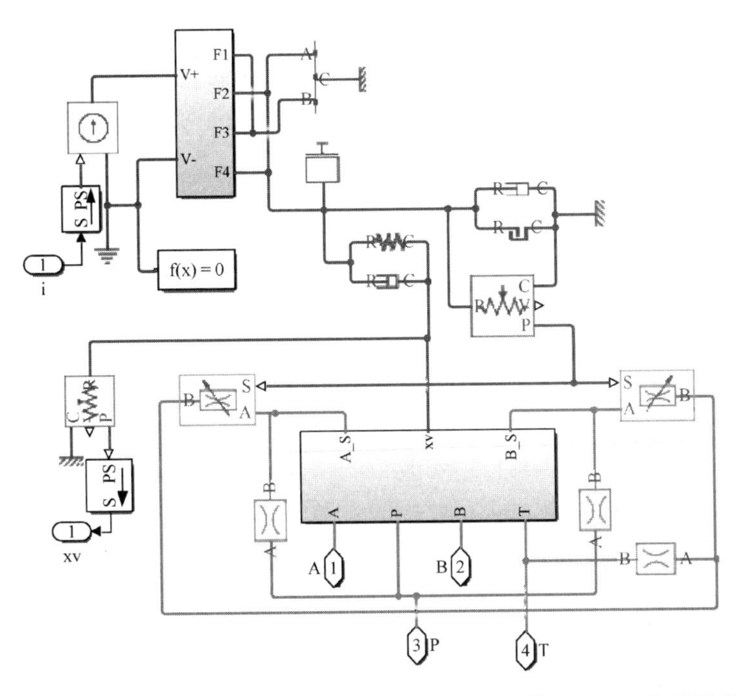

图 5-29　封装的双喷嘴挡板力反馈两级电液伺服阀的 Simulink 物理模型

仿真参数取 5. 2. 5 节设计参数，指令电压幅值取额定值为 10V，频率为 0. 1Hz，仿真可得正弦指令电压驱动下，指令电压和空载流量随时间变化曲线，如图 5-30 所示，指令电压和空载流量的关系曲线如图 5-31 所示，由这两幅图可知，10V 指令电压对应额定流量为 15L/min。在额定电压输入下的阶跃响应曲线如图 5-32 所示，超调时间为 2. 8ms，调节时间约为 3. 5ms。由于物理模型频率响应不方便直接求取，可通过改变指令电压的频率来求其频率响应曲线，令输入电压为额定值（10V），

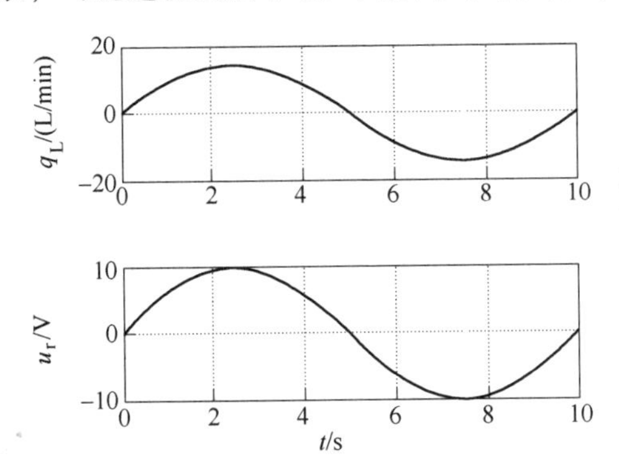

图 5-30　正弦指令电压驱动下，指令电压和空载流量随时间变化曲线

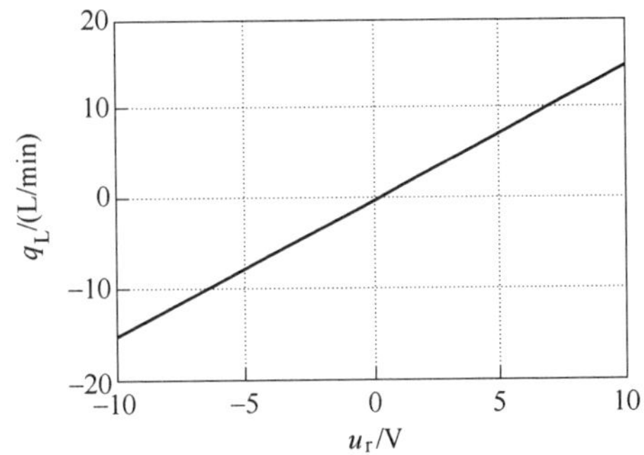

图 5-31　指令电压和空载流量特性的关系曲线

频率分别为 1Hz、5Hz、10Hz、50Hz、100Hz、150Hz、200Hz、250Hz、300Hz（在频率下降到-3dB 左右时，增加试验点），通过仿真可得空载流量的幅值。因此可得空载流量随驱动频率的变化关系，由此关系可绘成图 5-33 所示的频率响应曲线。由图 5-33 中的频率响应曲线可知，仿真的伺服阀幅频宽为 280Hz。

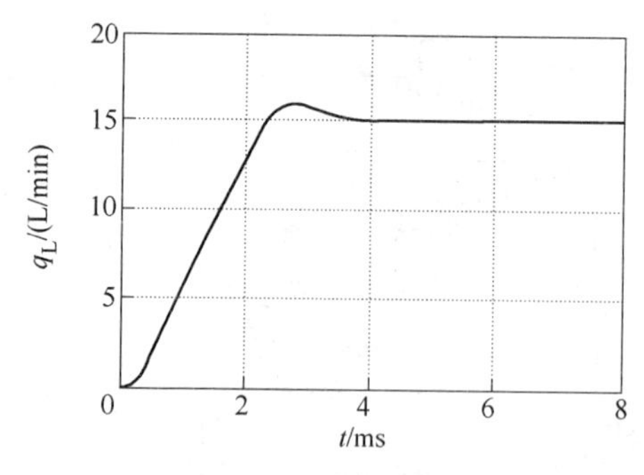

图 5-32　额定电压输入下的阶跃响应曲线

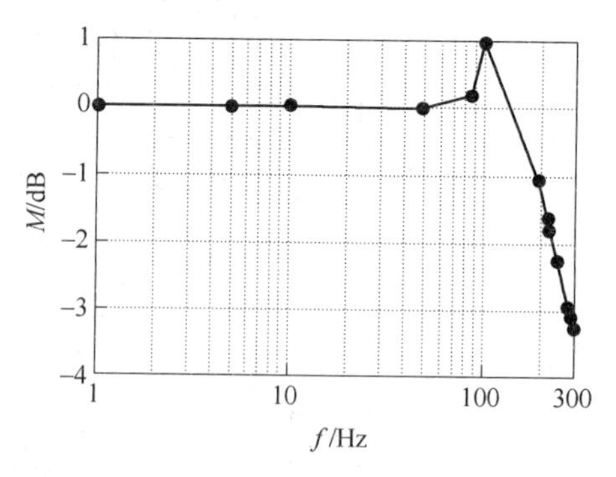

图 5-33　额定电压输入下的频率响应曲线

5.5　本章小结

本章主要介绍了双喷嘴挡板力反馈和电反馈两级电液伺服阀的结构、工作原理、数学模型、物理建模及基于两种建模方法的仿真分析。所得主要结论如下。

1）双喷嘴挡板力反馈两级电液伺服阀包含滑阀位移的力反馈回路和挡板上的压力反馈回路，在设计时，应保证压力反馈回路的影响可以忽律。另外为保证力反馈回路的稳定，力反馈回路的开环增益 $K_{vf} \leqslant 0.25\omega_{mf}$ 。在性能分析时，双喷嘴挡板力反馈两级电液伺服阀的动态性能主要受力矩马达的动态和力反馈回路的影响，控制线圈的动态、滑阀的动态和压力反馈回路的影响可以忽律。

2）双喷嘴挡板电反馈两级电液伺服阀的开环增益可以设计得比力反馈的开环增益高，因此静、动态性能电反馈电液伺服阀上优于力反馈电液伺服阀。相同结构参数下，与双喷嘴挡板力反馈两级电液伺服阀相比，双喷嘴挡板电反馈两级电液伺服阀精度更高、线性更好、响应更快。

第6章

射流型两级电液伺服阀

射流型两级电液伺服阀（包括射流管电液伺服阀和偏导射流电液伺服阀）的前置级为射流液压放大器，其最大优点是抗污染能力较强，对油液过滤精度要求不高。常见类型主要为射流管力反馈两级电液伺服阀、射流管电反馈两级电液伺服阀、偏导射流力反馈两级电液伺服阀。与双喷嘴挡板电液伺服阀相比，射流型电液伺服阀除抗污染能力强外，还具有失效对中、可靠性高、使用寿命长等优点[34-35]。

本章主要介绍射流管力反馈两级电液伺服阀、射流管电反馈两级电液伺服阀和偏导射流力反馈两级电液伺服阀，给出其数学模型的推导过程，并对其静、动态性能进行仿真，最后基于 Simulink 建立此三种射流型电液伺服阀的物理模型，给出其时域特性和频域特性。

6.1　射流型电液伺服阀的结构与工作原理

6.1.1　射流管力反馈两级电液伺服阀

射流管力反馈两级电液伺服阀的结构如图 6-1 所示，其由动铁式永磁力矩马达、射流管液压放大器、滑阀组件、反馈杆组件等四部分构成。其中射流管液压放大器为先导级，其由力矩马达控制，滑阀组件为主功率级，其阀芯运动由射流管液压放大器控制，反馈杆末端与阀芯相连，另一段与射流管连接。

当无控制电流输入时，力矩马达输出转矩为零，射流喷嘴处于左右两接受孔中间位置，两接受孔内的恢复压力相等，阀芯两端受力相等，在反馈弹簧的约束下阀芯处于中位，伺服阀无流量输出，如图 6-2a 所示。

如图 6-2b 所示，当有控制电流输入时，力矩马达输出力矩，衔铁带动射流管组件产生偏转，左、右接受孔接受流量不再相等，滑阀阀芯两端一腔压力升高，另一腔压力降低，形成压差。与此同时阀芯带动反馈杆端部移动，使反馈杆近一步产生变形。如图 6-2c 所示，当反馈杆、弹簧管、安全丝、油管及弹簧管产生的力矩与力矩马达的输出电磁力矩相平衡时，衔铁挡板组件便处于一个平衡位置。此时反馈杆对阀芯的作用力和阀芯两端压差产生的作用力也相对平衡，阀芯停留

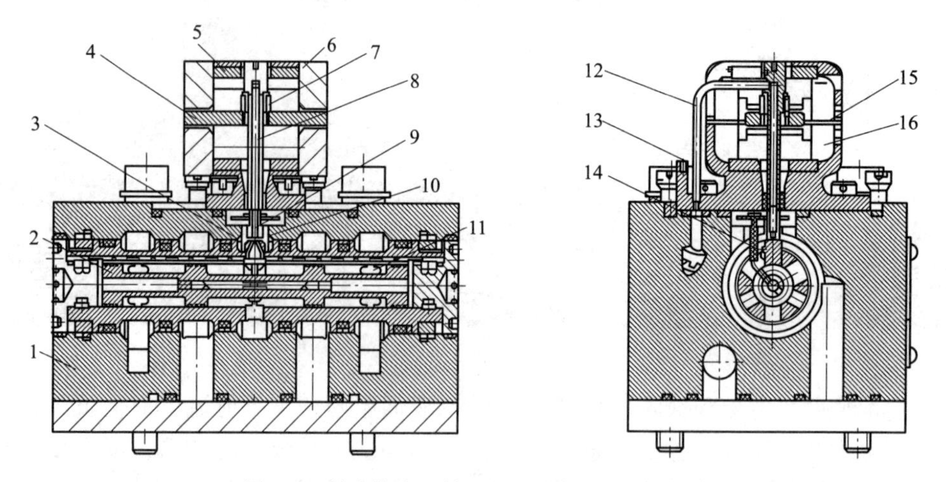

图 6-1 射流管力反馈两级电液伺服阀的结构

1—阀套 2—阀芯 3—接受孔 4—衔铁和线圈 5—弱导磁性材料 6—强导磁性材料 7—弹簧管 8—射流管 9—喷嘴 10—溢流腔 11—O 型密封圈 12—进油管 13—安全丝（扭丝） 14—反馈杆 15—弹簧板 16—永磁铁

在某一位置，此位置与控制电流大小成正比。由于供油压力及负载压力一定时，滑阀输出流量与阀芯位置成正比。因此，射流管力反馈两级电液伺服阀的输出流量与控制电流成正比[36-47]。

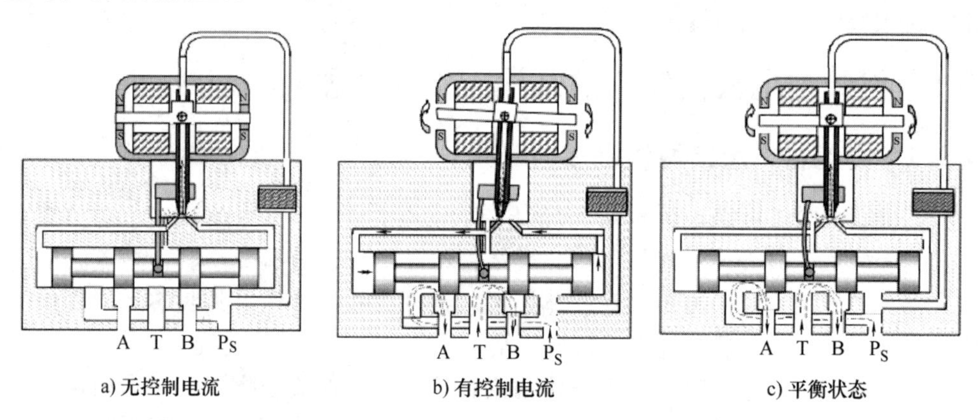

图 6-2 射流管力反馈两级电液伺服阀的工作原理

射流管力反馈两级电液伺服阀的国外典型产品有 Parker 公司的 Parker Abex 射流管伺服阀 Model 系列，其额定压力为 6.9MPa，控制流量为 3.8~265L/min。其中 Model 410（额定流量 18.9L/min 下，幅频宽接近 120Hz，相频宽接近 150Hz）和 Model 415（额定流量 38L/min 下，幅频宽接近 70Hz，相频宽接近 90Hz）的使用压力为 2.1~34.5MPa；Model 425（额定流量 38~95L/min，在 38L/min 流量下的幅频宽接近 19Hz，相频宽接近 60Hz）和 Model 450（额定流量 265L/min，在额定流量下的幅频宽接近45Hz，相频宽接近60Hz）的使用压力为2.1~20.7MPa。国内典型产品有上海衡拓液压控制技术有限公司的CSDY系列。CSDY系列为双线圈，额定压力为21MPa，使用压力为0.5~31.5MPa。CSDY1的额定流量为2~40L/min，幅频宽为70Hz，相频宽为90Hz；CSDY2额定流量为40~60L/min，幅频宽为50Hz，相频宽为80Hz；CSDY3的额定流量为60~120L/min，相频宽为50Hz；CSDY4的额定流量为120~200L/min，相频宽为25Hz。

6.1.2　射流管电反馈两级电液伺服阀

射流管电反馈两级电液伺服阀的典型结构如图6-3所示，其先导级为射流管阀、功率级为滑阀，滑阀位移通过LVDT位移传感器进行检测，然后通过电信号反馈到输入端，与输入指令作比较后，通过控制器，对力矩马达进行控制。由于采用电反馈，增益加大，可以得到比力反馈伺服阀更高的静、动态性能。

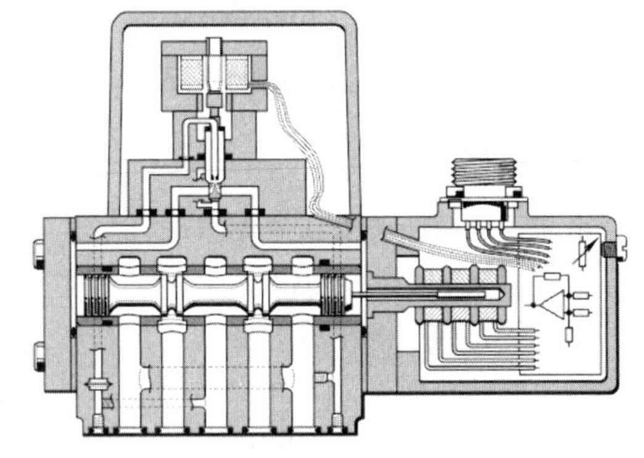

图6-3　射流管电反馈两级电液伺服阀的典型结构（D661）

射流管电反馈两级电液伺服阀的工作流程图如图6-4所示。当无指令信号输入时，位移传感器（LVDT）也无输出，两者偏差为零，调节放大器输出控制电流为零，线圈不通电。力矩马达输出电磁力矩为零，射流管液压放大器的射流管在弹簧杆的作用下不运动，处于左右两接受孔中间位置，与接受孔相连的滑阀两端压力相等，滑阀的阀芯不动，输出流量为零。当指令信号不为零时，指令信号将与位移传感器传递来的电信号作比较，得出的偏差信号通过调节放大器产生控制电流，致使线圈通电，产生控制磁场。在控制磁场和永磁铁产生的极化磁场作用下，通过衔铁两端中磁通不再相等，力矩马达产生电磁力矩驱动射流管运动，射流管液压放大器的左右接受孔接受到的射流动能不再相等，滑阀两端产生压差驱动阀芯运动。直至指令信号与反馈信号之间的偏差为零，射流管和阀芯才停止运动。因此滑阀位移与指令电信号极性相关，大小成比例。由于滑阀输出流量和其阀芯位移成比例，所以整个阀的输出流量受指令信号控制。

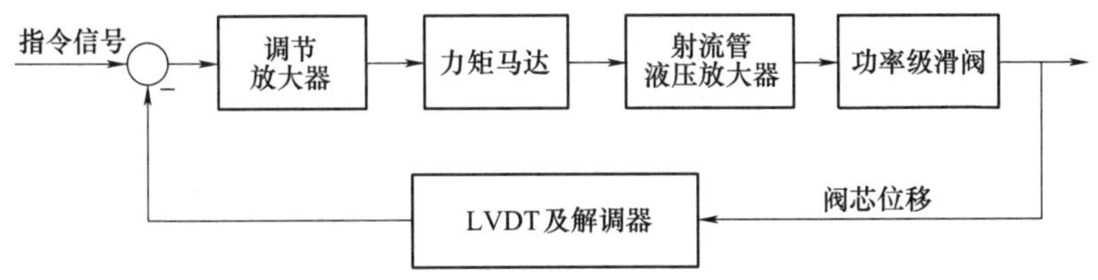

图6-4　射流管电反馈两级电液伺服阀的工作流程图

典型射流管电反馈两级伺服阀为 MOOG 公司的 D661 和 D662 系列，其结构如图 6-5 所示。

图 6-5　MOOG 公司的 D661 和 D662 系列射流管电反馈两级电液伺服阀的结构

由于采用射流管液压放大器作为先导级，大大改善了流量接受效率（90%以上先导级流量被利用），使得能耗降低，对于使用多台伺服阀的系统此优点尤其突出；射流管先导级液压放大器具有很高的无阻尼固有频率（500Hz），所以此阀的动态响应较高；射流管先导级液压放大器具有很高的压力恢复能力（输入额定信号时，压力恢复能力达 80%以上），因此可以产生较大的驱动力控制功率级阀芯运动，提高了阀芯位置精度。

D661 分为 D661-G. . . . A 系列、D661-G. . . . C 系列、D661-P 系列、D661K 系列，其中前两个系列为伺服阀，其滑阀带有阀套，后两个系列为伺服比例阀，滑阀无阀套。D661-G. . . . A 系列的最大工作压力为 35MPa，在阀压降为额定值 7MPa 时，额定流量有 20L/min、40L/min、80L/min、90L/min、120L/min、160L/min、200L/min 等几种规格。其中 20L/min 响应最快，在 21MPa 供油压力下，其分辨率<0. 1%，滞环<0. 4%，零漂<2%，额定阀芯位移（1. 3mm）下的阶跃响应时间为 8ms，在 25%阀芯位移输入下的幅频宽为 200Hz，相频宽为 150Hz。D661-G. . . . C 系列的规格和 D661-G. . . . A 相同，但相同流量下，响应时间更快，如同样是 20L/min 的 D661-G. . . . C，在 21MPa 供油压力下，额定阀芯位移（1. 3mm）下的阶跃响应时间为 6. 5ms[38]。

D661-P 系列的最大工作压力也为 35MPa，额定流量有 30L/min、60L/min、8L/min 三种（额定阀压降为 1MPa）。在 21MPa 工作压力下，其分辨率<0. 05%，滞环<0. 3%，零漂<1%，先导射流管阀额定流量为 1. 7L/min 的阀在额定阀芯位移（3mm）下的阶跃响应时间为 28ms，25%额定阀芯位移输入下的幅频宽为 45Hz，相频宽为 60Hz。先导射流管阀额定流量为 2. 6L/min 的阀在额定阀芯位移（3mm）下的阶跃响应时间为 18ms，在 25%阀芯位移输入下的幅频宽和相频宽约为 70Hz。

D662-D 系列（伺服比例阀）的最大工作压力为 35MPa，额定流量有 150L/min、250L/min、两种（额定阀压降为 1MPa），在 21MPa 工作压力下，其分辨率<

0.1%，滞环<0.5%，零漂<1%，先导射流管阀流量为 1.7L/min 的阀在额定阀芯位移（5mm）下的阶跃响应时间为 44ms，25%阀芯位移输入下的幅频宽为 25Hz，相频宽为 40Hz。先导射流管阀流量为 2.6L/min 的阀在额定阀芯位移（5mm）下的阶跃响应时间为 28ms，在 25%阀芯位移输入下的幅频宽大于 45Hz，相频宽为 50Hz。

6.1.3　偏导射流力反馈两级电液伺服阀

图 6-6 为偏导射流力反馈两级电液伺服阀的原理图，其主要由力矩马达组件、偏导射流放大器、滑阀组件等构成。其中偏导射流放大器由射流盘和偏导板组成，射流盘上开有一条射流槽道和两条对称的接受槽道。偏导板上开有 V 形导流槽。力矩马达为永磁型力矩马达，它由两个磁钢、衔铁组件、上下导磁体及两个线圈等组成。永久磁钢产生极化磁通，它平行地安装在上、下导磁体之间。

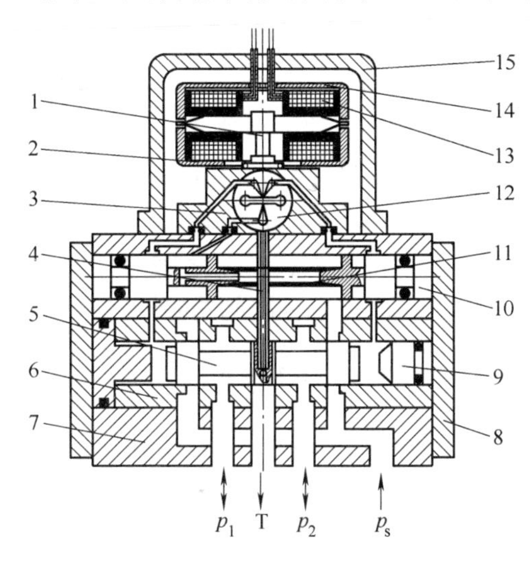

图 6-6　偏导射流力反馈两级电液伺服阀的原理图

1—衔铁组件　2—下导磁体　3—一级座　4—反馈杆　5—阀芯　6—阀套　7—壳体　8—端盖　9—限位块　10—堵塞　11—油滤　12—射流盘　13—线圈　14—上导磁体　15—上盖

衔铁组件由衔铁、挡板、偏转板、弹簧管和反馈杆用激光焊接和压配方法固接在一起，用两个螺钉紧固于一级座组件上。衔铁两端上、下导磁体中间气隙中。特殊设计的钢制弹簧管除起衔铁挡板的弹性支承作用外，还起阀的电磁部分和液压部分的密封作用。第一级液压放大器的偏导板从弹簧管中伸出，插在射流盘中间。液压油经过内部油滤、射流盘、偏导板流出，流出的液流分别作用于第二级阀芯的两端。伺服阀的第二级采用一个普通的四通滑阀。阀套上加工有方形节流窗口，对应于阀芯的工作台肩。反馈杆从挡板内伸出，插入阀芯中间位置的小孔中。当没有控制信号输入时，偏导板在射流盘中间位置时，射流盘上的两个接受孔均等地接收到的射流动能相同，在两个接收槽道内形成相等的压力，阀芯两端的压差为零，阀芯处于中位。当给力矩马达线圈输入控制电流时，由于控制磁通的相互作用，在衔铁上产生一个力矩。该力矩使衔铁组件绕弹簧管旋转中心旋转，从而使偏导板运动。它导致射流盘上一接受孔的接收面积增大，另一接受孔的接收面积减小，从而使一端接受槽道内的压力升高，另一端接受槽道内压力降低，形成的压差推动阀芯运动，此位移一直持续到由反馈杆弯曲产生的反馈力矩与控制电流产生的电磁力矩相平衡时为止，滑阀输出对应流量 q。由于力矩马达的力矩与输入控制电流基本成正比，反馈力矩与阀芯位移成正比。这样在诸力矩成平衡状态时，阀芯位移与输入控制电流成正比例，即在阀压降为恒值情况下，输出流量与输入控制电流之间成比例。

偏导射流力反馈两级电液伺服阀的典型产品有航空工业南京伺服控制系统有限公司的 FF-260、FF-261 系列和航天一院十八所的 SF 22 系列。FF-260 和 FF-261 系列的供油压力为 2~28MPa，额定压力为 21MPa，FF-260 系列的额定流量有 1L/min、2L/min、4L/min、6L/min、8L/min 等多种规格，分辨率≤1%，滞环≤3%，线性度≤7%，幅频宽（-3dB）和相频宽（-90°）约为 100Hz；FF-261 系列的额定流量有 2L/min、5L/min、10L/min、15L/min、20L/min、30L/min 等多种规格，分辨率≤1%，滞环≤4%，线性度≤7.5%，幅频宽（-3dB）和相频宽（-90°）均约 90Hz；SF 22 系列伺服阀流量范围较大，在额定供油压力 21MPa 下，流量范围为 5~330L/min，此系列中的 SFL222 电液伺服阀的幅频宽可达 100Hz。

6.2 射流管力反馈两级电液伺服阀

6.2.1 数学模型

由射流管力反馈两级电液伺服阀的工作原理可知，其数学模型由电磁线圈模型、力矩马达模型、射流管先导液压放大器模型和功率级滑阀模型等四部分构成。

射流管力反馈两级电液伺服阀的双线圈连接方式也是四种，这里采用双线圈并联的连接方式，在这种连接方式下分析得到的线圈电压平衡方程为

$$u_c = R_c i + N_c \frac{\mathrm{d}\Phi_a}{\mathrm{d}t} \tag{6-1}$$

式中，R_c为每个线圈的电阻；Φ_a 为通过衔铁的磁通；N_c 为线圈匝数。

将磁通方程式（2-33）代入上式，则电压平衡方程式（6-1）可改写为

$$u_c = \frac{1}{2}R_c i + 2\frac{aN_c\Phi_g}{g}\frac{\mathrm{d}\theta}{\mathrm{d}t} + \frac{N_c^2}{R_g}\frac{\mathrm{d}i}{\mathrm{d}t} = \frac{1}{2}R_c i + K_t\frac{\mathrm{d}\theta}{\mathrm{d}t} + \frac{N_c^2}{R_g}\frac{\mathrm{d}i_c}{\mathrm{d}t} \tag{6-2}$$

等式中第一项为线圈电阻上的压降，第二项是由于衔铁运动，在线圈内产生的反电动势；第三项是电流变化由线圈的自感和两线圈的互感产生的反电势。

系统满足零初始条件，将电压平衡方程式（6-2）变形并进行拉氏变换可得

$$i = \frac{u_c}{\frac{1}{2}R_c\left(1 + \frac{N_c^2}{\frac{1}{2}R_gR_c}\right)s} - \frac{K_ts}{\frac{1}{2}R_c\left(1 + \frac{N_c^2}{\frac{1}{2}R_gR_c}\right)s}\theta(s) \tag{6-3}$$

同双喷嘴挡板力反馈电液伺服阀，射流管力反馈电液伺服阀的力矩马达同样受液流力矩的影响，该力矩是由射流管的射流反力的水平分量和接受器反冲流对射流管的冲击力引起的，其是引起射流管力反馈伺服阀自振的重要原因之一。因做前置级的射流管转角较小，射流反力的水平分量可以忽略，而反冲流对射流管的冲击力在射流喷嘴与接受孔平面间距离较大时，也可以不予考虑[24]。

由图 6-1 和图 6-2 可知，射流管力反馈伺服阀的反馈杆头部与射流管相连，末端与阀芯相连。若设反馈杆沿射流管方向的长度为 b，则在阀芯和射流管双重作用下，反馈杆末端相对于头部的变形量约为 $b\theta + x_v$，因此结合式（5-11）可得，射流管力反馈伺服阀的衔铁-反馈杆组件的动力学方程为

$$T_d = J_a\frac{d^2\theta}{dt^2} + B_a\frac{d\theta}{dt} + K_a\theta + L_fK_f(b\theta + x_v) \tag{6-4}$$

式中，L_f为反馈杆对旋转中心的力臂。

将力矩马达输出力矩公式（2-44）带入式（6-4），并对等式进行拉式变换得到

$$K_tI = (J_as^2 + B_as + K_a - K_m + L_fbK_f)\theta + L_fK_fX_v \tag{6-5}$$

由式（6-4）可得衔铁转角

$$\theta = \frac{K_tI - L_fK_fX_v}{J_as^2 + B_as + K_a - K_m + L_fbK_f} = \frac{1}{K_{mf}}\frac{K_tI - L_fK_fX_v}{\frac{s^2}{\omega_{mf}^2} + \frac{2\zeta_{mf}}{\omega_{mf}}s + 1} \tag{6-6}$$

式中，ω_{mf} 为力矩马达固有频率；ζ_{mf} 为机械阻尼比（分别由式（5-18）和式（5-19）求解）；K_{mf}为力矩马达的综合刚度，取值为

$$K_{mf} = K_a - K_m + L_fbK_f \tag{6-7}$$

射流管液压放大器的压力-流量特性的线性关系可以写作

$$q_{Lj} = K_{qj}y - K_{cj}p_{Lj} \tag{6-8}$$

式中，流量增益 K_{qj}和压力-流量系数 K_{cj}可分别由式（3-191）和式（3-192）求出。

由式（5-36）的推导过程，可得滑阀位移和射流喷嘴位移的关系满足

$$X_v = \frac{K_{qj}Y}{A_vs\left(\frac{s^2}{\omega_{hp}^2} + \frac{2\zeta_{hp}}{\omega_{hp}}s + 1\right)} \tag{6-9}$$

同双喷嘴挡板力反馈两级电液伺服阀，力矩马达控制线圈固有频率和滑阀固有频率远大于力矩马达的动态性能，因此在分析射流管电液伺服阀时可以忽略力矩马达控制线圈动态和滑阀动态后，又由于电液伺服阀通常采用深度电流负反馈

的伺服放大器。因此，射流管力反馈两级电液伺服阀的方框图可简化为图6-7（图中力矩马达模型也可以采用标准型）。

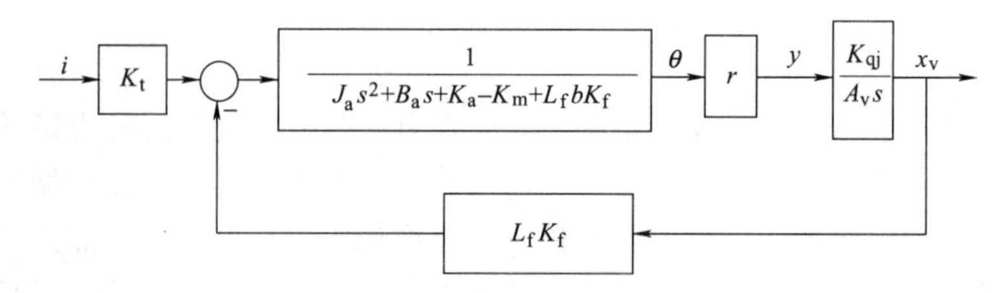

图6-7　射流管力反馈两级电液伺服阀的方框图

由图6-7可得，射流管力反馈两级电液伺服阀模型力反馈回路的开环传递函数为

$$G_k(s)=\frac{rL_fK_f}{s(J_as^2+B_as+K_a-K_m+L_fbK_f)}\frac{K_{qj}}{A_v}=\frac{K_{vf}}{s\left(\dfrac{s^2}{\omega_{mf}^2}+\dfrac{2\zeta_{mf}}{\omega_{mf}}s+1\right)} \tag{6-10}$$

式中，K_{vf}为力反馈回路的开环放大系数

$$K_{vf}=\frac{rL_fK_fK_{qj}}{A_v(K_a-K_m+L_fbK_f)} \tag{6-11}$$

此模型是Ⅰ型伺服回路，回路穿越频率$\omega_c\approx K_{vf}$。反馈回路的稳定条件是

$$K_{vf}<2\zeta_{mf}\omega_{mf} \tag{6-12}$$

若以空载流量为输出量，电流为输入量，由图6-7可得，射流管力反馈两级电液伺服阀模型的传递函数为

$$\frac{q_0}{I}=\frac{rK_tK_{qj}K_q}{A_vs(J_as^2+B_as+K_{mf})+rL_fK_fK_{qj}}=\frac{K_tK_qK_{qj}/(A_vK_{mf})}{s\left(\dfrac{s^2}{\omega_{mf}^2}+\dfrac{2\zeta_{mf}}{\omega_{mf}}s+1\right)+K_{vf}} \tag{6-13}$$

若以二阶传递函数近似表示射流管力反馈两级电液伺服阀模型时，其模型同式（5-66）。

6.2.2　设计与计算

对射流管力反馈两级电液伺服阀的主要结构参数进行设计计算，满足下述要求。

额定供油压力$p_s=21\text{MPa}$；额定流量（最大空载流量）$q_{0m}=80\text{L/min}$。

额定电流（最大差动电流）$\Delta I_m=40\text{mA}$；100%额定电流输入下，伺服阀频宽$\omega_b\geqslant 50\text{Hz}$。

1. 滑阀主要结构参数的确定

根据滑阀流量方程可求出阀的最大开口面积

$$Wx_{vm}=\frac{q_{0m}}{C_d\sqrt{\frac{p_s}{\rho}}}=\frac{80\times10^{-3}/60}{0.62\times\sqrt{21\times10^6/850}}\text{m}^2\approx13.68\times10^{-6}\text{m}^2=13.68\text{ mm}^2$$

由于空载流量较大，一般采用全周开口形式，取 $d_r=0.5d$，由式（3-65）可得，为避免流量饱和，需满足

$$0.047\pi d^2\geqslant Wx_{vm}=13.68\text{ mm}^2$$

因此可得，阀芯直径需满足 $d\geqslant9.63\text{mm}$。

由式（3-66）可知，对于全周开口滑阀满足

$$Wx_{vm}>67x_{vm}^2$$

将阀口的最大开口面积 Wx_{vm} 代入上式可得阀芯行程

$$x_{vm}<\sqrt{\frac{13.68}{67}}\text{mm}\approx0.452\text{mm}$$

除上述设计方法外，也可以参考同规格伺服阀的结构参数直接选取。这里采用表 3-1 中的参数进行计算，取阀芯直径 $d=7.9\text{mm}$，取阀芯行程 $x_{vm}=0.6\text{mm}$，此时面积梯度 $W=22.8\text{mm}$。为非全周开口滑阀。

由第 3 章滑阀设计准则可知，阀杆直径为 3.95mm，阀芯长度为 47.4mm，阻尼长度为 15.8mm，两端密封的凸肩宽为 5.53mm，中间凸肩宽度为 4mm。对比全周开口，可以得到较小的阀芯质量。

2. 前置液压放大器射流管阀的主要结构参数的确定

根据式（5-77）可计算出，在要求幅频宽下，当射流喷嘴孔与接受孔同心时射流管阀的控制流量需满足

$$q_{jm}>0.707\omega_bA_vx_{vm}=0.707\times50\times2\pi\times\frac{\pi}{4}d^2x_{vm}$$

$$\approx6.5323\times10^{-6}\text{m}^3/\text{s}\approx0.392\text{L/min}$$

依据射流管阀的设计准则，这里接受孔夹角取 45°，射流喷嘴到接收面距离的比值为 1.6，接受孔与射流喷嘴面积的比值为 2.6。

若设溢流孔对射流喷嘴腔内产生的压力为 1MPa，则由式（3-187）可得

$$q_L=\frac{k_{rj}}{\sqrt{C_{dj}{}^2+(2k_{rj}-1)^2C_d^2}}A_jK_{aj}C_dC_{dj}\sqrt{\frac{2(p_s-p_r)}{\rho}}$$

$$=142.3526A_j>6.5323\times10^{-6}\text{m}^3/\text{s}$$

其中，射流吸附作用产生的流量增加因子可由式（3-173）求出

$$K_{aj}=1+0.1003\lambda_j+0.023(\lambda_j)^2=1+0.1003\times1.6+0.023\times1.6^2=1.2194$$

解上述关于射流喷嘴面积的方程可得，射流喷嘴直径需满足

$$D_j>0.242\text{mm}$$

若将射流喷嘴直径圆整为 0.25mm，则可得接受孔直径

$$D_r \approx \sqrt{k_{rj}} D_j = 0.25 \times \sqrt{2.6}\text{mm} \approx 0.4\text{mm}$$

射流喷嘴到接收面积的距离

$$l_j \approx \lambda_j D_j = 1.6 \times 0.25\text{mm} \approx 0.4\text{mm}$$

由式（3-191）可得，作为前置级液压放大器的射流管阀流量增益为

$$K_{qj} = \frac{K_{aj} A_r C_d C_{dj}}{\sqrt{(A_r - A_0)^2 C_d^2 + A_0^2 C_{dj}^2}} \beta \sqrt{\frac{2}{\rho}(p_s - p_r)} = 0.0669(\text{m}^3/\text{s})/\text{m}$$

3. 力矩马达设计计算

在作为前置级液压放大器的射流管阀参数设计完毕后，就可以进行力矩马达设计。力矩马达设计计算的方法和步骤比较灵活，但最终都是要选择计算出各种刚度、力矩系数、极化磁通和控制磁通等，计算中相关其他结构参数可以参考现有同规格电液伺服阀。

（1）根据电液伺服阀的频宽要求确定力矩马达的固有频率　根据电液伺服阀的频宽要求，由式（5-82）可求出开环增益

$$K_{vf} = 0.707\omega_b = 0.707 \times 2\pi \times 50\text{rad/s} \approx 222\text{rad/s}$$

由式（5-61）可确定力矩马达的固有频率需满足

$$\omega_{mf} \geqslant 4K_{vf} = 4 \times 222\text{rad/s} = 888\text{rad/s}$$

由于射流管电液伺服阀力矩马达的固有频率较高，参考同类电液伺服阀取 $\omega_{mf} = 5000\text{rad/s}$ 。

（2）计算反馈杆刚度　参考已有电液伺服阀的结构参数，选取衔铁-射流管组件的转动惯量，见表6-1。由式（5-18）可得，力矩马达的综合刚度为

$$K_{mf} = J_a \omega_{mf}^2 = 5.5 \times 10^{-7} \times (5000)^2 \text{N} \cdot \text{m/rad} = 13.75\text{N} \cdot \text{m/rad}$$

由式（6-11）可求出反馈杆刚度

$$K_f = \frac{A_v K_{vf} K_{mf}}{r L_f K_{qj}} = \frac{0.25 \times \pi \times (7.9 \times 10^{-3})^2 \times 222 \times 13.75}{21.8 \times 10^{-3} \times 38 \times 10^{-3} \times 0.0669}\text{N/m} \approx 2700\text{N/m}$$

（3）计算力矩马达电磁结构参数　由式（5-86）可得力矩马达的力矩系数

$$K_t = \frac{L_f K_f x_{vm}}{\Delta I_m} = \frac{38 \times 10^{-3} \times 2700 \times 0.6 \times 10^{-3}}{40 \times 10^{-3}}\text{N} \cdot \text{m/A} \approx 1.54\text{N} \cdot \text{m/A}$$

根据力矩系数 K_t，就可以选择和计算极化磁通、极化磁通密度、控制磁通和控制磁通密度。

将表6-1中参数由式（2-21）可得，衔铁在中位时的气隙磁阻为

$$R_g = \frac{g}{\mu_0 A_g} = \frac{0.37 \times 10^{-3}}{4\pi \times 10^{-7} \times 45 \times 10^{-6}}\text{H}^{-1} \approx 6.54 \times 10^6 \text{H}^{-1}$$

则控制磁通额定值为

$$\Phi_c = \frac{N_c \Delta I_m}{2R_g} = 2.2324 \times 10^{-6}\text{Wb}$$

若考虑漏磁及磁路磁阻的影响且取修正系数为1.34，由式（2-40）可求得极化磁通

$$\Phi_g=\frac{K_t g}{2a_m N_c\times1.34}=\frac{1.54\times0.37}{2\times16.2\times730\times1.34}\mathrm{Wb}\approx1.8\times10^{-5}\mathrm{Wb}>3\Phi_c$$

因此满足设计要求。

由式（2-41）可求出磁弹簧刚度

$$K_m=4\left(\frac{a_m}{g}\right)^2R_g\Phi_g^2=4\times\left(\frac{16.2}{0.37}\right)^2\times6.54\times10^6\times(1.8\times10^{-5})^2\mathrm{N\cdot m/rad}$$
$$\approx16.248\mathrm{N\cdot m/rad}$$

由式（5-15）和式（5-16）可求出弹簧管刚度

$$K_a=K_{mf}-L_f bK_f+K_m=(13.5-38\times20\times2700\times10^{-6}+16.248)\mathrm{N\cdot m/rad}$$
$$=27.69\mathrm{N\cdot m/rad}$$

基于弹簧管刚度可以设计弹簧管的结构尺寸。

通过上述设计计算，可得射流管力反馈两级电液伺服阀的结构参数，见表6-1，这时可以基于这些结构参数和前面所述的电液伺服阀数学模型，对整个电液伺服阀的动、静态性能进行仿真计算，检查是否能满足设计要求。如果不满足，还需要对个别参数作适当修改。

表6-1 射流管力反馈两级电液伺服阀的结构参数

物理量名称及代号	参数	物理量名称及代号	参数
喷嘴到弹簧管回转中心的距离 r	21.8mm	接受孔直径 D_r	0.4mm
衔铁组件的综合刚度 K_a	27.53N·m/rad	射流喷嘴直径 D_j	0.25mm
反馈杆刚度 K_f	2683N/m	两接受孔夹角	45°
衔铁组件的转动惯量 J_a	5.5×10^{-7}kg·m^2	射流喷嘴到接收面的距离 l_j	0.4mm
衔铁组件的等效阻尼 B_a	0.005N·m/（rad/s）	反馈杆对转动中心的力臂 L_f	38mm
反馈杆长度 b	20mm	供油压力 p_s	21MPa
衔铁转动力臂 a_m	16.2mm	滑阀阀芯直径 d	7.9mm
极化磁通	1.8×10^{-5}Wb	控制线圈匝数 N_c	730匝
气隙长度面积 A_g	45mm^2	气隙长度 g	0.37mm

6.2.3 性能仿真分析

由图6-7可建立射流管力反馈两级电液流量伺服阀的Simulink仿真模型，如图6-8所示。

将表6-1中的参数代入式（3-191）可得射流管阀的流量增益 $K_{qj}=0.0669$（m^3/s）/m。取控制电流幅值为40mA、频率为0.1Hz，仿真可得，在准静态驱动下，控制电流和滑阀阀芯位移随时间的变化曲线，如图6-9a所示，控制电流和滑

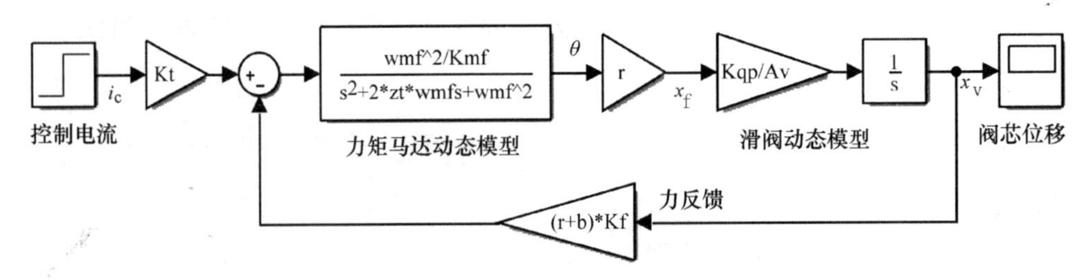

图 6-8　射流管力反馈两级电液流量伺服阀的 Simulink 仿真模型

阀阀芯位移的关系曲线，如图 6-9b 所示。

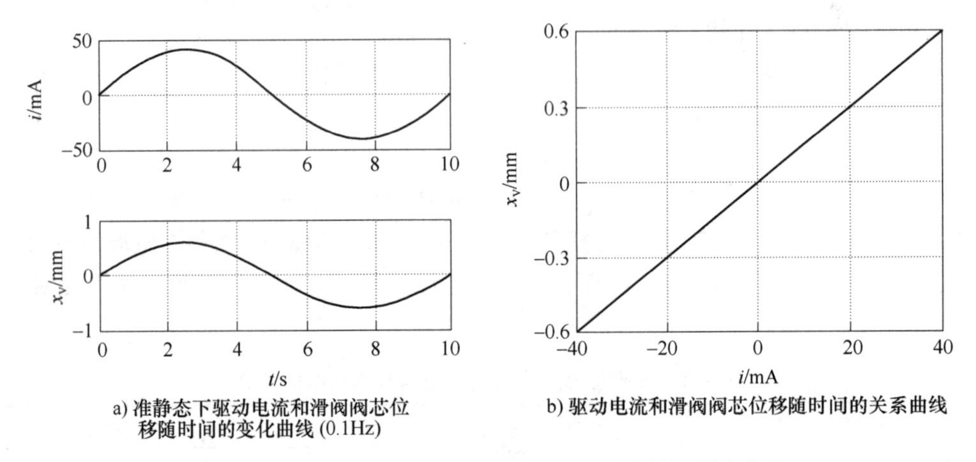

a) 准静态下驱动电流和滑阀阀芯位移随时间的变化曲线 (0.1Hz)　　b) 驱动电流和滑阀阀芯位移随时间的关系曲线

图 6-9　射流管力反馈两级电液伺服阀的静态特性仿真曲线

取额定电流为 40mA，对图 6-8 进行仿真，可得射流管力反馈两级电液流量伺服阀的动态响应曲线，如图 6-10 所示。由动态仿真结果可知，所仿真伺服阀的上升时间为 10ms，调节时间为 13ms 左右，滑阀阀芯位移的稳态值为 0. 6mm；幅频宽为 64. 2Hz，相频宽为 130Hz。

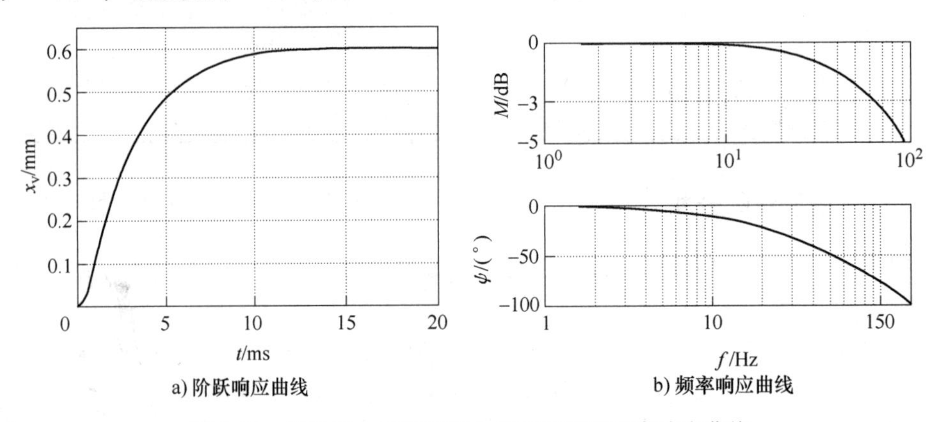

a) 阶跃响应曲线　　b) 频率响应曲线

图 6-10　射流管力反馈两级电液伺服阀的动态响应曲线

6.3 射流管电反馈两级电液伺服阀

6.3.1 数学模型

不同于双喷嘴挡板电反馈两级电液伺服阀，射流管伺服阀具有失效对中功能，因此其电反馈两级电液伺服阀无需反馈杆。因此其衔铁组件的动力学方程为

$$T_d = J_a \frac{d^2\theta}{dt^2} + B_a \frac{d\theta}{dt} + K_a\theta \tag{6-14}$$

结合图 6-4 可得射流管电反馈两级电液伺服阀的方框图，如图 6-11 所示。

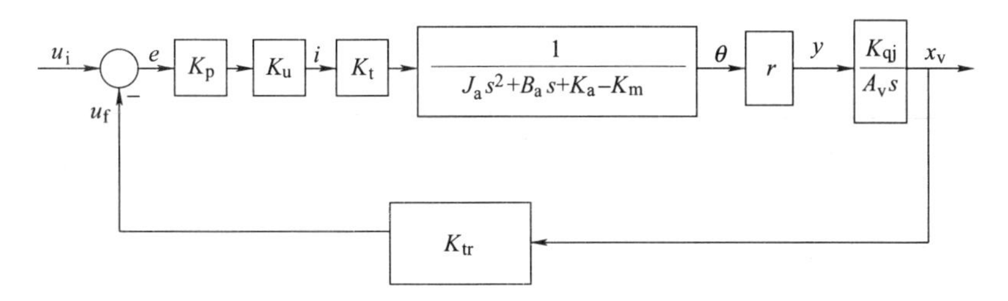

图 6-11　射流管电反馈两级电液伺服阀的方框图

由图 6-11 可得，其开环传递函数为

$$G(s)H(s) = \frac{rK_{qj}K_tK_uK_pK_{tr}}{A_v} \frac{1}{s(J_as^2 + B_as + K_a - K_m)} = \frac{K_{dvf}}{s\left(\frac{s^2}{\omega_{mf}^2} + \frac{2\zeta_{mf}}{\omega_{mf}}s + 1\right)} \tag{6-15}$$

式中，ω_{mf} 为力矩马达的固有频率

$$\omega_{mf} = \sqrt{\frac{K_a - K_m}{J_a}} \tag{6-16}$$

ζ_{mf} 为力矩马达的机械阻尼比

$$\zeta_{mf} = \frac{B_a}{2\sqrt{J_a(K_a - K_m)}} \tag{6-17}$$

K_{dvf}为回路的开环放大系数，取值为

$$K_{dvf} = \frac{rK_{qj}K_tK_uK_{tr}K_p}{A_v(K_a - K_m)} \tag{6-18}$$

其为 I 型系统，回路穿越频率近似等于其开环放大系数。

应用劳斯判据，此系统稳定性的条件为

$$K_{dvf} < 2\zeta_{mf}\omega_{mf} \tag{6-19}$$

由图 6-11 可得，射流管电反馈两级电液伺服阀的闭环传递函数为

$$\frac{X_v}{U_i}=\frac{\dfrac{rK_{qj}K_tK_uK_{tr}K_p}{A_v}}{s(J_as^2+B_as+K_a-K_m)+\dfrac{rK_{qj}K_tK_u}{A_v}}=\frac{1}{K_{tr}}\frac{1}{\dfrac{s}{K_{dvf}}\left(\dfrac{s^2}{\omega_{mf}^2}+\dfrac{2\zeta_{mf}}{\omega_{mf}}s+1\right)+1} \tag{6-20}$$

6.3.2 仿真分析

由图 6-11 可建立图 6-12 所示的射流管电反馈两级电液伺服阀的 Simulink 仿真模型，参数取值见表 6-2。

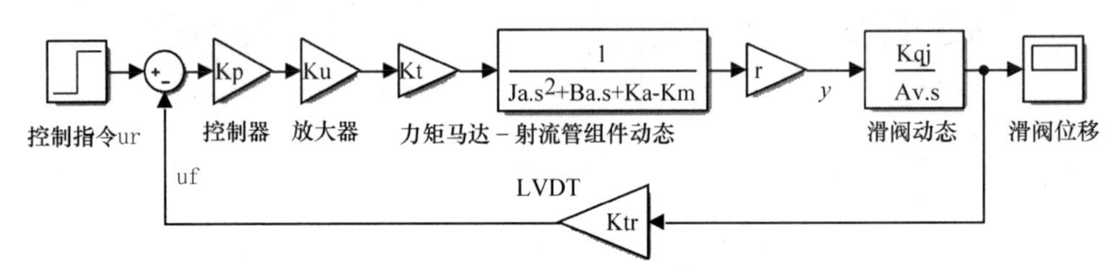

图 6-12　射流管电反馈两级电液伺服阀的 Simulink 仿真模型

表 6-2　射流管电反馈两级电液伺服阀的结构参数取值

物理量名称及代号	参数	物理量名称及代号	参数
喷嘴到弹簧管回转中心的距离 r	17mm	接受孔直径 D_r	1. 3mm
衔铁组件的综合刚度 K_a	62N · m/rad	射流喷嘴直径 D_j	0. 9mm
传感器增益 K_{tr}	7. 692V/mm	两接受孔夹角	45°
衔铁组件的转动惯量 J_a	5.5×10^{-7}kg · m²	射流喷嘴到接收面的距离 l_j	0. 4mm
衔铁组件的等效阻尼 B_a	0. 0015N · m/(rad/s)	油液密度 ρ	850kg/m³
衔铁转动力臂 a_m	17mm	供油压力 p_s	21MPa
工作点磁感应强度 B_g	0. 8T	阀芯面积 A_v	140mm²
回油压力 p_r	0. 5MPa	两接受孔间距 e	0. 04mm
控制线圈匝数 N_c	270 匝	气隙长度 g	0. 35mm
气隙面积 A_g	72mm²	滑阀阀芯位移 x_v	1. 3mm
比例增益 K_p	9	伺服阀放大器系数 K_u	0. 4mA/V

令输入电压指令幅值（10V）时，仿真可得射流管电反馈两级电液伺服阀的阶跃响应曲线，如图 6-13a 所示，频率响应曲线如图 6-13b 所示。由图 6-13 可得，所仿真伺服阀的滑阀阀芯位移在 7ms 时达到稳定值 1. 3mm，其幅频宽为 80. 4Hz，相频宽为 94. 6Hz。

令输入电压指令幅值为 10V，驱动频率为 0. 1Hz，可得准静态驱动下，伺服阀

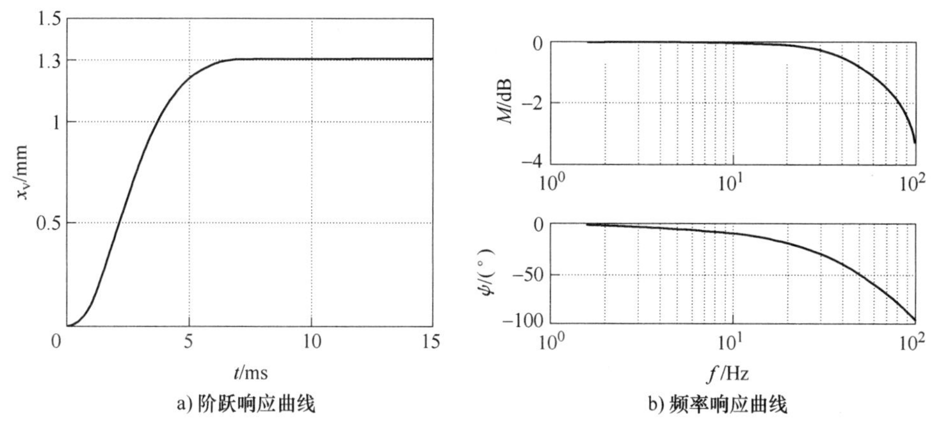

a) 阶跃响应曲线　　b) 频率响应曲线

图 6-13　射流管电反馈两级电液伺服阀的动态响应曲线

阀芯位移和输入电压指令随时间的变化曲线，如图 6-14a 所示，进一步可得输入电压指令和阀芯位移的关系曲线，如图 6-14b 所示。

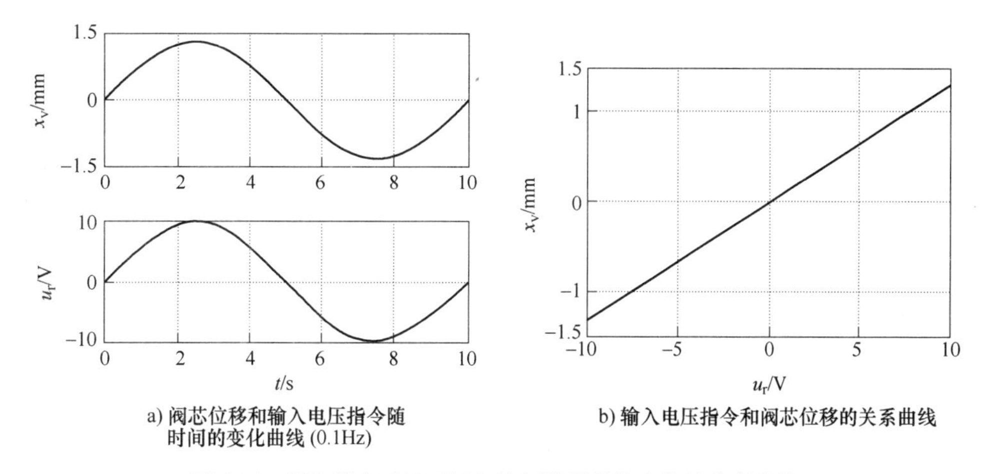

a) 阀芯位移和输入电压指令随时间的变化曲线 (0.1Hz)　　b) 输入电压指令和阀芯位移的关系曲线

图 6-14　射流管力反馈两级电液伺服阀的静态特性仿真曲线

6.4　偏导射流力反馈两级电液伺服阀

由偏导射流力反馈两级电液伺服阀的工作原理可知，该伺服阀结合了射流管和双喷嘴挡板力反馈两级电液伺服阀的结构特点，其数学模型也由力矩马达模型、前置级液压放大器模型和滑阀模型通过滑阀位移力反馈结合而成。

若不计偏导板上的稳态和动态液压力，偏导射流力反馈两级电液伺服阀的传递函数方框图及其数学模型的 Simulink 仿真模型如图 6-15 和图 6-16 所示，将表 6-3 中的结构参数代入图 6-16，可得在 10mA 额定控制电流输入下的动态响应曲线，如图 6-17 所示。

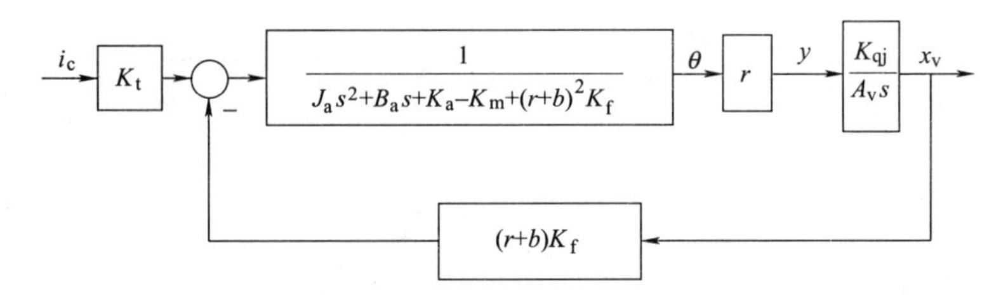

图 6-15　偏导射流力反馈两级电液伺服阀的传递函数方框图

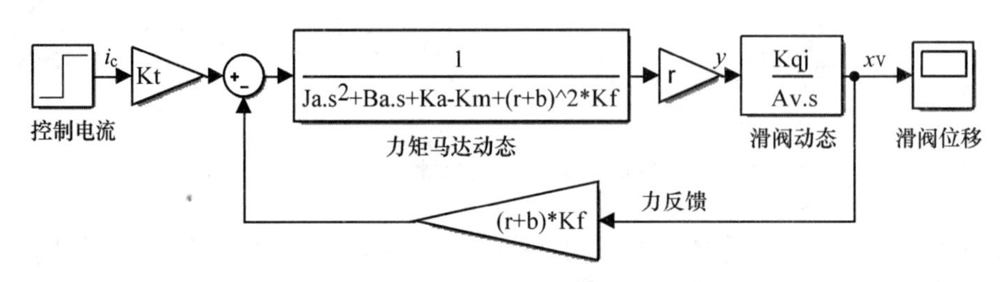

图 6-16　偏导射流力反馈两级电液伺服阀的 Simulink 仿真模型

表 6-3　偏导射流力反馈两级电液伺服阀的结构参数

物理量名称及代号	参数	物理量名称及代号	参数
旋转中心到射流喷嘴的距离 r	15mm	射流喷嘴宽度 W_j	0. 15mm
射流喷嘴到反馈杆小球中心的距离 b	20mm	接受孔宽度 W_r	0. 16mm
衔接组件的符合刚度 K_a	5N · m/rad	接受孔厚度 T_r	0. 3mm
两接受孔的间距（劈尖宽度）e	0. 08mm	射流喷嘴厚度 T_j	0. 5mm
衔铁中位时气隙长度 g	0. 3mm	反馈杆刚度 K_f	1500N/m
衔铁组件的转动惯量 J_a	8×10^{-7}kg · m^2	衔铁组件的等效阻尼 B_a	0. 005N · m/(rad/s)
滑阀阀芯直径 d	7. 82mm	线圈匝数 N_c	3000 匝
工作点磁感应强度 B_g	0. 3T	磁极面的面积 A_g	16mm^2
漏磁修正系数	1. 34	衔铁转动力臂 a_m	16. 6mm

由图 6-17 可知，在额定控制电流（10mA）输入下，伺服阀滑阀阀芯位移的稳态值为 0. 56mm，峰值时间为 9. 7ms，稳态调节时间为 15ms，幅频宽为 73. 2Hz，相频宽为 64. 5Hz。

令控制电流幅值为 10mA，控制电流频率为 0. 1Hz，可得准静态驱动下，伺服阀阀芯位移和控制电流随时间的变化曲线，如图 6-18a 所示，进一步可得控制电流和阀芯位移的关系曲线，如图 6-18b 所示。

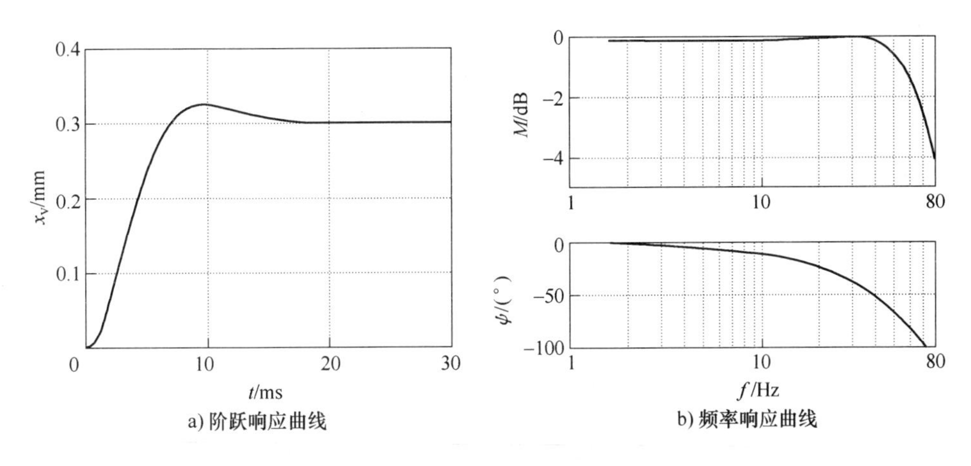

图 6-17　偏导射流力反馈两级电液伺服阀的动态响应曲线

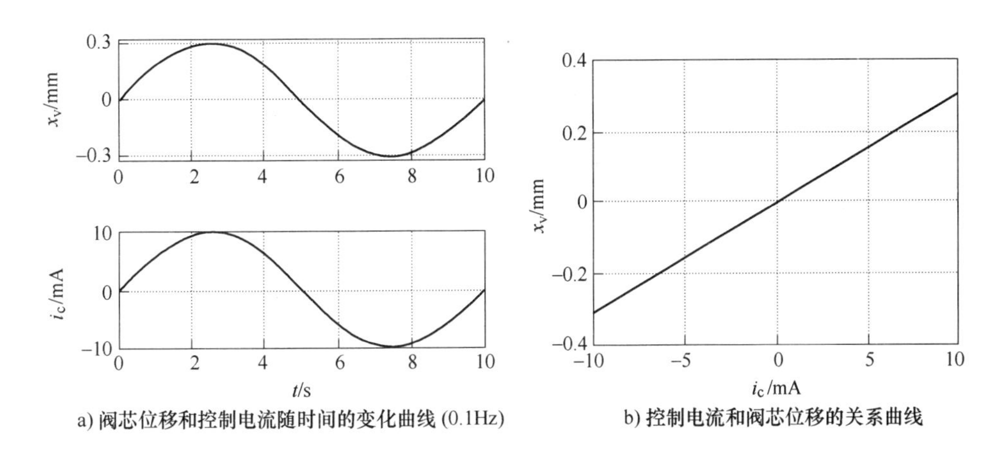

图 6-18　静态特性曲线

6.5　射流型两级电液伺服阀的 Simulink 物理模型

6.5.1　射流管力反馈两级电液伺服阀的 Simulink 物理模型

根据前面所述射流管力反馈两级电液伺服阀的结构和工作原理可知，射流管力反馈两级电液伺服阀物理模型由力矩马达、射流管液压放大器、滑阀等物理模型构成，滑阀位移通过反馈弹簧作用在力矩马达输出端，因此可建立其 Simulink 物理模型，如图 6-19 所示，其中力矩马达和射流管液压放大器的 Simulink 物理模型分别如图 6-20 和图 6-21 所示，滑阀物理模型与第 5 章所给双喷嘴挡板力反馈两级电液伺服阀的物理模型相同，如图 5-23 所示。

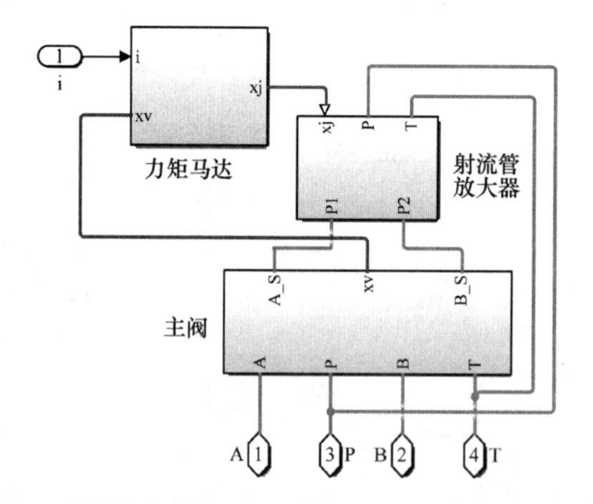

图 6-19　射流管力反馈两极电液伺服阀的 Simulink 物理模型

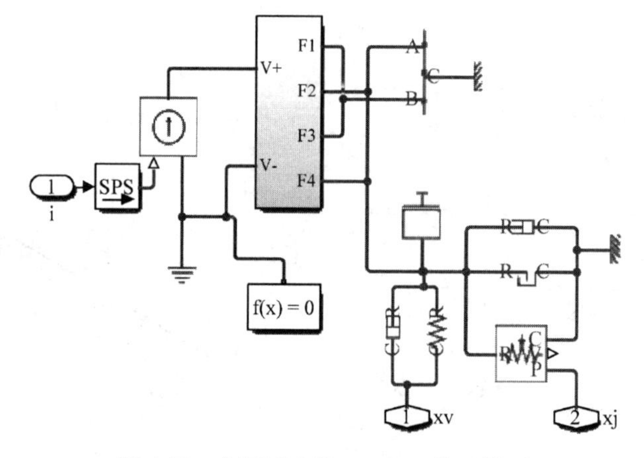

图 6-20　力矩马达的 Simulink 物理模型

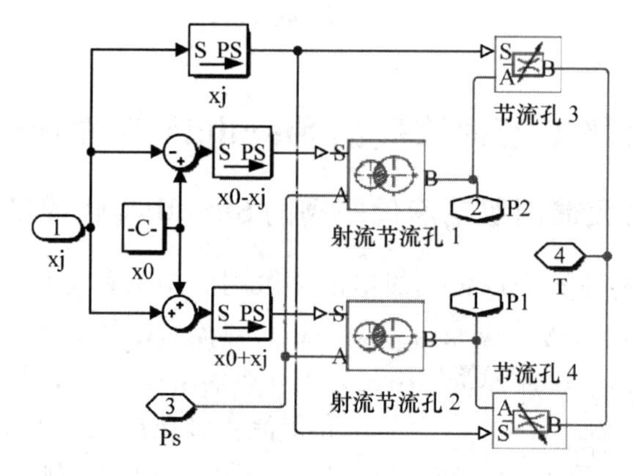

图 6-21　射流管液压放大器的 Simulink 物理模型

图 6-22 为射流管力反馈两级电液伺服阀的空载流量仿真模型，其流量的单位为 m^3/s，通过乘以 60000 转化为 L/min。设定额定压力为 21MPa，额定电流为 40mA，其结构参数按表 6-1 取值。仿真可得，在额定输入下，所仿真射流管力反馈两级电液伺服阀的阶跃响应曲线如图 6-23 所示，由图 6-23a 可知，在额定输入下，所仿真伺服阀的上升时间约为 7ms，调节时间为 10ms，空载流量为 80L/min。由图 6-23b 可知，在额定输入下，射流喷嘴位移先迅速下降到-0.08mm 后上升，最终在 10ms 以后达到稳态值-0.01mm 处。

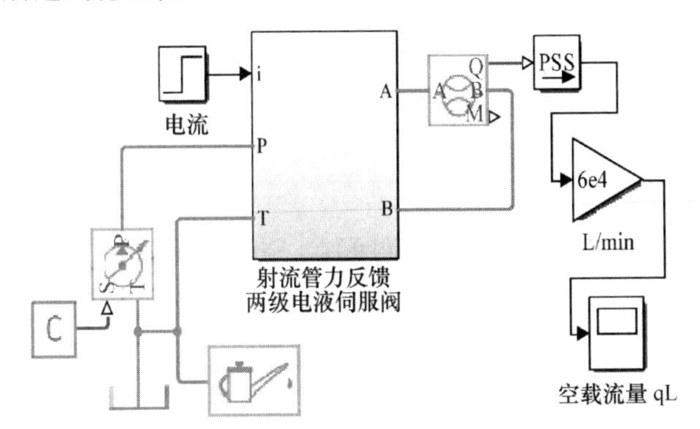

图 6-22 空载流量仿真模型

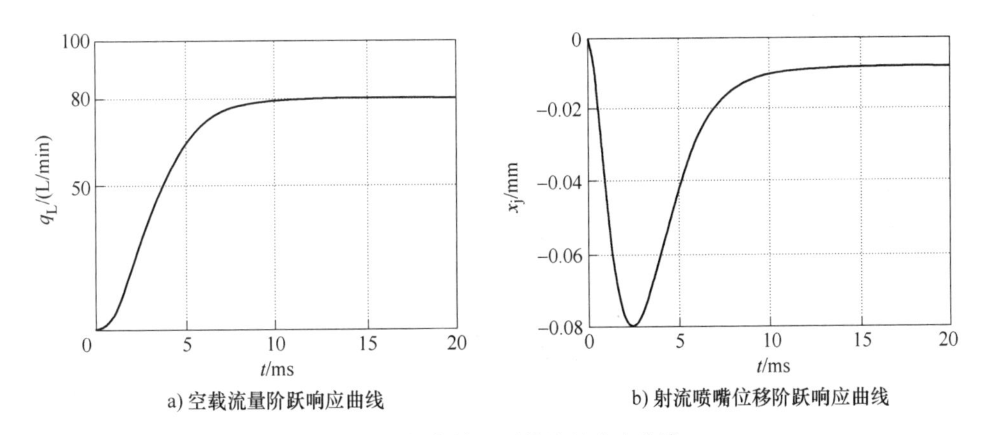

图 6-23 额定输入下的阶跃响应曲线

设定额定压力 21MPa，控制电流幅值为 10mA、频率分别为 1Hz、10Hz、20Hz…… 直至空载流量幅值下降到 0.707 倍为止（在幅值下降和接近 0.707 倍时，频率取值间隔要小些），可得输出流量幅值和驱动频率的关系，进一步可得整个阀的幅频响应曲线，如图 6-24 所示。取控制电流幅值为 10mA、频率为 0.1Hz 的正弦电流仿真，通过绘制控制电流和空载流量的关系，可得静态空载流量特性曲线如图 6-25 所示。

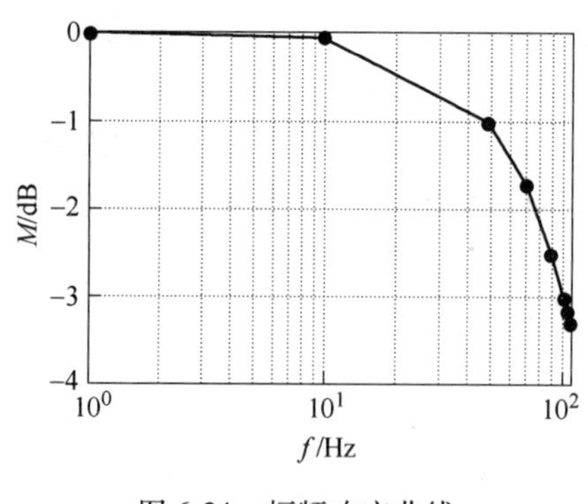

图 6-24　幅频响应曲线

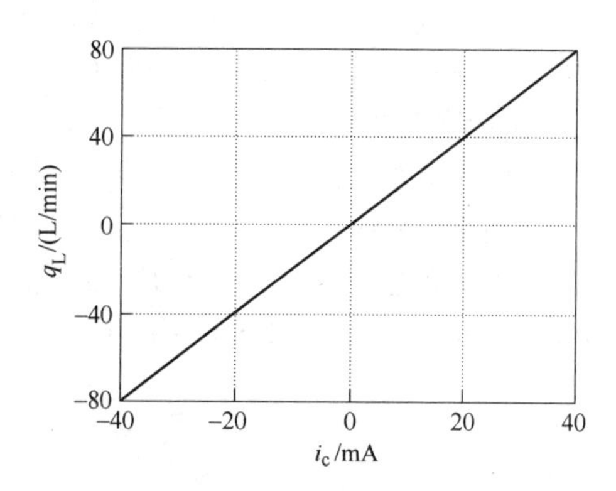

图 6-25　静态空载流量特性曲线

6.5.2　射流管电反馈两级电液伺服阀的 Simulink 物理模型

根据前面所述射流管电反馈两级电液伺服阀的结构和工作原理可知，射流管电反馈两级电液伺服阀由力矩马达、射流管液压放大器、滑阀、伺服放大器、位移控制器、LVDT 位移传感器等构成，通过 LVDT 将滑阀位移转换成电信号反馈到输入端与输入指令作比较作为控制器输入，因此可建立其 Simulink 物理模型，如图 6-26 所示，其中力矩马达、前置级射流管液压放大器、滑阀的物理模型连接如图 6-27a，力矩马达的物理模型如图 6-27b 所示，滑阀物理模型与第 5 章所给双喷嘴挡板力反馈两级电液伺服阀的物理模型相同，如图 5-23 所示。

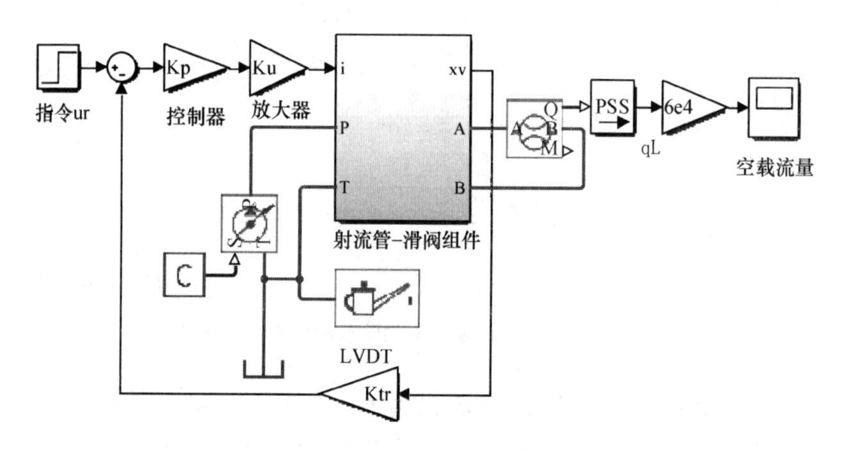

图 6-26　射流管电反馈两级电液伺服阀的 Simulink 物理模型

设定额定压力为 7MPa，控制指令取额定值 10V，其结构参数按表 6-2 取值。仿真可得，在额定值输入下，射流管电反馈两级电液伺服阀阶跃响应特性曲线如图 6-28 所示，由图 6-28a 可知，在额定值输入下，所仿真伺服阀的峰值时间约为

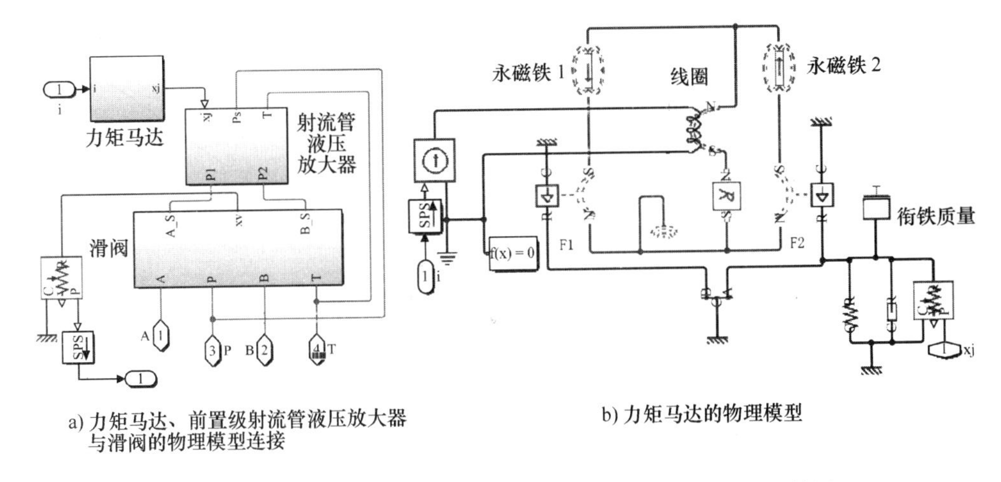

a) 力矩马达、前置级射流管液压放大器与滑阀的物理模型连接

b) 力矩马达的物理模型

图 6-27　射流管电反馈两级电液伺服阀的物理模型连接与封装图

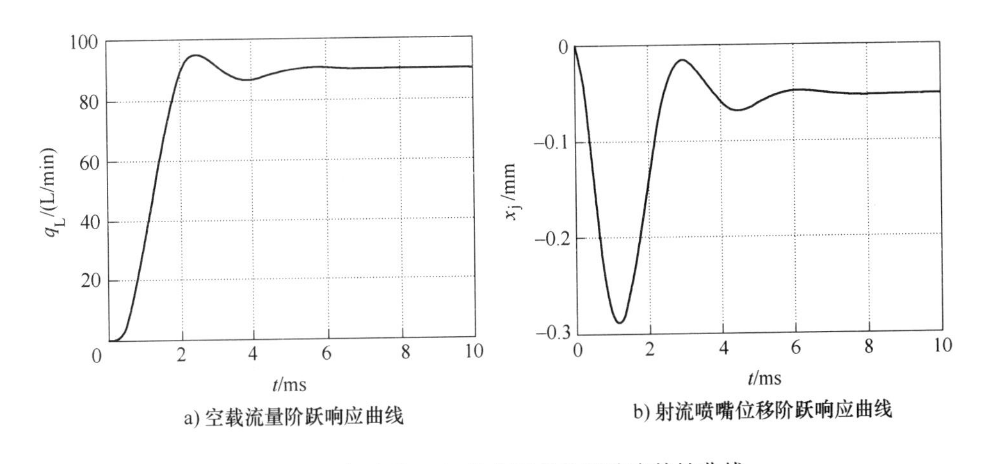

a) 空载流量阶跃响应曲线

b) 射流喷嘴位移阶跃响应曲线

图 6-28　额定值 10V 输入下的阶跃响应特性曲线

2.5ms，调节时间为 6ms，空载流量为 90L/min。由图 6-28b 可知，在额定值 10V 输入下，射流喷嘴位移先迅速下降到-0.287mm 后上升，最终在 7ms 以后达到稳态值-0.05mm 处。

取指令电压为正弦信号，其幅值为 10V，频率分别取值 1Hz、10Hz、20Hz……直至空载流量幅值比下降到 0.707 倍为止（在幅值下降和接近 0.707 时，频率取值间隔要小些），通过仿真可得空载流量幅值和驱动频率的关系，因此可得射流管电反馈两级电液伺服阀的幅频响应曲线，如图 6-29 所示，其幅频宽为 315Hz。取指令信号频率为 0.1Hz、幅值为 10V 仿真，可得静态空载流量特性曲线如图 6-30 所示。

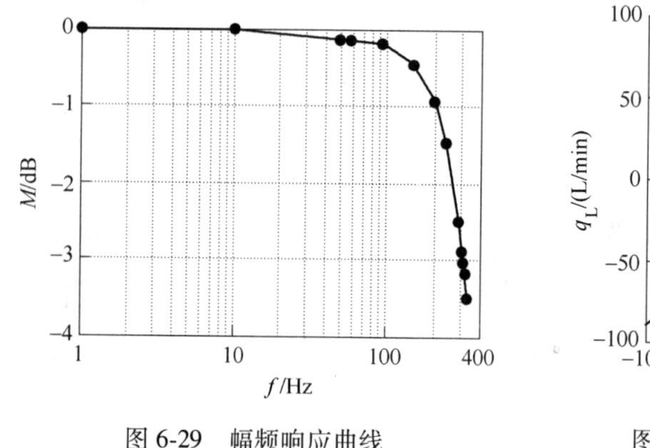

图 6-29 幅频响应曲线

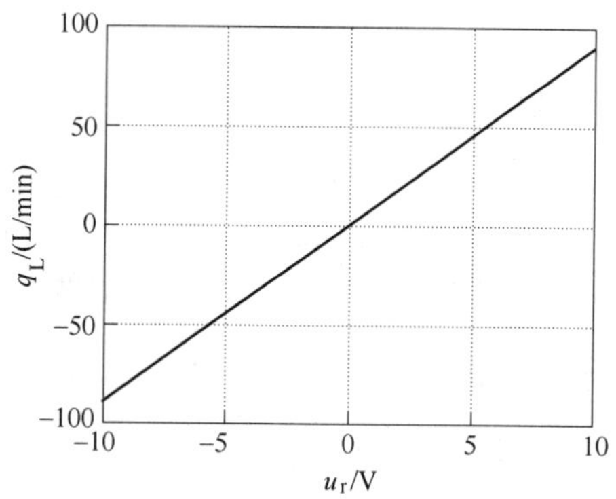

图 6-30 静态空载流量特性曲线

6.5.3 偏导射流力反馈两级电液伺服阀的 Simulink 物理模型

根据前面所述偏导射流力反馈两级电液伺服阀的结构和工作原理可知，此类伺服阀的物理模型由力矩马达、偏导射流液压放大器、滑阀等物理模型构成，滑阀位移通过反馈弹簧作用在力矩马达衔铁上，因此可建立其 Simulink 物理模型，如图 6-31a 所示，其中偏导射流液压放大器的物理模型如图 6-31b 所示，滑阀和力矩马达的物理模型与射流管力反馈两级电液伺服阀的物理模型相同。

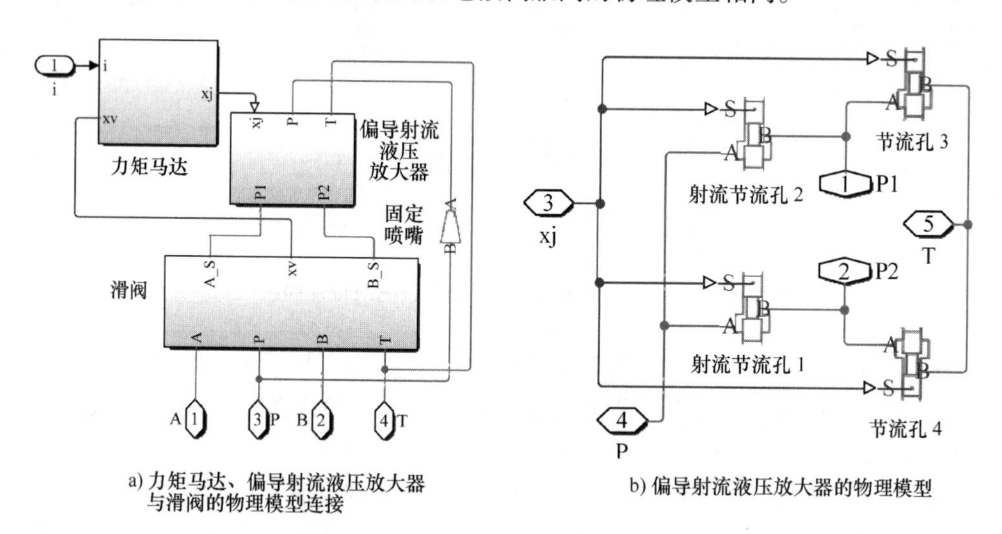

图 6-31 偏导射流力反馈两级电液伺服阀的 Simulink 物理模型

图 6-32 为空载流量仿真模型，其结构参数按表 6-3 取值，若设定其供油压力为 21MPa，输入信号为 10mA（额定值）的阶跃信号，通过仿真可得，在额定输入下，所仿真偏导射流力反馈两级电液伺服阀的阶跃响应特性曲线，如图 6-33

所示，由图6-33a可知，在额定输入下，所仿真伺服阀的峰值时间约为11ms，调节时间为20ms，空载流量为43L/min。由图6-33b可知，在额定输入下，偏导射流喷嘴位移先迅速下降到-0.0423mm后迅速上升，最终在20ms以后达到稳态值-0.0035mm处。

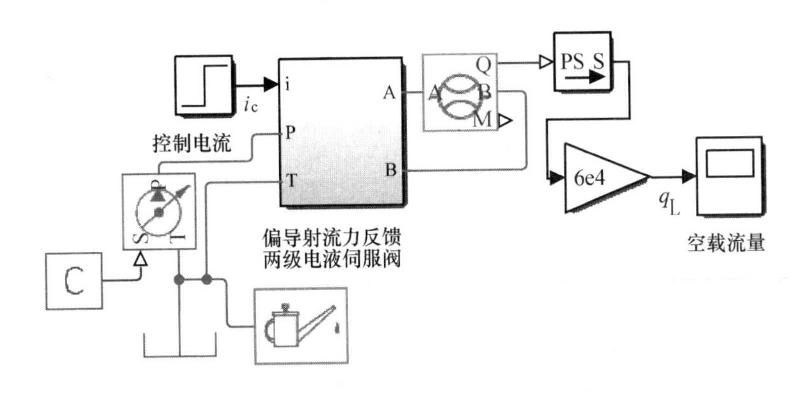

图6-32　偏导射流力反馈两级电液伺服阀的空载流量仿真模型

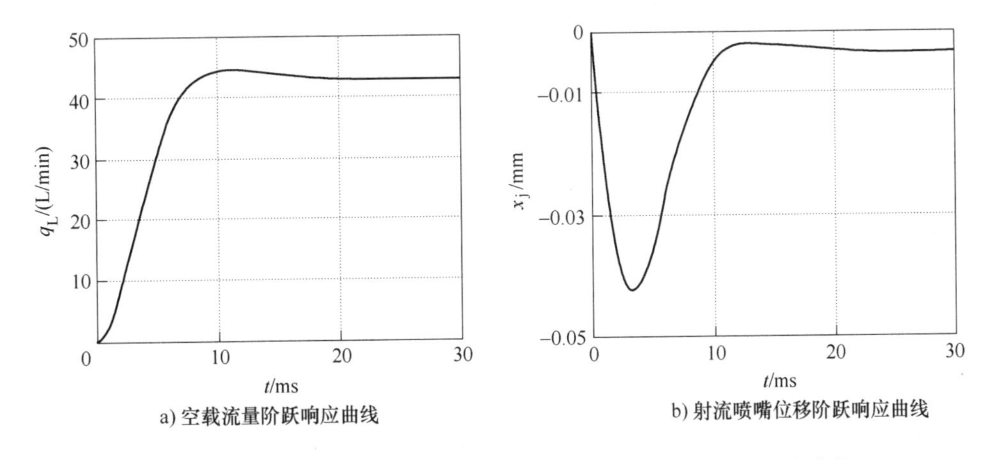

图6-33　额定输入下偏导射流力反馈两级电液伺服阀的阶跃响应曲线

取控制电流为幅值10mA的正弦信号，频率分别为1Hz、10Hz、20Hz……直至空载流量幅值比下降到0.707倍为止（在幅值上升和接近0.707时，频率取值间隔要小些），仿真得到输出空载流量幅值和驱动频率的对应关系，近一步可得整个阀的幅频响应曲线，如图6-34所示，其幅频宽约为73Hz。

取控制电流幅值为10mA、频率为0.1Hz的正弦电流进行仿真，可得图6-35所示的控制电流和空载流量的准静态对应关系曲线，即静态空载流量特性曲线。由图6-35可知，偏导射流力反馈两级电液伺服阀有着较好的线性度。

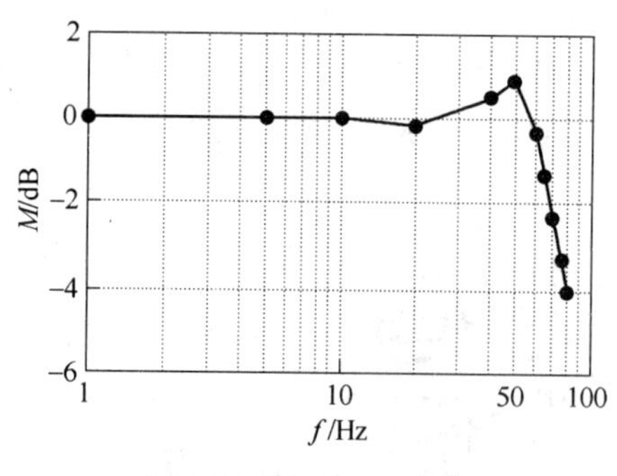

图 6-34　幅频响应曲线

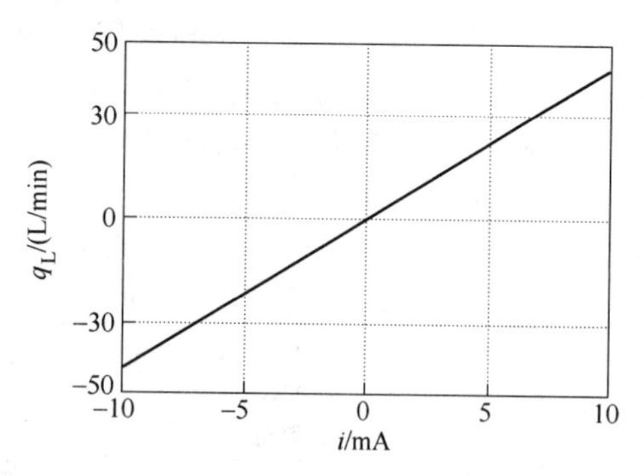

图 6-35　静态空载流量特性曲线

6.6　本章小结

本章主要介绍射流管力反馈两级电液伺服阀、射流管电反馈两级电液伺服阀和偏导射流力反馈两级电液伺服阀的结构和工作原理、静、动态数学模型及物理模型的性能仿真、主要结论有如下几点。

1）力反馈伺服阀反馈回路的稳定条件是 $K_{vf} < 2\zeta_{mf}\omega_{mf}$；电反馈伺服阀反馈回路的稳定条件为 $K_{dvf} < 2\zeta_{mf}\omega_{mf}$。

2）射流管电反馈两级伺服阀的响应速度大于力反馈两级伺服阀，偏导射流力反馈两级电液伺服的响应速度大于射流管力反馈两级电液伺服阀。

参考文献

[1] 李跃松．超磁致伸缩电液伺服阀的理论与实验研究［D］．南京：南京航空航天大学，2014.

[2] 王春行．液压控制系统［M］．北京：机械工业出版社，2009.

[3] 朱玉川，李跃松．磁致伸缩电液伺服阀理论与技术［M］．北京：科学出版社，2019.

[4] MERRITT H E. Hydraulic control systems［M］. New York：John Wiley & Sons，INC.，1967.

[5] 中国国家标准化管理委员会．船用电液伺服阀通用技术条件：GB/T 10844—2007［S］．北京：中国标准出版社，2008.

[6] 中国国家标准化管理委员会．射流管电液伺服阀：GB/T 13854—2008［S］．北京：中国标准出版社，2008.

[7] LI Yuesong. Mathematical modelling and characteristics of the pilot valve applied to a jet-pipe/deflector-jet servovalve［J］. Sensors and Actuators A：Physical，2016（245）：150-159.

[8] LI Yuesong. Mathematical modeling and linearized analysis of the jet-pipe hydraulic amplifier applied to a servovalve［J］. Proc IMechE Part G：J Aerospace Engineering，2019，233（2）：657-666.

[9] 宋志安．MATLAB/Simulink 与液压控制系统仿真［M］．北京：国防工业出版社，2012.

[10] 李壮云．液压、气动与液力工程手册：上册［M］．北京：电子工业出版社，2008.

[11] 康硕，延皓，李长春，等．偏导射流式伺服阀前置级流场建模及特性分析［J］．哈尔滨工程大学学报，2017，38（8）：1293-1301.

[12] 訚耀保，王玉．射流管伺服阀前置级压力特性［J］．航空动力学报，2015，30（12）：3058-3064.

[13] 曾广商，何友文．射流管伺服阀研制［J］．液压与气动，1996，20（3）：6-8.

[14] 周骞．偏导式射流阀性能关键影响参数及气穴效应研究［D］．哈尔滨：哈尔滨工业大学，2017.

[15] 康晓妮，何学工，王江涛，等．一种新型偏导射流压力伺服阀设计与机理分析：第十八届中国科协年会之军民融合高端论坛论文集［C/OL］．（2016-9-1）［2020-4-5］. http：//d. wanfangdata. com. cn/conference/8969128.

[16] 宋志安．MATLAB/Simulink 与液压控制系统仿真［M］．北京：国防工业出版社，2012.

[17] 常同立．液压控制系统［M］．北京：清华大学出版社，2014.

[18] RABIE M G. Fluid Power Engineering［M］. New York：McGraw-Hill Companies，Inc，2009.

[19] 田源道．电液伺服阀技术［M］．北京：航空工业出版社，2008.

[20] 成大先．机械设计手册（单行本）：液压控制［M］. 6 版．北京：化学工业出版社，2017.

[21] MOOG Inc. G631 和 631 系列、G761 和 761 系列、D791 和 D792 系列伺服阀样本［EB/OL］.（2009-10-8）［2020-4-5］. https：//www. moog. com/products/servovalves-servo-proportional-valves/industrial/flow-control. html.

[22] 刘常海．两级力反馈喷嘴挡板伺服阀建模与仿真［D］．哈尔滨：哈尔滨工业大学，2013.

[23] 徐兵，鲍静涵，毛泽兵，等．双喷嘴挡板伺服阀弹簧管刚度对伺服系统的影响分析［J］．液压与气动，2019（5）：8-11.

[24] 张颖．射流管伺服阀的模型构建与仿真研究［D］．西安：西北工业大学，2015.

[25] 王洋．射流管伺服阀的数学模型构建与仿真研究［D］．兰州：兰州理工大学，2012.

[26] 盛晓伟．添加磁流体的射流管伺服阀动态特性研究［D］．哈尔滨：哈尔滨工业大学，2006.

[27] 李曙光，胡良谋，曹克强，等．力反馈式射流管伺服阀建模及动特性仿真研究［J］．火力与指挥控制，2017，42（10）：91-96.

[28] 陈立辉，丁建军，赵晓华，等．两级射流管式电反馈伺服阀的研制［J］．液压与气动，2014（2）：124-126.

[29] 邢晓文，吴凛，陈奎生，等．偏转板伺服阀射流放大器结构参数优化研究［J］．液压与气动，2018（3）：16-21.

[30] 邢晓文．偏转板伺服阀前置级流场建模及结构参数优化［D］．武汉：武汉科技大学，2018.

[31] 熊仝．射流管式电液伺服阀零偏机理研究［D］．武汉：武汉工程大学，2017.

[32] DHINESH K SANGIAH，ANDREW R PLUMMER，CHRISTOPHER R BOWEN. A novel piezo-hydraulic aerospace servovalve. Part 1：design and modelling［J］. Proc IMechE Part I：J Systems and Control Engineering，2013，227（4）：371-389.

[33] ZHU Yuchuan LI Yuesong. Development of a deflector-jet electrohydraulic servovalve using a giant magnetostrictive material［J］. Smart Materials and Structures，2014，23：115001.

[34] 上海七零四研究所衡拓实业发展有限公司伺服阀部．射流管电液伺服阀专题讲座 2［J］．液压与气动，2009，(10)：91-92.

[35] 章敏莹，方群，金瑶兰．射流管伺服阀在航空航天领域的应用［C］．北京：2008 年中国航空学会液压与气动学术会议，2008：810-812.

[36] 上海七零四研究所衡拓实业发展有限公司伺服阀部．射流管电液伺服阀专题 1［J］．液压与气动，2009，(9)：88-89.

[37] 上海衡拓液压控制技术有限公司．射流管电液伺服阀产品手册［EB/OL］．(2018-12-7)［2020-5-1］. http：//www. htservo. com. cn/zlxz.

[38] MOOG inc. Servovalve with Bushing and integrated 24 Volt Electronics D661 High Response Series［EB/OL］．(2010-10)［2020-5-1］. https：//www. moog. com/.

[39] SOMASHEKHAR S H，SINGAPERUMAL M，KRISHNA K R. Mathematical modeling and simulation of a jet pipe electrohydraulic flow control servo valve［J］. Proceedings of the Institution of Mechanical Engineers，Part I：Journal of Systems and Control Engineering，2007，221（3）：365-382.

[40] 闾耀保．射流管伺服阀在飞机液压系统中的应用［J］．液压气动与密封，2012，（7）：8-12.

[41] YIN Yaobao，Pham Xuan H S，Zhang Xi. Dynamic stiffness analysis for the feedback spring pole in a jet pipe electro-hydraulic servovalve［J］. Journal of university of science and technology of china，2012，42（9）：699-704.

[42] LI Ruping，NIE Songlin，YI Menglin. Simulation investigation on fluid characteristics of jet pipe water hydraulic servovalve based on CFD［J］. Journal of shanghai university（English edition），2011，15（3）：201-206.

[43] SOMASHEKHAR S H, SINGAPERUMAL M, KRISHNA K R. Design and optimization of parameters affecting to static recovery pressure in two stage jet pipe servovalve [C]. In Proceedings of the ASME Conference, New York, 2002: DES-020 (2002-1-15), [2020-5-1]. https: //www. sae. org/publications/technical-papers/content/2002-01-1462/.

[44] SINGAPERUMAL M., SOMASHEKHAR S H, KRISHNA K R. Finite element and experimental stiffness analysis of precision feedback spring and flexure tube of jet pipe electrohydraulic servovalve [C]. In Proceedings of the 17th Annual Meeting of the American Society for Precision Engineering, St. Louis, Missouri, USA, and Oct, 2002: 415 - 420 (2002-10-9), [2020-5-1]. https: // www. researchgate. net//239541350.

[45] SOMASHEKHAR S H, SINGAPERUMAL M , KRISHNA K R. Modeling and investigation on a jet pipe electrohydraulic flow control servovalve [C]. In Proceedings of the 18th Annual Meeting the American Society for Precision Engineering, Portland, Oregon, USA, Oct 26-31, 2003: 1190-1194. (2003-10) [2020-5-1]. https: //www. researchgate. net/publication/237674606.

[46] SOMASHEKHAR S H, SINGAPERUMAL M, KRISHNA K R. Modeling the steady-state analysis of a jet pipe electrohydraulic servo valve [J]. Proceedings of the Institution of Mechanical Engineers, Part I: Journal of Systems and Control Engineering, 2006, 220 (12), 109-129.

[47] LI Yuesong, PENG Jianjun, ZHANG Zhuangya, et al. The review of models on jet- pipe /deflector- jet hydraulic amplifier [J]. Machine Tool & Hydraulics, 2019, 47 (12) : 115-118.